市政工程预算
常用定额项目对照图示

王和平　杨玉衡　主编

李学范　主审

中国建筑工业出版社

图书在版编目（CIP）数据

市政工程预算常用定额项目对照图示/王和平，杨玉衡主编．北京：中国建筑工业出版社，2006
ISBN 7-112-07894-6

Ⅰ．市… Ⅱ．①王…②杨… Ⅲ．市政工程—建筑预算定额—中国—图解 Ⅳ．TU723.3—64

中国版本图书馆 CIP 数据核字（2005）第 145049 号

责任编辑：田启铭
责任设计：崔兰萍
责任校对：关 健 王金珠

市政工程预算常用定额项目对照图示
王和平 杨玉衡 主编
李学范 主审
*
中国建筑工业出版社出版、发行（北京西郊百万庄）
新华书店经销
北京华艺制版公司制版
北京建筑工业印刷厂印刷
*
开本：787×1092 毫米 1/16 印张：26½ 字数：645 千字
2006 年 5 月第一版 2006 年 5 月第一次印刷
印数：1—4000 册 定价：**60.00** 元
ISBN 7-112-07894-6
(13848)

本社网址：http://www.cabp.com.cn
网上书店：http://www.china-building.com.cn

前 言

    定额反映的是完成单位合格产品应进行的工作内容及其消耗数量。当采用定额进行工程造价的计价时，对定额项目所包括工作内容的了解是工程量计算和正确选套定额的关键。由于市政工程涉及到市政道路工程、市政桥梁工程、给排水管道工程、城市水处理工程、供热工程、燃气工程、路灯工程等专业，内容广泛，施工工艺复杂，对工程造价计价人员而言，要想全面掌握各专业的构件、设备的构造和施工方法是比较困难的，而构件、设备的构造和施工方法又是决定工程造价的最重要的基础因素之一。由于每个人所侧重的工程技术专业所限，对本专业的内容熟悉，而对其他专业技术则常常知之甚少，特别是工程造价管理专业毕业的计价人员，工程技术专业知识相对比较薄弱，对构件、设备的构造和施工方法了解得更少，造成计价时选套定额带有很大的盲目性，选套定额不正确或无所适从的现象时有发生。

    本图示主要就是针对很多工程计价人员（特别是初学者）对定额项目与工程实物联系困难或理解不准确的情况，用图形的方式将定额项目表示出来，达到对定额项目理解直观化、形象化和简单化的效果。另外配以简单的文字说明，将定额编制的主要界定范围予以描述。我们希望为计价人员提供一本快速、方便、实用的工具书。

    本图示是依据建标［1999］221号文发布的《全国统一市政工程预算定额》（GYD—301—1999～GYD—308—1999）编写而成。随着《建设工程工程量清单计价规范》的颁布，工程量清单计价模式已在全国全面实施。这是我国工程造价领域内的一件大事，也是我国工程造价管理的重大改革。《建设工程工程量清单计价规范》对工程量清单项目的设置和工程量的计算做出了具体规定。市政工程项目属于《建设工程工程量清单计价规范》中附录D的内容。在本图示列出的定额项目中，如在计价规范中有与其对应的清单项目（主体项目），则在本图示中列出相应清单项目说明，内容有项目名称、项目编码、项目特征、计量单位、工程内容，以便于在清单项目设置和清单计价中相互对照。没有清单项目说明的，则表示该项目不是主体项目，在《建设工程工程量清单计价规范》附录 D 中没有对应的清单项目。

本手册由王和平、杨玉衡担任主编，李学范担任主审。各部分编写分工如下：第一章，王和平、张西永；第二章，陈锦星、杨玉衡、王和平；第三章，杨玉衡；第四章，李晓莹、李德平；第五章，李德平、李晓莹、王和平；第六章，王和平、邓惠好、梅胜；第七章，王和平、张媛。

由于编者水平和条件有限，书中缺点和错误在所难免，恳请同行专家和广大读者提出宝贵意见，以便今后修订、完善。

编者

目　录

11

第一部分

通用项目

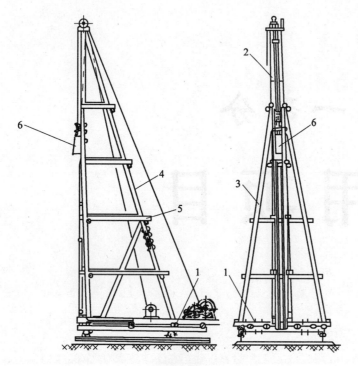

木制打桩架
1—水平底架；2—导杆；3—斜撑；4—后撑；5—横撑；6—吊锤

定额项目说明	
计量单位	10m³
已包括的内容	木桩制作（含桩靴），拆地垄，灌砂，防腐
未包括的内容	
未计价材料	
相关工程	

清单项目说明

项目名称	圆木桩
项目编码	040301001
项目特征	材质，尾径，斜率
计量单位	m
工程内容	工作平台搭拆；桩机竖拆；运桩；桩靴安装；沉桩；截桩头；废料弃置

第 一 册：通 用 项 目		
分部工程	打拔工具桩	定额编号
分项工程	陆上卷扬机打拔圆木桩	1-455~1-462

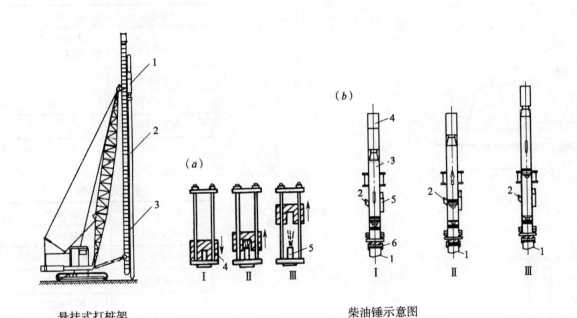

悬挂式打桩架

1—柴油锤；2—桩；3—龙门架

柴油锤示意图

（a）杆式柴油桩锤；（b）筒式柴油桩锤

1—桩；2—排气孔；3—活塞；4—汽缸；5—燃油泵；6—桩帽

Ⅰ—锤下落夯击、喷油、压缩过程

Ⅱ—柴油燃烧爆发、排气、吸气过程

Ⅲ—锤体上冲到顶、开始自由下落的过程

定额项目说明

计量单位	10m³
已包括的内容	木桩制作（含桩靴），埋拆地垄,防腐
未包括的内容	
未计价材料	
相关工程	

清单项目说明

项目名称	圆木桩
项目编码	040301001
项目特征	材质，尾径，斜率
计量单位	m
工程内容	工作平台搭拆；桩机竖拆；运桩；桩靴安装；沉桩；截桩头；废料弃置

第一册：通用项目		
分部工程	打拔工具桩	定额编号
分项工程	陆上柴油打桩机打圆木桩	1-471~1-474

3

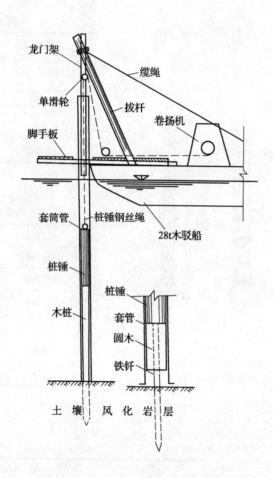

龙门架

缆绳

单滑轮　　拔杆

脚手板　　　　　卷扬机

套筒管　桩锤钢丝绳

桩锤钢丝绳

28t木驳船

桩锤

木桩　　　　桩锤

　　　　　套管

　　　　　圆木

　　　　　铁钎

土　壤　风　化　岩　层

定额项目说明	
计量单位	10m³
已包括的内容	木桩制作，船排固定，防腐
未包括的内容	
未计价材料	
相关工程	

清单项目说明	
项目名称	圆 木 桩
项目编码	040301001
项目特征	材质，尾径，斜率
计量单位	m
工程内容	工作平台搭拆；桩机竖拆；运桩；桩靴安装；沉桩；截桩头；废料弃置

第一册：通用项目		
分部工程	打拔工具桩	定额编号
分项工程	水上卷扬机打拔圆木桩	1-479~1-486

4

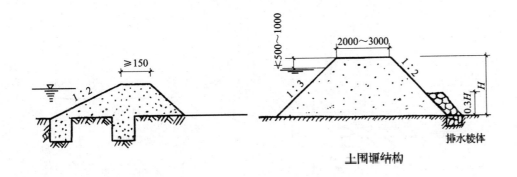

土围堰结构

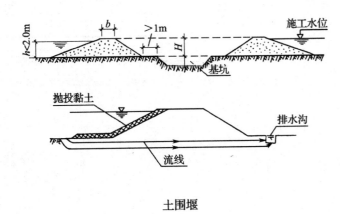

土围堰

定额项目说明	
计量单位	100m³
已包括的内容	50m范围内的取土
未包括的内容	排水沟及排水棱体
未计价材料	黏土
相关工程	

第一册：通用项目		
分部工程	围堰工程	定额编号
分项工程	筑土围堰	1-509

5

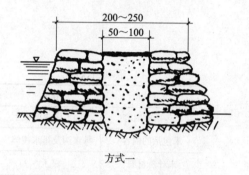

方式一

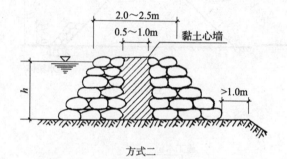

黏土心墙

方式二

方式三

定额项目说明	
计量单位	100m³
已包括的内容	50m范围内的取土，拆除清理
未包括的内容	
未计价材料	黏 土
相关工程	

第一册：通用项目		
分部工程	围堰工程	定额编号
分项工程	草袋围堰	1-510

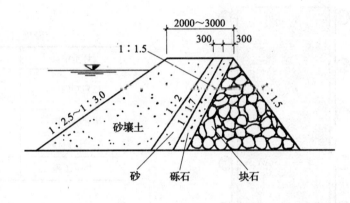

土石围堰

土石围堰的构造和土围堰大体相同，只是在其迎水面填筑黏土防渗，背水面抛填块石，以增加稳定性。

定额项目说明

计量单位	100m³
已包括的内容	50m范围内的取土，块石抛填，浇捣溢流面混凝土（过水土石围堰），拆除清理
未包括的内容	过水土石围堰不包括拆除清理
未计价材料	黏土，混凝土
相关工程	

第一册：通用项目		
分部工程	围堰工程	定额编号
分项工程	土石围堰	1-511~1-512

7

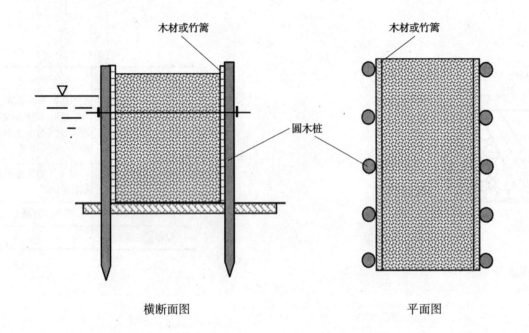

木材或竹篱　　　　　　　　　　　木材或竹篱

圆木桩

横断面图　　　　　　　　　　平面图

定额项目说明	
计量单位	10m
已包括的内容	50m范围内的取土，挂草帘，拆除清理
未包括的内容	打拔圆木桩
未计价材料	黏土，圆木桩
相关工程	

施打木桩两排，内以竹篱片一层挡土，适于水深3～5m。

第一册：通用项目		
分部工程	围堰工程	定额编号
分项工程	双排圆木桩围堰	1-513~1-515

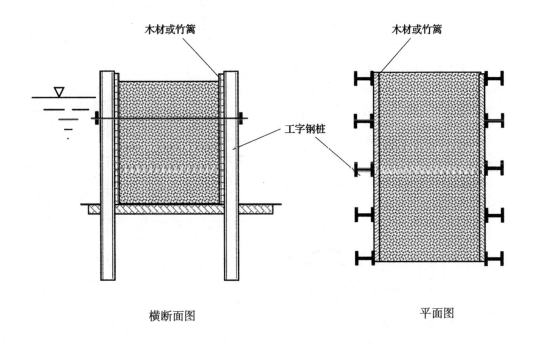

木材或竹篱

木材或竹篱

工字钢桩

横断面图

平面图

定额项目说明	
计量单位	10m
已包括的内容	50m范围内的取土，装土篱笆，挂草帘，拆除清理
未包括的内容	打拔钢桩
未计价材料	黏土，工字钢
相关工程	

工字钢桩两排，内以竹篱片一层挡土，适于水深3~5m。

第 一 册：通 用 项 目		
分部工程	围堰工程	定额编号
分项工程	双排钢桩围堰	1-516~1-518

9

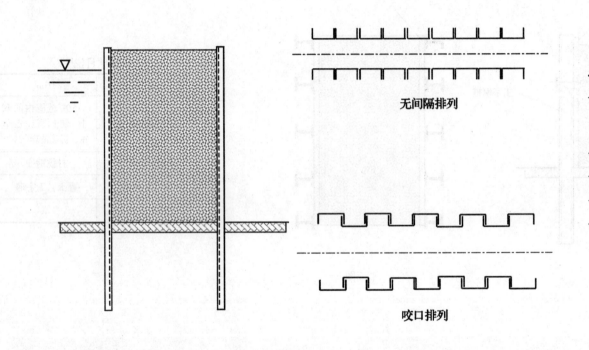

无间隔排列

咬口排列

定额项目说明	
计量单位	10m
已包括的内容	50m范围内的取土，装土篱笆，挂草帘，拆除清理
未包括的内容	打拔钢板桩
未计价材料	黏土，钢板桩
相关工程	

适用于水流较深，流速较大的砂类土、半干硬性黏土、碎卵石类土以及风化岩等地层中。

第一册：通 用 项 目		
分部工程	围堰工程	定额编号
分项工程	双排钢板桩围堰	1-519~1-521

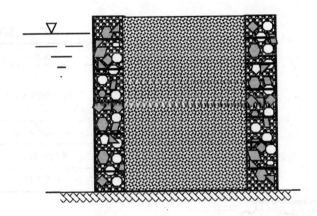

定额项目说明	
计量单位	10 m
已包括的内容	50m范围内的取土，笼内填石，拆除清理
未包括的内容	打拔钢桩
未计价材料	黏土
相关工程	

适用于底基为岩石，或流速较大而水深在1.5~7m的情况，宜用于产竹地区。

第一册：通用项目		
分部工程	围堰工程	定额编号
分项工程	双层竹笼围堰	1-522~1-524

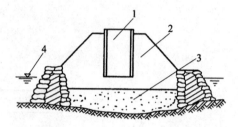

1—护筒；2—夯实黏土；3—砂土；4—施工水位

筑岛填心

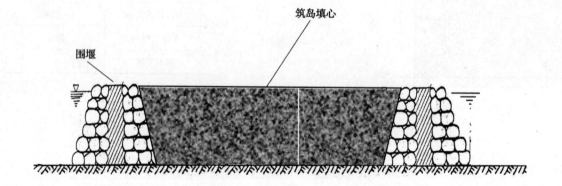

围堰

定额项目说明	
计量单位	100m³
已包括的内容	50m范围内的取土运砂，填筑夯实，拆除清理
未包括的内容	
未计价材料	黏土
相关工程	

第一册：通用项目		
分部工程	围堰工程	定额编号
分项工程	筑岛填心	1-525~1-530

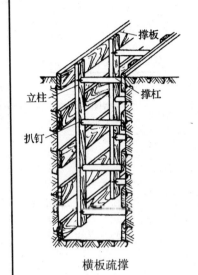

横板疏撑

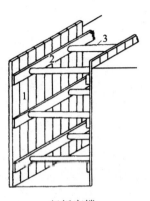

竖板密撑
1—撑板；2—横木；3—撑杠

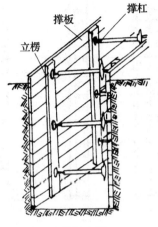

横板密撑

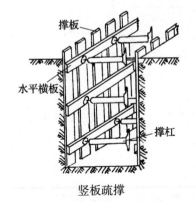

竖板疏撑

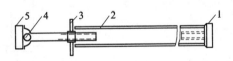

工具式撑杠
1—撑头板；2—圆套管；3—带柄
螺母；4—球铰；5—撑头板

定额项目说明

计量单位	100m²
已包括的内容	制作，运输，安装，拆除
未包括的内容	
未计价材料	
相关工程	

第一册：通用项目

分部工程	支撑工程	定额编号
分项工程	木挡土板	1-531~1-534

13

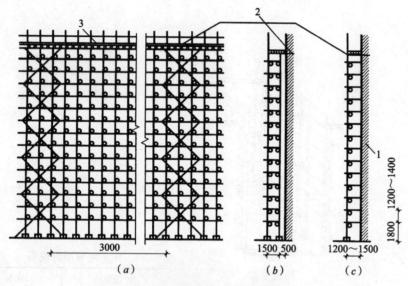

定额项目说明	
计量单位	100m²
已包括的内容	制作，运输，安装，拆除
未包括的内容	
未计价材料	
相关工程	

扣件式钢管脚手架的构造

（a）正立面图；（b）侧立面图（双排）；（c）侧立面图（单排）

1—墙身；2—连墙杆；3—脚手板

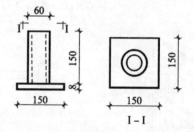

脚手架底座

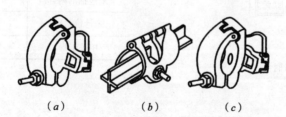

扣件

（a）直角扣件；（b）对接扣件；（c）回转扣件

第一册：通用项目		
分部工程	脚手架及其他工程	定额编号
分项工程	脚手架	1-625~1-630

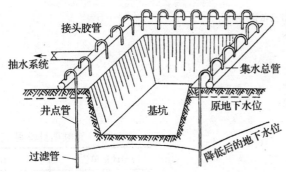

井点法布置示意图

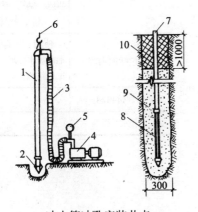

冲水管冲孔安装井点

1—冲管；2—冲嘴；3—橡皮管；4—高压水泵；5—压力表；
6—起重吊钩；7—井点管；8—滤管；9—填砂；10—黏土封口

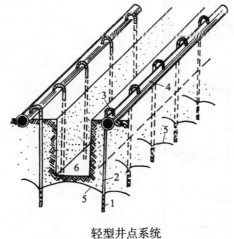

轻型井点系统

1—滤管；2—直管；3—橡胶弯连管；
4—总管；5—地下水降落曲线；6—沟槽

定额项目说明

计量单位	10根
已包括的内容	井点管装配，总管安装，抽水设备安、拆，钻孔、灌砂，封口，试抽
未包括的内容	使用、拆除
未计价材料	
相关工程	

第一册：通用项目		
分部工程	脚手架及其他工程	定额编号
分项工程	轻型井点安装	1-653

15

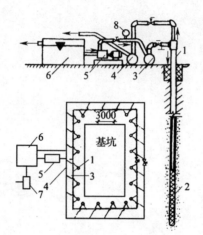

喷射井点设备及布置

1—喷射井管；

2—滤管；

3—进水总管；

4—排水总管；

5—高压水泵；

6—集水池；

7—水泵；

8—压力表

喷水井点管路系统

1—排水总管；2—进水总管；3—喷水井点；4—排水弯连管；
5—进水弯连管；6—闸门；7—水泵；8—水池；9—吸水阀

定额项目说明

计量单位	10根
已包括的内容	井点管装配，总管安装，抽水设备安装、拆除，钻孔、灌砂，封口，试抽，2根观察孔
未包括的内容	使用、拆除，冲孔后的泥水处理、排水管的挖沟槽
未计价材料	
相关工程	

第一册：通用项目		
分部工程	脚手架及其他工程	定额编号
分项工程	喷射井点安装	1-656，1-659 1-662，1-665 1-668

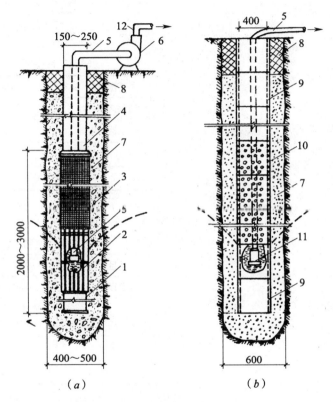

管井井点
（a）钢管管井；（b）混凝土管管井
1—沉砂管；2—钢筋焊接骨架；3—滤网；4—管身；5—吸水管；
6—离心泵；7—小砾石过滤层；8—黏土封口；9—混凝土实管；
10—混凝土过滤管；11—潜水泵；12—出水管

定额项目说明

计量单位	10根
已包括的内容	井管装配，总管安装，抽水设备安装、拆除，钻孔成管，灌砂，封口，试抽水
未包括的内容	使用、拆除
未计价材料	
相关工程	

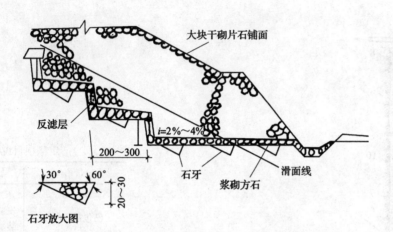

大块干砌片石铺面

反滤层

$i=2\%\sim4\%$

200~300

石牙

浆砌方石

滑面线

30°　60°

20~30

石牙放大图

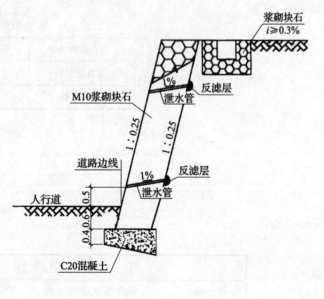

浆砌块石
$i\geqslant0.3\%$

M10浆砌块石

1%

泄水管

反滤层

1：0.25

1：0.25

道路边线

1%

反滤层

泄水管

人行道

0.5

0.4 0.6

C20混凝土

定额项目说明	
计量单位	10m³
已包括的内容	挖沟，配料
未包括的内容	管道铺设
未计价材料	
相关工程	

清单项目说明	
项目名称	盲　沟
项目编码	040201014
项目特征	材料品种；断面；材料规格
计量单位	m
工程内容	盲沟铺筑

第一册：通用项目		
分部工程	护坡、挡土墙	定额编号
分项工程	砂石滤沟、砂滤层、碎石滤层	1-681~1-688

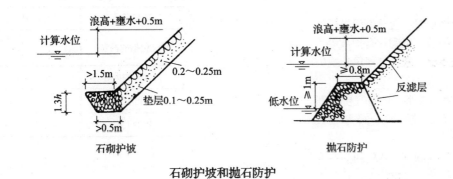

石砌护坡和抛石防护

叠铺　平铺　方格式

边坡草皮加固

定额项目说明	
计量单位	10m³
已包括的内容	砌筑、掩护材料场内运输
未包括的内容	
未计价材料	混凝土
相关工程	

清单项目说明	
项目名称	护　坡
项目编码	040305005
项目特征	材料品种；结构形式；厚度
计量单位	m²
工程内容	修整边坡

第一册：通用项目

分部工程	护坡、挡土墙	定额编号
分项工程	砌护坡（1）	1-689~1-701

当边坡为土质、碎石土、破碎带或软弱岩层所组成时，应对坡面进行加固和防护，铺设护坡是防护方法之一，如水泥砂浆护坡、浆砌片石护坡等，采取这些措施后，可减少地下水下渗，防止坡面被冲刷，避免坡面风化或失水干缩龟裂等。

片石：一般指用爆破或楔劈法开采的石块，厚度不应小于15cm（卵形和薄片者不得使用）。用作镶面的片石，应选择表面较平整、尺寸较大者，并应稍加修整。

块石：形状大致方正，上下面大致平整，厚度20~30cm，宽度约为厚度的1.0~1.5倍，长度约为厚度的1.5~3.0倍（如有锋棱锐角，应敲除）。块石用作镶面时，应由外露面四周向内稍加修凿；后部可不修凿，但应略小于修凿部分。

毛料石：形状大致规则的六面体表面凹凸＜2cm，厚度不小于20cm。

粗料石：是由岩层或大块石料开劈并经粗略修凿而成，应外形方正，成六面体，厚度20~30cm，宽度为厚度的1~1.5倍，长度为厚度的2.5~4倍，表面凹陷深度不大于2cm。加工镶面粗料石时，丁石长度应比相邻顺石宽度至少长15cm，修凿面每10cm长须有錾路约4~5条，侧面修凿面应与外露面垂直，正面凹陷深度不应超过1.5cm。

细料石：形状规则的六面体，表面凸凹不大于10mm，厚度宽度不小于20cm，长度不大于厚度的3倍。

定额项目说明

计量单位	10m³
已包括的内容	砌筑、掩护材料场内运输
未包括的内容	
未计价材料	混凝土
相关工程	

清单项目说明

项目名称	护坡
项目编码	040305005
项目特征	材料品种；结构形式；厚度
计量单位	m²
工程内容	修整边坡

第一册：通用项目		
分部工程	护坡、挡土墙	定额编号
分项工程	砌护坡（2）	1-689~1-701

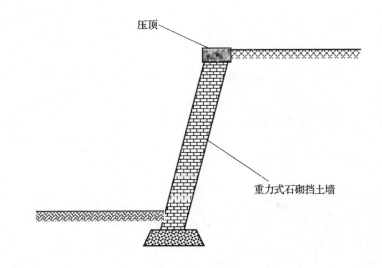

压顶

重力式石砌挡土墙

定额项目说明

计量单位	10m³
已包括的内容	砌筑、安装、拆除模板，浇捣混凝土，材料场内运输
未包括的内容	
未计价材料	混凝土
相关工程	

清单项目说明

项目名称	挡墙混凝土压顶
项目编码	040305004
项目特征	混凝土强度等级、石料最大粒径
计量单位	m³
工程内容	混凝土浇筑；养生

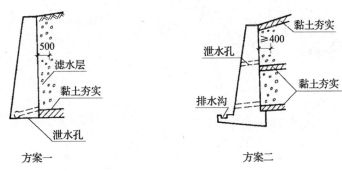

方案一

方案二

挡土墙的排水措施

第一册：通用项目		
分部工程	护坡、挡土墙	定额编号
分项工程	压 顶	1-705~1-708

21

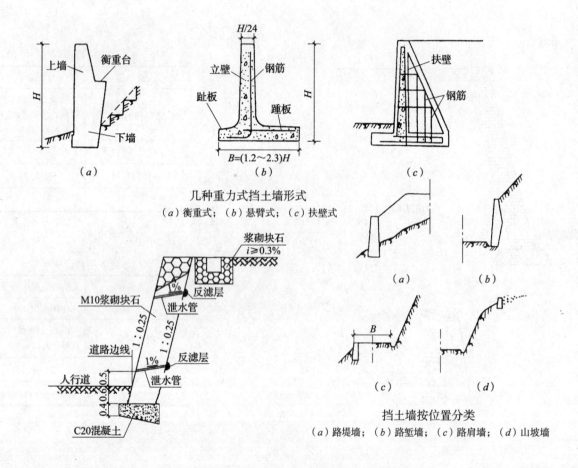

几种重力式挡土墙形式
(a) 衡重式; (b) 悬臂式; (c) 扶壁式

挡土墙按位置分类
(a) 路堤墙; (b) 路堑墙; (c) 路肩墙; (d) 山坡墙

定额项目说明

计量单位	10m³
已包括的内容	养护,材料场内运输
未包括的内容	钢筋加工和绑扎
未计价材料	混凝土
相关工程	现浇混凝土模板另行计算

清单项目说明

项目名称	现浇(预制)混凝土挡墙墙身
项目编码	040305002(003)
项目特征	混凝土强度等级、石料最大粒径,泄水孔材料品种规格,滤水层
计量单位	m³
工程内容	混凝土浇筑;养生;抹灰;构件运输;安装;泄水孔制作、安装;滤水层铺筑

挡土墙在道路工程中应用很广。其作用是承受支挡土体的侧压力,稳定边坡、防止滑坡和路堤被冲刷,并可收缩边坡以节省路基土方数量和减少占地、拆迁。挡土墙按其位置分为路堤墙、路堑墙、路肩墙和山坡墙。

第一册:通用项目

分部工程	护坡、挡土墙	定额编号
分项工程	挡土墙	1-711

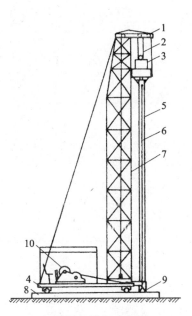

振动沉桩设备示意图

1—导向滑轮；2—滑轮组；
3—振动桩锤；4—行驶用钢管；
5—桩管；6—加压钢丝绳；
7—桩架；8—枕木；
9—活瓣桩靴；10—卷扬机

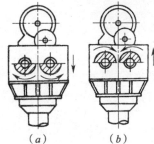

振动桩锤

（a）偏心块位于下方，振动桩锤向下振动；
（b）偏心块位于上方，振动桩锤向上振动

（a）　　　（b）

拉森桩截面图

第一册：通用项目		
分部工程	打拔工具桩	定额编号
分项工程	振动打桩机打拉森钢板桩（参考）	

第二部分

道路工程

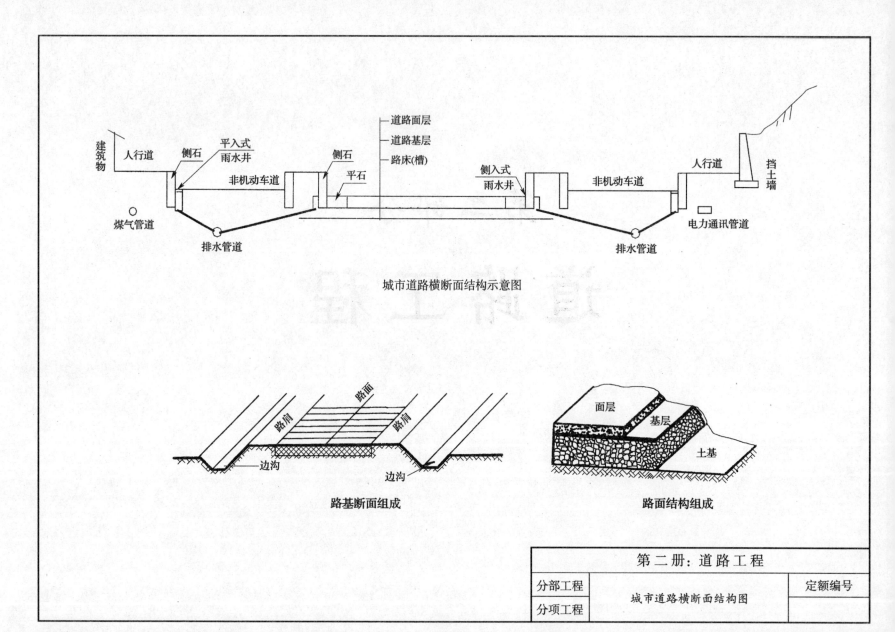

城市道路横断面结构示意图

路基断面组成

路面结构组成

第二册：道路工程		
分部工程	城市道路横断面结构图	定额编号
分项工程		

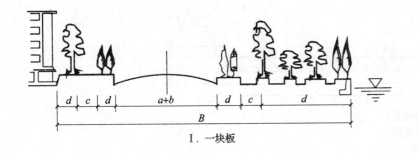

I．一块板

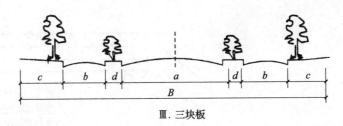

Ⅲ．三块板

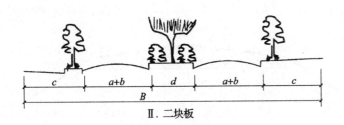

Ⅱ．二块板

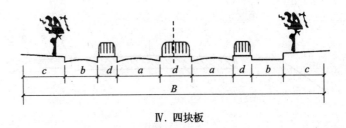

Ⅳ．四块板

城市道路横断面路幅形式

a—机动车；b—非机动车；c—人行道；d—分隔带（绿化带）；B—道路全宽

第二册：道路工程		
分部工程	城市道路横断面路幅形式	定额编号
分项工程		

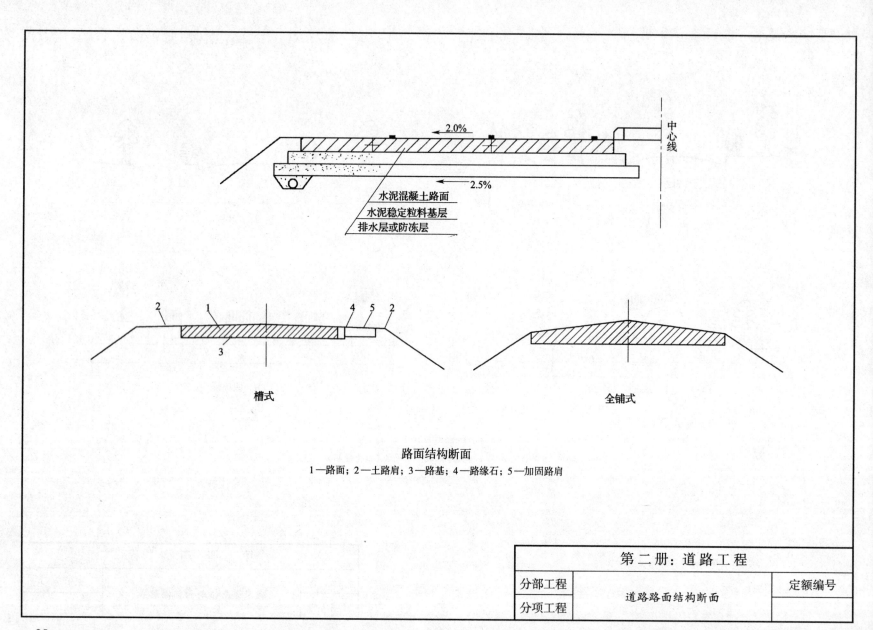

2.0%

中心线

水泥混凝土路面
水泥稳定粒料基层
排水层或防冻层

2.5%

2　　1　　　　　　4　5　2

3

槽式

全铺式

路面结构断面
1—路面；2—土路肩；3—路基；4—路缘石；5—加固路肩

第二册：道路工程		
分部工程	道路路面结构断面	定额编号
分项工程		

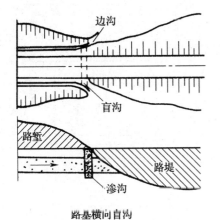

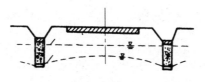

路基纵向盲沟单列式

路基纵向盲沟双列式

路基横向盲沟

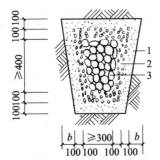

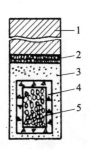

盲沟构造示意

1—粗砂滤水层；2—小石子滤水层；
3—石子滤水层

1—夯实黏土；2—双层反贴草皮；
3—粗砂；4—石屑；5—砾石

注：1.尺寸单位：mm；2.b：按设计值。

定额项目说明

计量单位	100m
已包括的内容	放样、挖土、运料、填充夯实、弃土外运
未包括的内容	
未计价材料	
相关工程	

清单项目说明

项目名称	盲 沟
项目编码	040201014
项目特征	材料品种；断面；材料规格
计量单位	m
工程内容	盲沟铺筑

第二册：道 路 工 程		
分部工程	路基盲沟	定额编号
分项工程	砂石盲沟	2-4~2-6

29

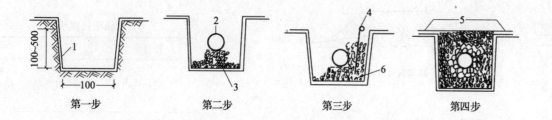

盲沟施工工艺流程（设滤管）（单位：cm）

1—土工布；2—滤管；3—砖墩（每节管两个）；4—临时挡板（滤料填满后提出）；5—尼龙缝合
6—滤料（挡板内为粒径3~7cm砾石；外为粒径0.5~3.2cm砾石）

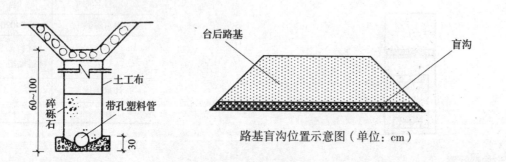

路基盲沟位置示意图（单位：cm）

定额项目说明	
计量单位	100m
已包括的内容	放样、挖土、运料、填充夯实、弃土外运
未包括的内容	滤管外滤层材料
未计价材料	
相关工程	

清单项目说明

项目名称	盲　沟
项目编码	040201014
项目特征	材料品种；断面；材料规格
计量单位	m
工程内容	盲沟铺筑

第二册：道路工程		
分部工程	路基盲沟	定额编号
分项工程	滤管盲沟	2-7

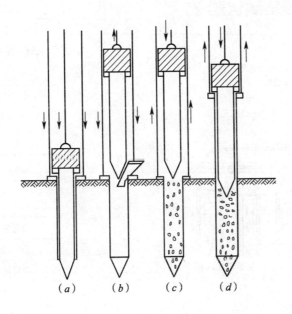

石灰桩沉桩工序示意
（a）将套管用打桩机打入到设计深度；（b）拔出内套管，准备用灰斗灌入生石灰；
（c）在外套管内灌满生石灰；（d）在拔外套管同时，将内套管连桩锤下落

定额项目说明

计量单位	10m³
已包括的内容	放样、挖孔、填料、夯实、清理余土到路边
未包括的内容	
未计价材料	
相关工程	

清单项目说明

项目名称	石灰砂桩
项目编码	040201008
项目特征	材料配合比：桩径
计量单位	m
工程内容	成孔、石灰、砂填充

第二册：道路工程

分部工程	弹软土基处理	定额编号
分项工程	石灰砂桩	2-14~2-15

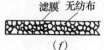

(a)   (b)   (c)

螺旋
滤膜 排水孔 无纺布   滤膜 无纺布

(d)   (e)   (f)

塑料排水板的结构

（a）∩槽塑料板；（b）梯形槽塑料板；（c）△槽塑料板；（d）梗透水膜塑料板；
（e）无纺布螺旋孔排水板；（f）无纺布柔性排水板

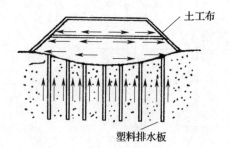

土工布

塑料排水板

塑料排水板施工

塑料排水板是由芯体和滤套组成的复合体，或是由单种材料制成的多孔管道板带（无滤套）。芯板一般是由聚乙烯或聚丙烯加工而成的多孔管道或其他形式的板带；滤套一般由无纺织物制成。塑料排水板所用的材料、制造方法不同，结构也不同，但基本上分为两大类。第一类是用单一材料制成的多孔管道的板带，表面有许多微孔；第二类是由两种材料组合而成，芯板为各种规律变形断面的芯板或乱丝、花式丝的芯板，外面包裹一层无纺土工织物滤套。塑料排水板的作用与原理和袋装砂井相同，但与袋装砂井法相比，塑料排水板法具有插板机械轻、效率高、对土扰动小、造价低等优点，因此，近几年来在公路、铁路、水电、港口、机场、建筑等工程中得到了广泛的应用。

定额项目说明	
计量单位	1000m
已包括的内容	定位、穿塑料排水板、安装桩靴、打拔钢管、塑断排水板、起重机、桩机移位
未包括的内容	
未计价材料	
相关工程	

清单项目说明	
项目名称	塑料排水板
项目编码	040201007
项目特征	材料；规格
计量单位	m
工程内容	成孔，打塑料排水板

第二册：道路工程		
分部工程	弹软土基处理	定额编号
分项工程	塑板桩	2-16~2-17

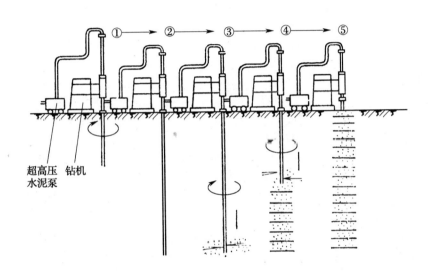

定额项目说明

计量单位	10m³
已包括的内容	钻机就位,钻孔、加粉、喷粉、复搅
未包括的内容	
未计价材料	
相关工程	

清单项目说明

项目名称	粉喷桩
项目编码	040201010
项目特征	桩径,水泥含量
计量单位	m
工程内容	成孔、喷粉固化

超高压水泥泵 钻机

旋喷法施工程序图
① 开始钻进；② 钻进结束；③ 高压旋喷开始；④ 喷嘴边旋转边提升；⑤ 旋喷结束

第二册：道路工程

分部工程	弹软土基处理	定额编号
分项工程	粉喷桩	2-18~2-19

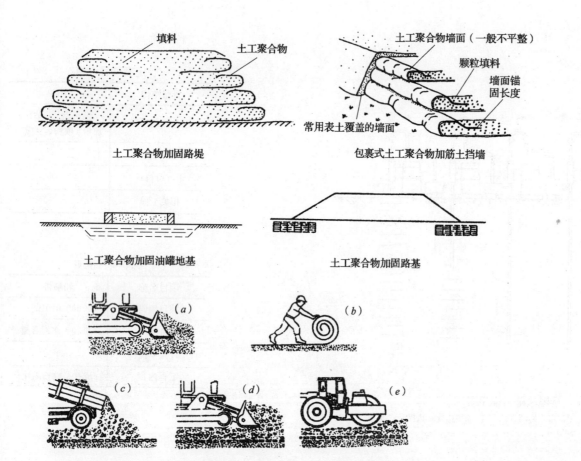

填料　土工聚合物

土工聚合物墙面（一般不平整）

颗粒填料

墙面锚固长度

常用表土覆盖的墙面

土工聚合物加固路堤

包裹式土工聚合物加筋土挡墙

土工聚合物加固油罐地基

土工聚合物加固路基

（a）

（b）

（c）

（d）

（e）

道路工程中使用土工聚合物施工示意图

（a）挖除表土和平整场地；（b）铺开土工聚合物卷材；（c）在土工聚合物上卸砂石料；
（d）铺设和平整筑路材料；（e）压实路基

定额项目说明	
计量单位	1000m²
已包括的内容	清理平整路基，挖填锚固沟、铺设土工布、缝合及锚固土工布
未包括的内容	土方
未计价材料	
相关工程	

清单项目说明	
项目名称	土工布
项目编码	040201012
项目特征	材料品种；规格
计量单位	m²
工程内容	土工布铺设

第二册：道路工程		
分部工程	弹软土基处理	定额编号
分项工程	土工布	2-20~2-21

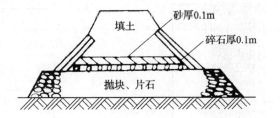

定额项目说明	
计量单位	1m³
已包括的内容	人工装石、机械运输、人工抛石
未包括的内容	土方
未计价材料	
相关工程	

清单项目说明

项目名称	抛石挤淤
项目编码	040201005
项目特征	规格
计量单位	m
工程内容	抛石挤淤

第二册：道路工程

分部工程	弹软土基处理	定额编号
分项工程	抛石挤淤	2-22

35

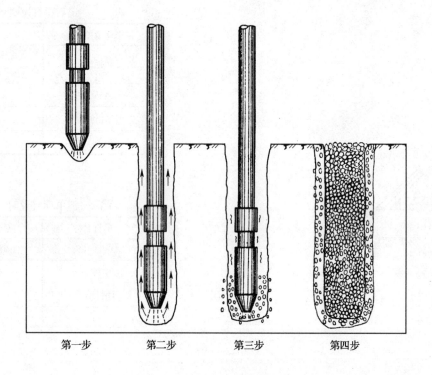

| 第一步 | 第二步 | 第三步 | 第四步 |

振冲法施工程序图

清单项目说明

项目名称	碎石桩
项目编码	040201009
项目特征	材料规格，桩径
计量单位	m
工程内容	振冲器安装、拆除；碎石填充、振实

第二册：道路工程		
分部工程	弹软土基处理	定额编号
分项工程	振冲碎石桩（参考）	

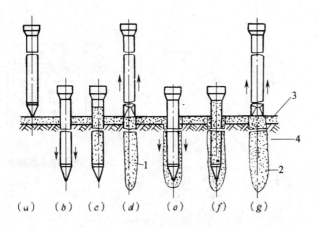

砂桩施工工序示意

（a）桩架就位，桩尖插在钢管上；（b）打到设计标高；（c）灌注砂（或砂袋）；
（d）拔起钢管，活瓣桩尖张开，砂（或砂袋）留在桩孔内一般砂桩完成；
（e）如扩大砂桩，再将钢管打到设计标高；（f）灌注砂（或砂袋）；
（g）拔起钢管完成扩大砂桩
1—砂桩；2—扩大砂桩；3—砂垫层；4—软土层

清单项目说明

项目名称	袋装砂井
项目编码	040201006
项目特征	直径；填充料品种
计量单位	m
工程内容	成孔、装袋砂

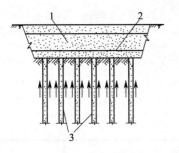

砂桩（砂井）设置

1—基坑；2—砂垫层；3—排水砂井

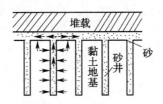

砂井排水加固地基

第二册：道路工程		
分部工程	弹软土基处理	定额编号
分项工程	袋装砂井（参考）	

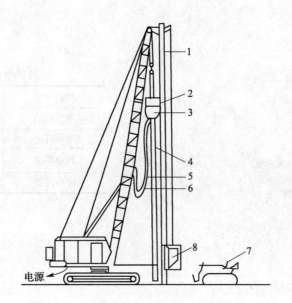

砂桩施工的机械设备

1—导架；2—振动机；3—砂漏斗；4—工具管；5—电缆；
6—压缩空气管；7—装载机；8—提砂斗

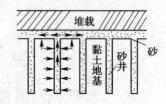

砂井排水加固地基

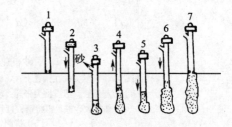

砂桩施工顺序

1—工具管置于预定桩位上，灌入适量的砂；管内形成砂塞；
2—振动器振动，将工具管打入土中；3—工具管到达预定深度；
4—投砂，拔工具管，压缩空气把砂压出；5—振动器打入工具管；
6—再投砂，拔工具管至规定高度；7—重复上述操作，直到地面

第二册：道路工程		
分部工程	弹软土基处理	定额编号
分项工程	挤密砂桩（参考）	

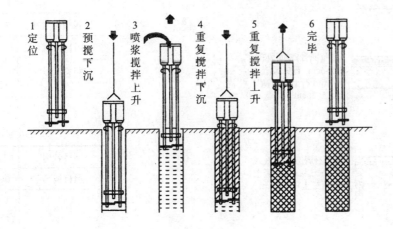

深层搅拌法施工工艺流程图

清单项目说明	
项目名称	深层搅拌桩
项目编码	040201011
项目特征	桩径，水泥含量
计量单位	m
工程内容	成孔，水泥浆制作；压浆、搅拌

第二册：道路工程		
分部工程	弹软土基处理	定额编号
分项工程	深层搅拌水泥桩（参考）	

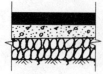
沥青混凝土(中)3~5cm
黑色碎石(或沥青)贯入碎石4~8cm,碎(砾)石10~20cm

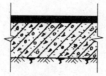
沥青混凝土(粗)或黑色碎石3~5cm 三渣30~40cm(石灰、水淬渣、碎石或石灰、煤渣、碎石)

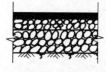
路拌渣油(沥青)级配碎(砾)石2.5~4cm,泥结碎(砾)石8~15cm,碎(砾)石8~15cm

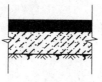
路拌渣油(沥青)级配碎(砾)石2.5~4cm 石灰煤渣、石灰砾石土或石灰土15~25cm

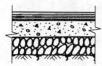
渣油(沥青)表面处治1.5~3cm 泥结碎(砾)石8~15cm 碎(砾)石8~15cm

渣油(沥青)表面处理1.5~3cm,石灰煤渣、石灰砾石土或石灰土15~25cm

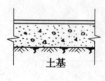
砂土石屑磨耗层泥结碎石8~20cm(或级配砾石)(或用砾石砂、碎砖等骨料加强)
土基

砂土石屑磨耗层嵌入碎石一层石灰煤渣土(或石灰土)15~25cm

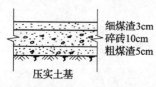
细煤渣3cm
碎砖10cm
粗煤渣5cm
压实土基

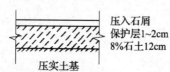
压入石屑
保护层1~2cm
8%石土12cm
压实土基

定额项目说明

计量单位	100m²
已包括的内容	依据不同材料,工作内容不同,详见对应定额表
未包括的内容	
未计价材料	
相关工程	路床整形

清单项目说明

项目名称	(依据具体材料按规范)
项目编号	040202001~040202015
项目特征	厚度,材料品种,配合比,材料规格
计量单位	m²
工程内容	拌合,铺筑,找平,碾压,养护

基层主要承受由面层传来的车辆荷载垂直力,并把它扩散到垫层和土基中,基层应有足够的强度和刚度。

修筑基层常用的材料有:各种结合料稳定土或稳定碎石、贫水泥混凝土、天然砂砾、碎石、砾石、片石、圆石、各种工业废渣所组成的混合料以及它们与土、砂、石组成的混合料等。

第二册: 道路工程		
分部工程	道路基层	定额编号
分项工程	基层	2-40~2-234

40

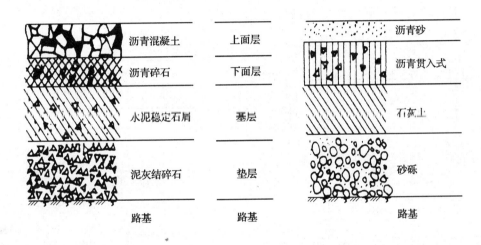

路面结构层示意图

定额项目说明

计量单位	100m²
已包括的内容	清扫路基，整修侧缘石，测温、摊铺，接茬，找平，点补，洒垫料，清理
未包括的内容	
未计价材料	沥青混凝土
相关工程	

清单项目说明

项目名称	沥青混凝土
项目编码	040203004
项目特征	沥青品种，厚度，石料最大粒径
计量单位	m²
工程内容	铺撒底油，铺筑，碾压

沥青混凝土路面是指按照级配原理选配的矿料（包括碎石或轧制砾石、石屑、砂和矿粉）与一定数量的沥青，在一定温度下拌合成混合料（一般有沥青混凝土加工厂生产），经摊铺、压实而成的路面面层结构。

第二册：道路工程		
分部工程	道路面层	定额编号
分项工程	沥青混凝土路面	2-261~2-286

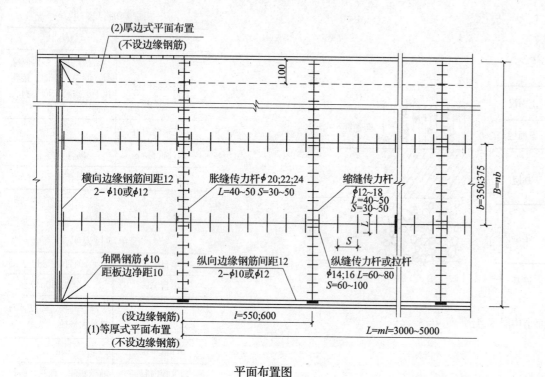

(2)厚边式平面布置
(不设边缘钢筋)

横向边缘钢筋间距12
2-φ10或φ12

胀缝传力杆φ20;22;24
L=40~50 S=30~50

缩缝传力杆
φ12~18
L=40~50
S=30~50

角隅钢筋φ10
距板边净距10

纵向边缘钢筋间距12
2-φ10或φ12

纵缝传力杆或拉杆
φ14;16 L=60~80
S=60~100

(设边缘钢筋)
(1)等厚式平面布置
(不设边缘钢筋)

l=550;600

L=ml=3000~5000

b=350;375

B=nb

100

S

平面布置图

定额项目说明	
计量单位	10m²
已包括的内容	放样、模板制作、安装拆除、模板刷油、混凝土纵缝涂沥青油、拌合、浇筑、捣固、抹光或拉毛
未包括的内容	
未计价材料	
相关工程	

清单项目说明	
项目名称	水泥混凝土
项目编码	040203005
项目特征	混凝土强度等级，石料最大粒径，厚度，掺合料，配合比
计量单位	m²
工程内容	传力杆及套筒制作，安装，混凝土浇筑，拉毛或压痕，伸缝，缩缝，锯缝，嵌缝，路面养生

水泥混凝土路面包括素混凝土、钢筋混凝土、连续配筋混凝土、预应力混凝土、装配式混凝土、钢纤维混凝土和混凝土小块铺砌等面层板和基层组成的路面。
目前采用最广泛的是就地浇注的素混凝土路面，简称混凝土路面。

第二册：道路工程		
分部工程	道路面层	定额编号
分项工程	水泥混凝土路面	2-287~2-292

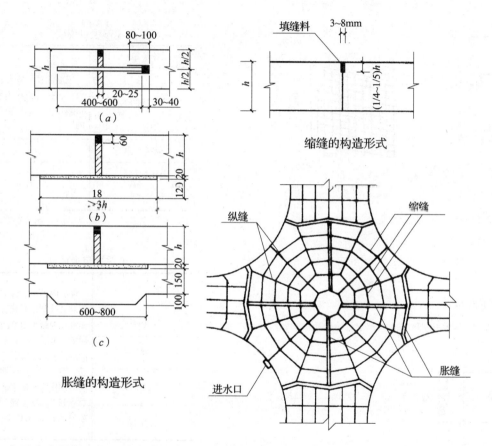

缩缝的构造形式

胀缝的构造形式

为了防止混凝土板因热胀冷缩产生变形和裂缝，水泥混凝土路面不得不在纵横两个方向建造许多接缝，纵缝和横缝一般应作成垂直正交。

横向接缝是垂直于行车方向的接缝，共有三种：缩缝、胀缝、施工缝。纵向接缝是平行于行车方向的接缝，一般按3~4.5m设置一条，缘石与路面板之间也应设置纵向胀缝。

定额项目说明

计量单位	10m²
已包括的内容	切缝：放样，缝板制作，备料，熬制沥青，浸泡木板，拌合，嵌缝，烫平缝面 PG填缝胶：清理缝道，嵌入泡沫背衬带，配制搅料PG胶，上料灌缝
未包括的内容	
未计价材料	
相关工程	

清单项目说明

项目名称	
项目编码	
项目特征	属于水泥混凝土道路面层的工程内容
计量单位	
工程内容	

第二册：道路工程		
分部工程	道路面层	定额编号
分项工程	伸缩缝	2-293~2-299

43

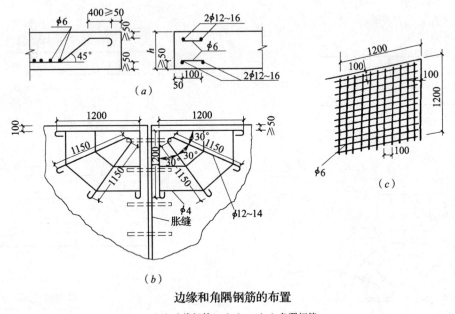

（a）

（b）

边缘和角隅钢筋的布置

（a）边缘钢筋；（b）、（c）角隅钢筋

（c）

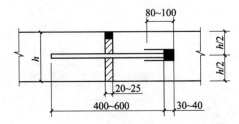

伸缩缝内传力杆的布置

定额项目说明

计量单位	t
已包括的内容	钢筋除锈，安装传力杆，拉杆边缘钢筋，角隅加固钢筋，钢筋网
未包括的内容	
未计价材料	
相关工程	

清单项目说明

项目名称	伸缝内的传力杆钢筋及套筒制作安装属于水泥混凝土道路面层的工程内容，其余的纵缝拉杆、角隅钢筋、钢筋网、边缘钢筋的制作安装属于清单项目"钢筋工程"，项目编码为"040701"
项目编码	
项目特征	
计量单位	
工程内容	

第二册：道路工程		
分部工程	道路面层	定额编号
分项工程	水泥混凝土钢筋	2-304~2-305

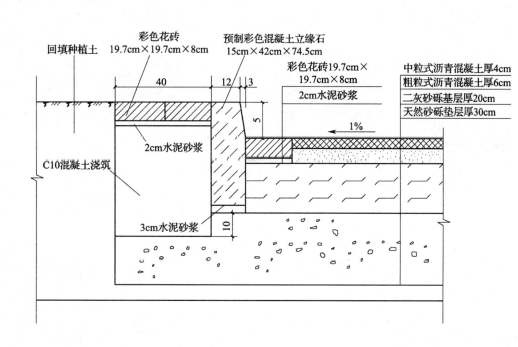

彩色花砖
19.7cm×19.7cm×8cm

预制彩色混凝土立缘石
15cm×42cm×74.5cm

回填种植土

彩色花砖19.7cm×
19.7cm×8cm

2cm水泥砂浆

中粒式沥青混凝土厚4cm
粗粒式沥青混凝土厚6cm
二灰砂砾基层厚20cm
天然砂砾垫层厚30cm

2cm水泥砂浆

C10混凝土浇筑

3cm水泥砂浆

定额项目说明	
计量单位	100m²；10m²
已包括的内容	放样，运料，配料拌合，找平，夯实，安砌，灌缝，扫缝
未包括的内容	
未计价材料	块料
相关工程	

清单项目说明	
项目名称	人行道块料铺设
项目编码	040204001
项目特征	材质，尺寸，垫层材料品种，厚度，强度，图形
计量单位	m²
工程内容	整形碾压，垫层基础铺筑，块料铺设

　　人行道的主要功能是满足行人步行交通的需要，还可供植树、地上杆柱、埋设地下管线以及护栏、交通标志宣传栏、清洁箱等交通附属设施使用。一侧人行道宽度与道路路幅宽度之比大致在1/7~1/5的范围内比较合适。
　　人行道按使用材料不同可分为沥青面层人行道、水泥混凝土人行道、预制块人行道等。

第二册：道路工程		
分部工程	人行道侧缘石及其他	定额编号
分项工程	人行道块料铺设	2-306~2-327

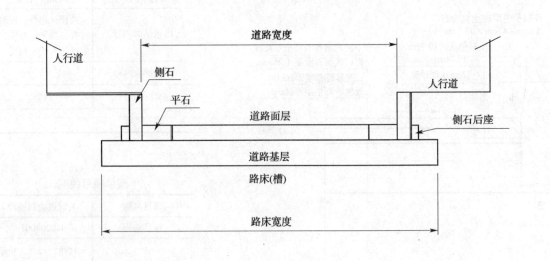

道路横断面示意

定额项目说明

计量单位	100m
已包括的内容	放样、开槽、运料、调配砂、安砌、勾缝、养护、清理
未包括的内容	
未计价材料	侧石、平石
相关工程	

清单项目说明

项目名称	安砌侧（平、缘）石
项目编码	040204003
项目特征	材质,尺寸,形状。垫层、基础;材料品种、厚度、强度
计量单位	m
工程内容	垫层、基础铺筑;侧（平）石安砌

　　侧缘石设在道路两侧,用于区分车行道、人行道、植被带、分隔带的界石。一般高出路面12~15cm,也称为道牙,作用是保障行人、车辆的交通安全。一般为水泥混凝土预制安装。

　　平石设在侧缘石和路面之间,平石顶面与路面平齐,起标定路面范围、整齐路容的作用,特别是沥青类路面有方便路面碾压施工及保护路面边缘的作用。在城市道路中,平石也用于平坡路段纵向排水不畅时,形成锯齿形边沟,以利排用。平石有现浇和预制两种。

第 二 册:道 路 工 程		
分部工程	人行道侧缘石及其他	定额编号
分项工程	安砌侧缘石,侧（平）石	2-332~2-343

第三部分

桥涵工程

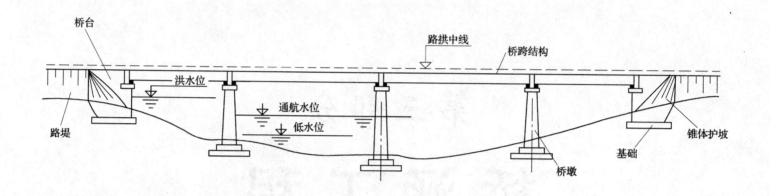

桥梁结构一般由三部分组成：上部结构、下部结构、附属结构。

上部结构：包括主要承重结构、桥面系构造。

下部结构：包括墩台、基础。

附属结构：包括锥形护坡、导流堤坝等。

桥梁结构一般可分为五大类：

1. 梁式桥；

2. 拱　桥；

3. 刚构桥；

4. 吊　桥；

5. 组合体系桥。

第三册：桥涵工程	
分部工程	桥梁组成	定额编号
分项工程		

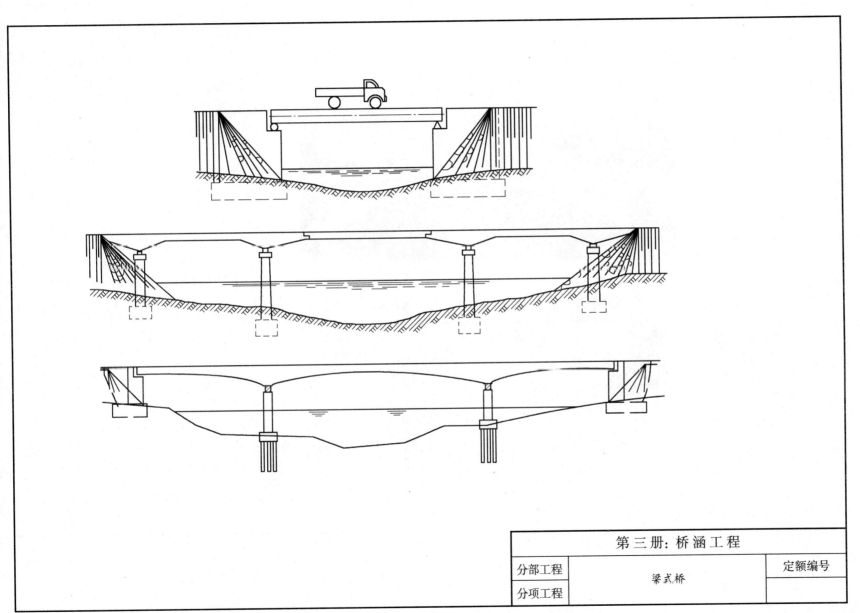

第三册：桥涵工程		
分部工程	梁式桥	定额编号
分项工程		

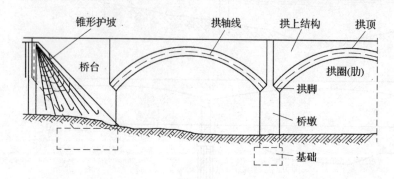

锥形护坡　　　　　　拱轴线　　　　拱上结构　　拱顶

桥台

拱圈(肋)

拱脚

桥墩

基础

分部工程	拱　　桥	定额编号
分项工程		

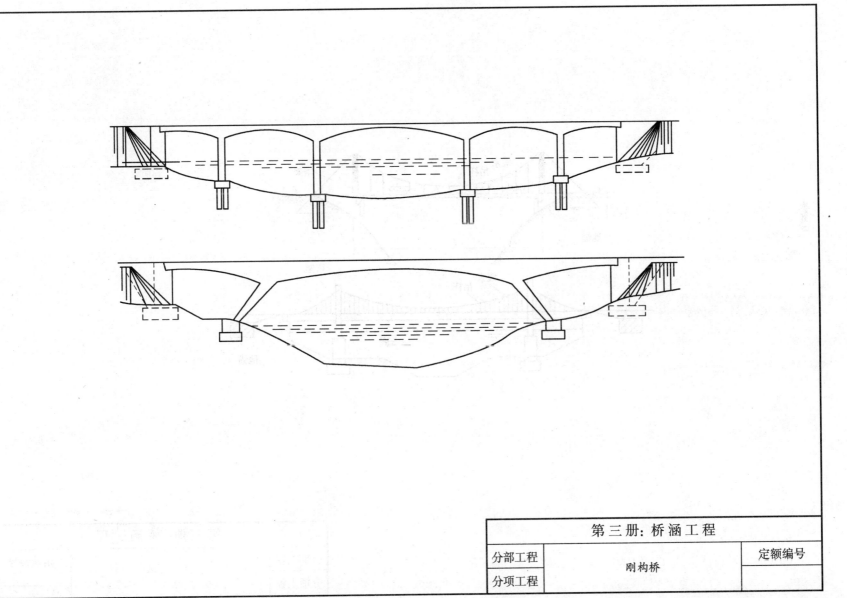

第三册：桥涵工程		
分部工程	刚构桥	定额编号
分项工程		

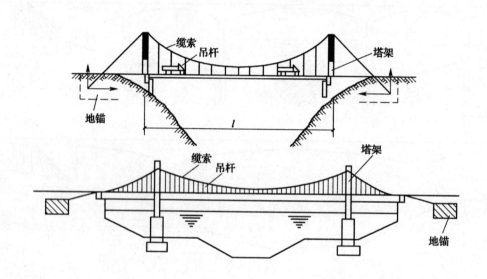

缆索 吊杆　　　　塔架
地锚
缆索 吊杆　　　塔架
地锚

第三册: 桥涵工程		
分部工程	吊　桥	定额编号
分项工程		

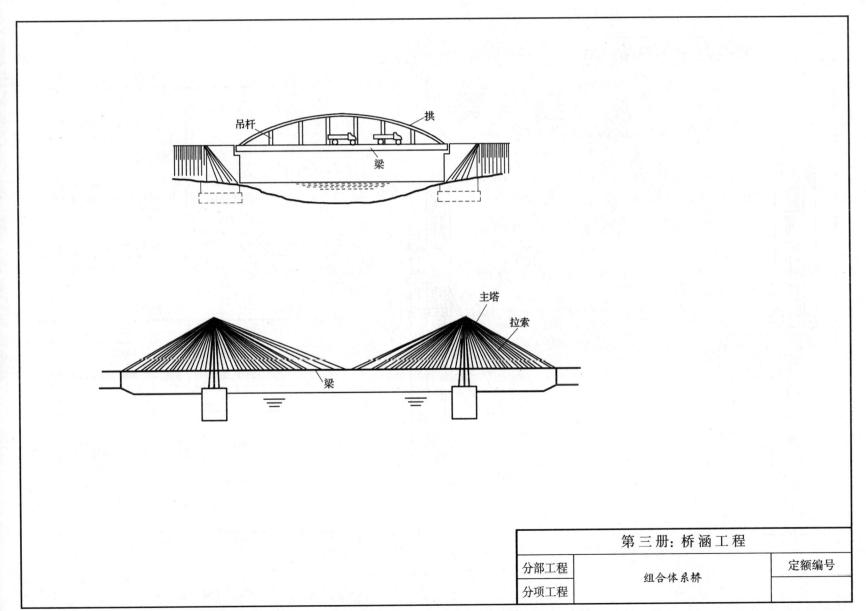

第三册：桥涵工程		
分部工程	组合体系桥	定额编号
分项工程		

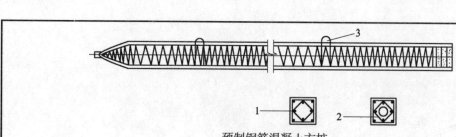

预制钢筋混凝土方桩
1—实心方桩；2—空心方桩；3—吊环

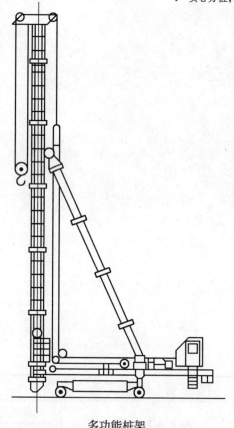

多功能桩架

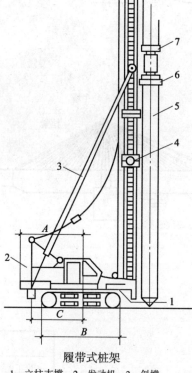

履带式桩架
1—立柱支撑；2—发动机；3—斜撑；
4—立柱；5—桩；6—桩帽；7—桩锤

定额项目说明

计量单位	10m³
已包括的内容	准备工作；捆桩、吊桩、就位、打桩、校正；移动桩架；安装或更换衬垫；添加润滑油、燃料；测量、记录等
未包括的内容	桩的预制、接桩、送桩、凿除桩头
未计价材料	
相关工程	接桩；送桩；凿除桩头

清单项目说明

项目名称	钢筋混凝土方桩
项目编码	040301003
项目特征	形式：强度等级；断面；斜率；部位
计量单位	m
工程内容	工作平台搭拆；桩机竖拆；混凝土浇筑；运桩；沉桩；接桩；送桩；凿除桩头；桩芯混凝土充填；废料弃置

第三册：桥涵工程		
分部工程	打桩工程	定额编号
分项工程	打钢筋混凝土方桩	3-13~3-29

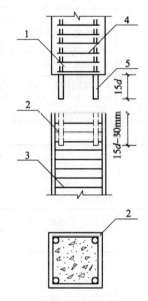

硫磺胶泥锚接桩节点

1—上段桩；2—锚筋孔；
3—下段桩；4—箍筋；5—螺纹钢筋

注：d为钢筋直径。

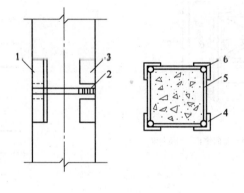

焊接接桩节点

1—连接角钢；2—预埋垫板；3—预埋钢板；
4—主筋；5—钢板；6—角钢

定额项目说明

计量单位	个
已包括的内容	焊接桩：对接、校正；垫钢片；安角钢，焊接
未包括的内容	桩的预制；送桩；凿除桩头
未计价材料	
相关工程	打桩；送桩；凿除桩头

清单项目说明

项目名称	钢筋混凝土方桩
项目编码	040301003
项目特征	
计量单位	属于钢筋混凝土方桩工作内
工程内容	容之一

第三册：桥涵工程		
分部工程	打桩工程	定额编号
分项工程	接桩	3-60、3-61

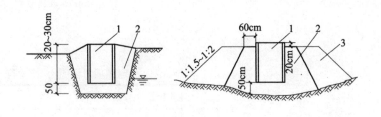

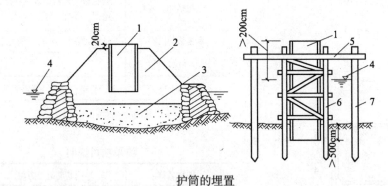

护筒的埋置

1—护筒；2—夯实黏土；3—砂土；4—施工水位；5—工作平台；6—导向架；7—脚手桩

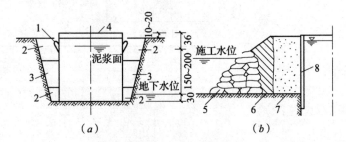

（a）　　　　　　　　（b）

护筒埋设示意图（尺寸单位：cm）

（a）陆地埋设；（b）水中埋设

1—吊耳；2—夯实黏土；3—夯实普通土；4—角钢，50mm×50mm；
5—黏土草袋；6—夯填黏土；7—填土；8—护筒

定额项目说明

计量单位	10m
已包括的内容	准备工作；挖土；吊装、就位、埋设、接护筒；定位下沉；还土、夯实；材料运输；拆除；清洗堆放等全部操作过程
未包括的内容	水中埋护筒时，不包括围堰、筑岛
未计价材料	
相关工程	

清单项目说明

项目名称	机械成孔灌注桩
项目编码	040301007
项目特征	
计量单位	属于机械成孔灌注桩工作内容之一
工程内容	

第三册：桥涵工程		
分部工程	钻孔灌注桩工程	定额编号
分项工程	埋设钢护筒	3-108~3-117

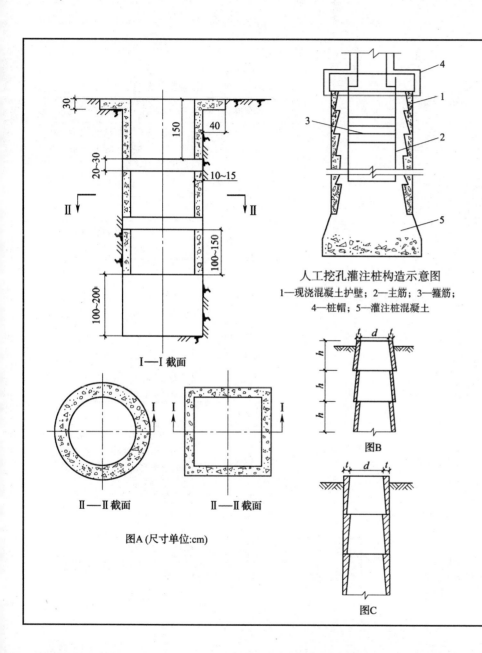

人工挖孔灌注桩构造示意图
1—现浇混凝土护壁；2—主筋；3—箍筋；
4—桩帽；5—灌注桩混凝土

图A(尺寸单位:cm)

图B

图C

定额项目说明

计量单位	10m³
已包括的内容	人工挖土、装土、清理；少量排水；护壁安装；卷扬机吊运土等
未包括的内容	土方运输；灌注混凝土；凿除桩头等
未计价材料	
相关工程	钢筋笼制作安装

清单项目说明

项目名称	挖孔灌注桩
项目编码	040301006
项目特征	桩径；深度；岩土类别；混凝土强度等级、石料最大粒径
计量单位	m
工程内容	挖桩成孔；护壁制作、安装、浇捣、土方运输；灌注混凝土；凿除桩头；废料弃置；余方弃置

第三册：桥涵工程		
分部工程	钻孔灌注桩工程	定额编号
分项工程	人工挖孔桩	3-118~3-121

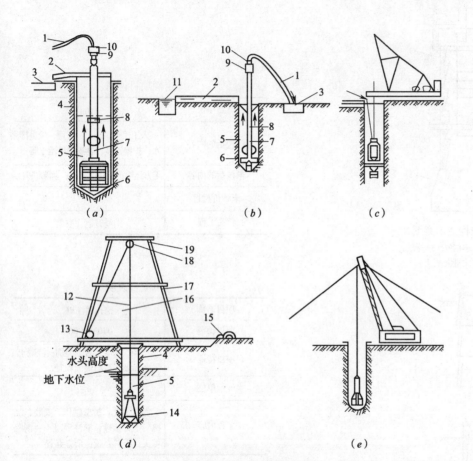

计量单位	10m
已包括的内容	准备工作；装拆钻架、就位、移动；钻进、提钻、出渣、清孔；测量孔径、孔深等
未包括的内容	坍孔处理
未计价材料	
相关工程	护筒埋设；泥浆制作；钻、冲成孔；灌注混凝土等

清单项目说明

项目名称	机械成孔灌注桩
项目编码	040301007
项目特征	桩径、深度；岩土类别；混凝土强度等级、石料最大粒径
计量单位	m
工程内容	工作平台搭拆；成孔机械竖拆；护筒埋设；泥浆制作；钻、冲成孔；剩余土方弃置；灌注混凝土；凿除桩头；废料弃置

几种钻孔方法的施工布置
（a）正循环旋转钻施工；（b）反循环旋转钻施工；
（c）潜水工程钻施工；（d）冲抓锤施工；（e）冲击锤施工
1—胶管；2—流槽；3—沉淀池；4—护筒；5—钻机；6—钻头；7—钻杆；8—接头；
9—旋转活接头；10—水龙头；11—泥浆池；12—吊起钢丝绳；13—转向滑轮；
14—冲抓锤；15—双筒卷扬机；16—开合钢丝绳；17—钻架；18—天滑轮；19—横梁

第三册：桥涵工程		
分部工程	钻孔灌注桩工程	定额编号
分项工程	回旋钻、冲击钻机钻孔；卷扬机带冲抓冲孔	3-122~3-206

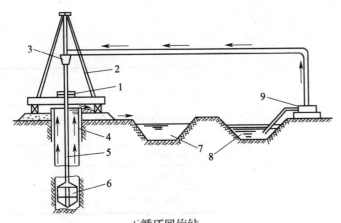

正循环回旋钻

1—钻机；2—钻架；3—泥浆笼斗；4—护筒；5—钻杆；
6—钻头；7—沉淀池；8—泥浆池；9—泥浆泵

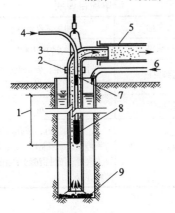

内风管吸泥清孔

1—高压风管入水深；2—弯管和导管接头；
3—焊在弯管上的耐磨短弯管；4—压缩空气；
5—排渣软管；6—补水；7—输气软管；
8—钢管长度大于2m，φ25mm，9—孔底沉渣

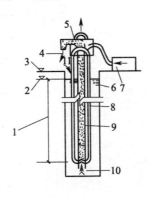

外风管吸泥清孔

1—水面至导管进风管口；2—钻孔水面；3—地面；
4—浆渣出口；5—接在导管上的弯管；6—钻孔；
7—空压机；8—风管；9—灌注混凝土导管；
10—浆渣进口；11 补水

定额项目说明

计量单位	10m
已包括的内容	准备工作；装拆钻架、就位、移动；钻进、提钻、出渣、清孔；测量孔径、孔深等
未包括的内容	坍孔处理
未计价材料	
相关工程	护筒埋设；泥浆制作；钻、冲成孔；灌注混凝土等

清单项目说明

项目名称	机械成孔灌注桩
项目编码	040301007
项目特征	桩径；深度；岩土类别；混凝土强度等级、石料最大粒径
计量单位	m
工程内容	工作平台搭拆；成孔机械竖拆；护筒埋设；泥浆制作；钻、冲成孔；剩余土方弃置；灌注混凝土；凿除桩头；废料弃置

第三册：桥涵工程		
分部工程	钻孔灌注桩工程	定额编号
分项工程	回旋钻机钻孔	3-122~3-154

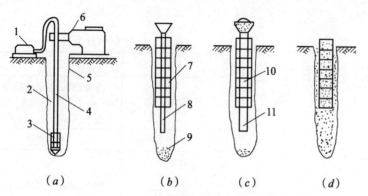

钻孔灌注桩施工示意图

（a）成孔；（b）下导管、钢筋笼；（c）灌注混凝土；（d）成桩

1—泥浆泵；2—泥浆；3—钻头；4—钻杆；5—护筒；6—钻机；
7—钢筋笼；8—导管；9—沉淀钻渣；10—混凝土；11—隔水球

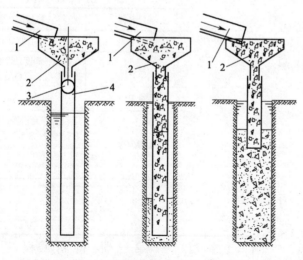

灌注水下混凝土

1—通混凝土储料槽；2—漏斗；3—隔水栓；4—导管

定额项目说明	
计量单位	10m³
已包括的内容	安装、拆除导管、漏斗；混凝土配、拌、浇捣等；材料运输等全部操作过程
未包括的内容	钢筋笼制作、安装
未计价材料	
相关工程	

清单项目说明	
项目名称	机械成孔灌注桩
项目编码	040301007
项目特征	桩径；深度；岩土类别；混凝土强度等级、石料最大粒径
计量单位	m
工程内容	工作平台搭拆；成孔机械竖拆；护筒埋设；泥浆制作；钻、冲成孔；余方弃置；灌注混凝土；凿除桩头；废料弃置

第三册：桥涵工程		
分部工程	钻孔灌注桩工程	定额编号
分项工程	灌注桩混凝土	3-208~3-211

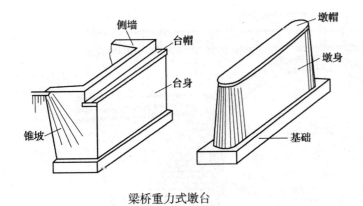

侧墙

台帽

台身

锥坡

墩帽

墩身

基础

梁桥重力式墩台

实腹拱桥伸缩缝布置

定额项目说明

计量单位	10m³
已包括的内容	放样；安装、拆除样架、样桩；选修、冲洗石料；配拌砂浆；砌筑；湿治养生等
未包括的内容	勾缝、抹面
未计价材料	
相关工程	砌筑脚手架、支架

清单项目说明

项目名称	浆砌块料；浆砌拱圈
项目编码	040304002；040304003
项目特征	部位；材料品位；规格；砂浆强度等级
计量单位	m³
工程内容	砌筑；砌体勾缝；砌体抹面；泄水孔制作、安装；滤层铺设；沉降缝

第三册：桥涵工程		
分部工程	砌筑工程	定额编号
分项工程	浆砌块石	3-212~3-213

61

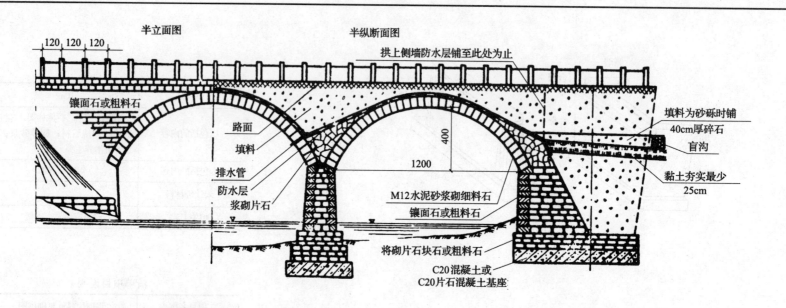

半立面图　　　　　　　　半纵断面图

120 120 120

拱上侧墙防水层铺至此处为止

镶面石或粗料石

路面
填料
排水管
防水层
浆砌片石

M12水泥砂浆砌细料石
镶面石或粗料石

将砌片石块石或粗料石

C20混凝土或
C20片石混凝土基座

填料为砂砾时铺
40cm厚碎石

盲沟

黏土夯实最少
25cm

400
1200

定额项目说明	
计量单位	10m³
已包括的内容	放样；安装、拆除样架、样桩；选修、冲洗石料；配拌砂浆；砌筑；湿治养生等
未包括的内容	砂石滤层、盲沟；勾缝
未计价材料	
相关工程	砌筑脚手架、支架

清单项目说明	
项目名称	浆砌块料；浆砌拱圈
项目编码	040304002；040304003
项目特征	部位；材料品位；规格；砂浆强度等级
计量单位	m³
工程内容	砌筑；砌体勾缝；砌体抹面；泄水孔制作、安装；滤层铺设；沉降缝

第三册：桥涵工程		
分部工程	砌筑工程	定额编号
分项工程	浆砌料石	3-214~3-219

62

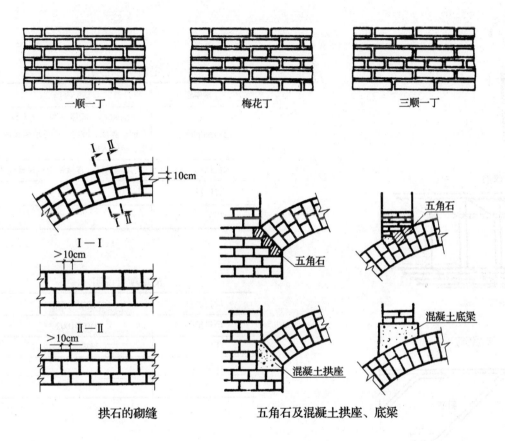

一顺一丁　　　　　梅花丁　　　　　三顺一丁

I—I

>10cm

II—II

>10cm

拱石的砌缝

五角石

五角石

混凝土拱座

混凝土底梁

五角石及混凝土拱座、底梁

定额项目说明	
计量单位	10m³
已包括的内容	放样；安装、拆除样架、样桩；选修、冲洗石料；配拌砂浆；砌筑；湿治养生等
未包括的内容	勾缝、抹面
未计价材料	
相关工程	砌筑脚手架、支架

清单项目说明	
项目名称	浆砌块料；浆砌拱圈
项目编码	040304002；040304003
项目特征	部位；材料品位；规格；砂浆强度等级
计量单位	m³
工程内容	砌筑；砌体勾缝；砌体抹面；泄水孔制作、安装；滤层铺设；沉降缝

当用块石或片石砌筑拱圈时，应选择较大的平整面与拱轴经垂直，并使石块的大头向上、小头向下。石块间的砌缝必须相互交错，较大的缝隙应用小石块嵌紧。同时还要求砌缝用砂浆或小石子混凝土灌满。

第三册：桥涵工程

分部工程	砌筑工程	定额编号
分项工程	浆砌块石；浆砌料石；浆砌混凝土预制块；砖砌体	3-214~3-231

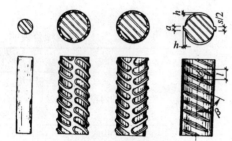

非预应力钢筋外形

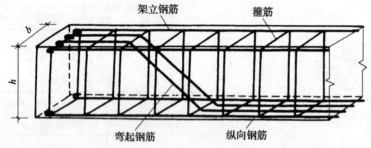

绑扎钢筋骨架

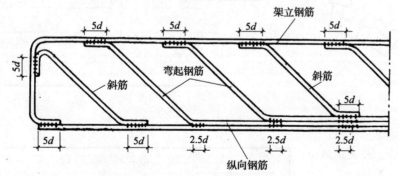

焊接钢筋骨架示意图
d—钢筋直径

定额项目说明

计量单位	t
已包括的内容	钢筋解捆、除锈；调直；下料、弯曲；焊接、除渣；绑扎或焊接成型；运输入模
未包括的内容	预埋铁件、连接钢板；拉杆
未计价材料	
相关工程	

清单项目说明

项目名称	非预应力钢筋
项目编码	040701002
项目特征	材质；部位
计量单位	t
工程内容	制作；安装

第三册：桥涵工程		
分部工程	钢筋工程	定额编号
分项工程	钢筋制作、安装	3-233~3-237

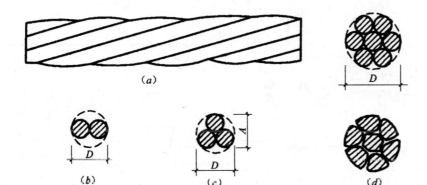

预应力钢绞线

（a）1×7钢绞线;（b）1×2钢绞线;（c）1×3钢绞线;（d）模拔钢绞线

D—钢绞线公称直径；A—1×3钢绞线测量尺寸

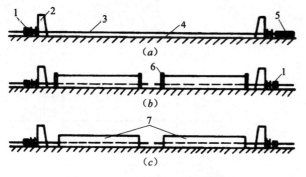

先张法的主要施工程序示意图

（a）张拉钢筋；（b）浇筑混凝土；（c）放松或切断预应力筋

1—锚具；2—台座；3—预应力筋；4—台面；5—张拉千斤顶；6—模板；7—预应力混凝土构件

定额项目说明

计量单位	t
已包括的内容	调直、下料；进入台座、安夹具；张拉、切断；整修等
未包括的内容	
未计价材料	夹具
相关工程	张拉台座

清单项目说明

项目名称	先张法预应力钢筋
项目编码	040701003
项目特征	材质；直径；部位
计量单位	t
工程内容	张拉台座制作、安装、拆除；钢筋及钢丝束制作、张拉

第三册：桥涵工程		
分部工程	钢筋工程	定额编号
分项工程	预应力钢筋制作安装	3-243~3-244

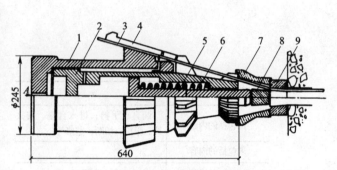

TD-60型千斤顶构造简图

1—张拉杆；2—顶压缸；3—钢丝；4—楔块；
5—顶锚活塞杆；6—弹簧；7—对中套；8—锚塞；9—锚环

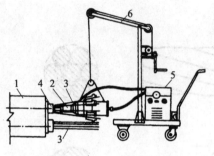

钢丝束预拉及张拉示意图

1—梁体；2—锥锚式千斤顶；3—张拉钢丝；
4—锚具；5—高压油泵；6—手动升降绞车

定额项目说明

计量单位	t
已包括的内容	调直、切断、遍束、穿束；安装锚具、张拉、锚固；拆除、切割钢丝（束）、封锚
未包括的内容	孔道制作、安装；孔道压浆
未计价材料	锚具
相关工程	临时钢丝束

清单项目说明

项目名称	后张法预应力钢筋
项目编码	040701004
项目特征	材质；直径；部位
计量单位	t
工程内容	钢丝束孔道制作、安装；锚具安装；钢筋、钢丝束制作、张拉；孔道压浆

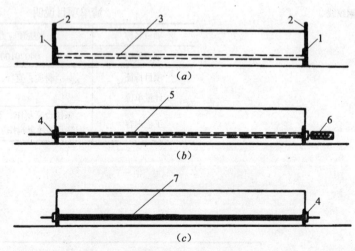

（a）

（b）

（c）

后张法的主要施工程序示意图

（a）制作混凝土构件；（b）张拉钢筋；（c）张拉端锚固，并对孔道灌浆
1—预埋钢板；2—模板；3—预留孔道；4—锚具；5—预应力钢筋；6—张拉千斤顶；7—顶留孔道压浆

第三册：桥涵工程		
分部工程	钢筋工程	定额编号
分项工程	预应力钢筋制作安装（1）	3-245~3-254

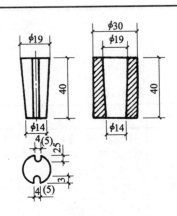

圆锥形钢丝夹具

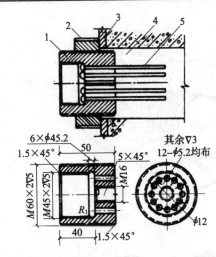

6×φ45.2

其余∇3
12—φ5.2均布

钢丝束镦头锚具

1—A型锚环；2—螺母；3—构件端面预埋钢板；
4—构件端部孔道；5—钢丝束

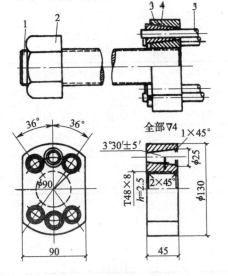

螺杆销片夹具

1—螺杆；2—螺母；3—锚板；
4—销片；5—预应力筋

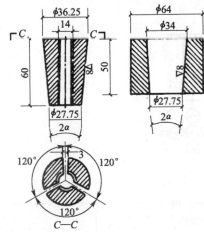

三片式锥形夹具

定额项目说明

计量单位	t
已包括的内容	调直、切断；遍束、穿束；安装锚具、张拉、锚固；拆除、切割钢丝（束）、封锚
未包括的内容	孔道制作、安装；孔道压浆
未计价材料	锚具
相关工程	临时钢丝束

清单项目说明

项目名称	后张法预应力钢筋
项目编码	040701004
项目特征	材质；直径；部位
计量单位	t
工程内容	钢丝束孔道制作、安装；锚具安装；钢筋、钢丝束制作、张拉；孔道压浆

第三册：桥涵工程		
分部工程	钢筋工程	定额编号
分项工程	预应力钢筋制作安装（2）	3-245~3-254

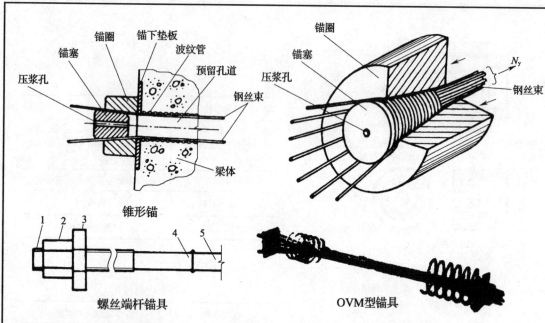

锥形锚

螺丝端杆锚具

OVM型锚具

1—螺丝端杆；2—螺母；3—垫板；4—对焊；5—预应力筋

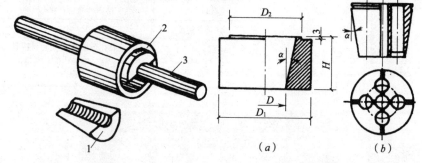

圆锥形钢筋夹具

1—夹片；2—套筒；3—预应力筋（丝）

JM型锚具构造(尺寸单位:mm)

（a）锚环；（b）楔块

定额项目说明	
计量单位	t
已包括的内容	调直、切断；遍束、穿束；安装锚具、张拉、锚固；拆除、切割钢丝（束）、封锚
未包括的内容	孔道制作、安装；孔道压浆
未计价材料	锚具
相关工程	临时钢丝束

清单项目说明	
项目名称	后张法预应力钢筋
项目编码	040701004
项目特征	材质；直径；部位
计量单位	t
工程内容	钢丝束孔道制作、安装；锚具安装；钢筋、钢丝束制作、张拉；孔道压浆

第三册：桥涵工程		
分部工程	钢筋工程	定额编号
分项工程	预应力钢筋制作安装（3）	3-245~3-254

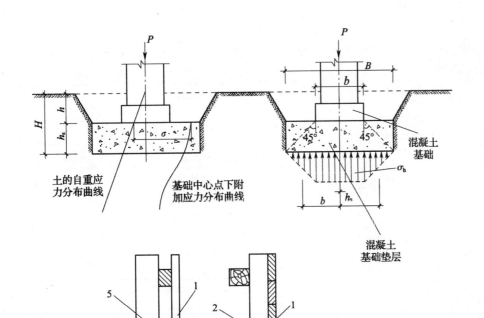

土的自重应力分布曲线

基础中心点下附加应力分布曲线

混凝土基础

混凝土基础垫层

木模构造
1—模板；2—直枋；3—横枋；4—肋木；5—立柱

定额项目说明

计量单位	10m³
已包括的内容	碎石；按放流槽；碎石装运、找平；混凝土；装运抛块石；混凝土配、拌、运输、浇筑、捣固、抹平、养生
未包括的内容	混凝土基础垫层、模板
未计价材料	
相关工程	基坑开挖、基础模板

清单项目说明

项目名称	混凝土基础
项目编码	040302001
项目特征	混凝土强度等级、石料最大粒径；嵌料比例；垫层厚度、材料品种、强度
计量单位	m³
工程内容	垫层铺筑、混凝土浇筑；养生

第三册：桥涵工程		
分部工程	现浇混凝土工程	定额编号
分项工程	基础	3-262；3-264

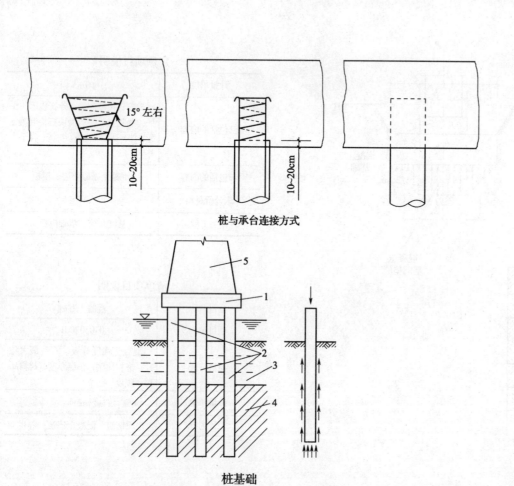

桩与承台连接方式

桩基础

1—承台；2—基桩；3—松软土层；4—持力层；5—墩身

定额项目说明

计量单位	10m³
已包括的内容	混凝土配、拌、运输、浇筑、捣固、抹平、养生
未包括的内容	承台支架、模板
未计价材料	混凝土
相关工程	

清单项目说明

项目名称	混凝土承台
项目编码	040302002
项目特征	部位；混凝土强度等级、石料最大粒径
计量单位	m³
工程内容	混凝土浇筑；养生

第三册：桥涵工程		
分部工程	现浇混凝土工程	定额编号
分项工程	承台	3-265；3-267

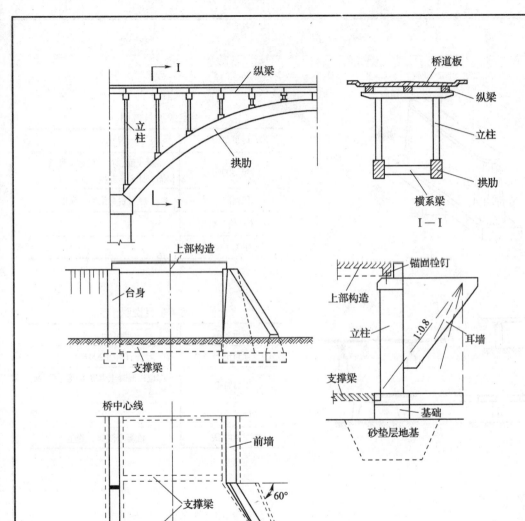

| 纵梁 |
| 立柱 |
| 拱肋 |

桥道板
纵梁
立柱
拱肋
横系梁
I—I

上部构造
台身
支撑梁

锚固栓钉
上部构造
立柱
1:0.8
耳墙
支撑梁
基础
砂垫层地基

桥中心线
前墙
支撑梁
60°
一字形翼墙
八字形翼墙

定额项目说明

计量单位	10m³
已包括的内容	混凝土配、拌、运输、浇筑、捣固、抹平、养生
未包括的内容	地模、钢筋
未计价材料	
相关工程	

清单项目说明

项目名称	支撑梁及横梁
项目编码	040302005
项目特征	部位；混凝土强度等级、石料最大粒径
计量单位	m³
工程内容	混凝土浇筑；养生

第三册：桥涵工程

分部工程	现浇混凝土工程	定额编号
分项工程	支撑梁及横梁	3-268~3-271

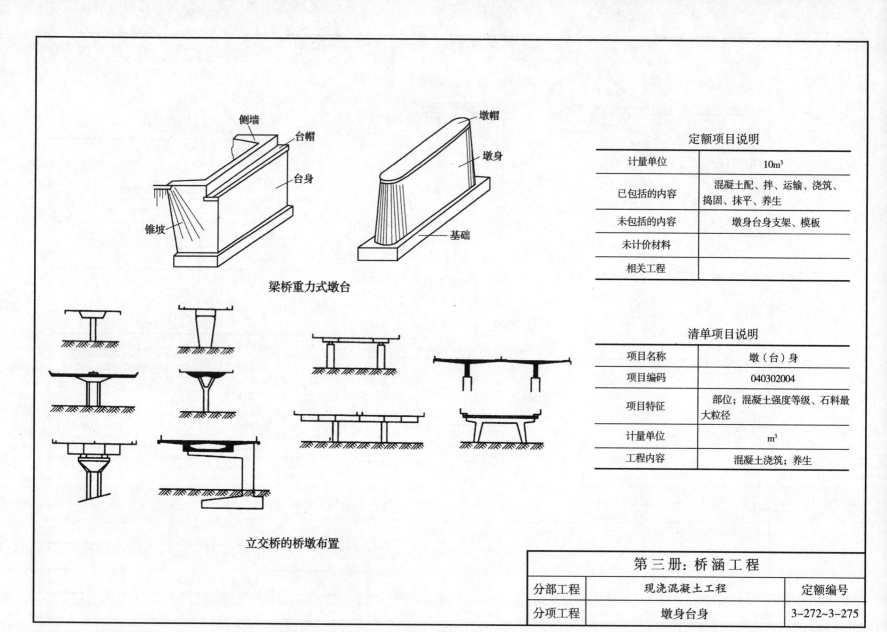

侧墙

台帽

台身

锥坡

墩帽

墩身

基础

梁桥重力式墩台

立交桥的桥墩布置

定额项目说明

计量单位	10m³
已包括的内容	混凝土配、拌、运输、浇筑、捣固、抹平、养生
未包括的内容	墩身台身支架、模板
未计价材料	
相关工程	

清单项目说明

项目名称	墩（台）身
项目编码	040302004
项目特征	部位；混凝土强度等级、石料最大粒径
计量单位	m³
工程内容	混凝土浇筑；养生

第三册：桥涵工程		
分部工程	现浇混凝土工程	定额编号
分项工程	墩身台身	3-272~3-275

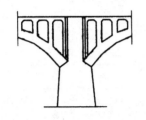
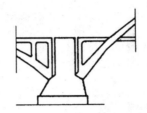
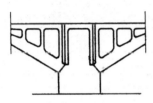
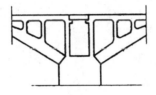

拱桥桥墩形式

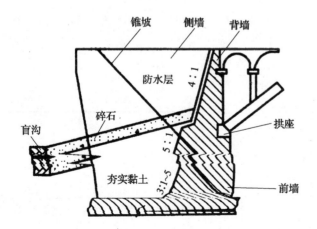

定额项目说明

计量单位	10m³
已包括的内容	混凝土配、拌、运输、浇筑、捣固、抹平、养生
未包括的内容	拱桥墩身支架、模板
未计价材料	
相关工程	

清单项目说明

项目名称	墩（台）身
项目编码	040302004
项目特征	部位；混凝土强度等级、石料最大粒径
计量单位	m³
工程内容	混凝土浇筑；养生

第三册：桥涵工程		
分部工程	现浇混凝土工程	定额编号
分项工程	拱桥墩身	3-276~3-279

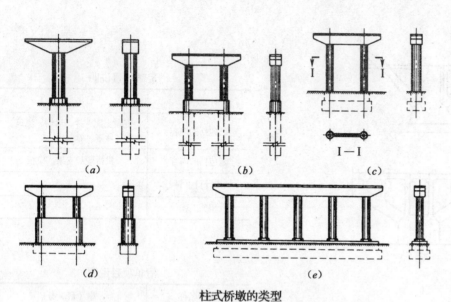

柱式桥墩的类型
(a)单柱式;(b)双柱式;(c)哑铃式;(d)混合双柱式;(e)多柱式

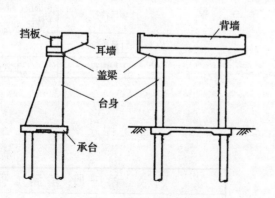

墙式桥台构造

定额项目说明

计量单位	10m³
已包括的内容	混凝土配、拌、运输、浇筑、捣固、抹平、养生
未包括的内容	柱式墩台身钢筋
未计价材料	
相关工程	

清单项目说明

项目名称	墩(台)身
项目编码	040302004
项目特征	部位;混凝土强度等级、石料最大粒径
计量单位	m³
工程内容	混凝土浇筑;养生

第三册:桥涵工程		
分部工程	现浇混凝土工程	定额编号
分项工程	柱式墩台身	3-280~3-281

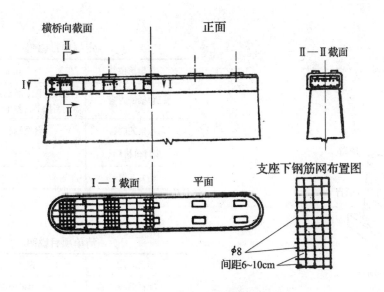

横桥向截面　　　　　正面

Ⅱ—Ⅱ截面

Ⅰ—Ⅰ截面　　　平面

支座下钢筋网布置图

φ8
间距6~10cm

实体式墩墩帽钢筋布置

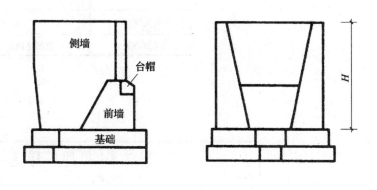

侧墙

台帽

前墙

基础

H

定额项目说明	
计量单位	10m³
已包括的内容	混凝土配、拌、运输、浇筑、捣固、抹平、养生
未包括的内容	墩帽钢筋、模板、脚手架
未计价材料	
相关工程	

清单项目说明	
项目名称	墩（台）帽
项目编码	040302003
项目特征	部位；混凝土强度等级、石料最大粒径
计量单位	m³
工程内容	混凝土浇筑；养生

第三册：桥涵工程

分部工程	现浇混凝土工程	定额编号
分项工程	墩帽	3-282~3-283

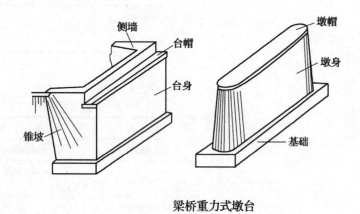

侧墙

台帽

台身

锥坡

墩帽

墩身

基础

梁桥重力式墩台

<table>
<tr><td colspan="2" align="center">定额项目说明</td></tr>
<tr><td>计量单位</td><td>10m³</td></tr>
<tr><td>已包括的内容</td><td>混凝土配、拌、运输、浇筑、捣固、抹平、养生</td></tr>
<tr><td>未包括的内容</td><td>台帽钢筋、模板</td></tr>
<tr><td>未计价材料</td><td></td></tr>
<tr><td>相关工程</td><td></td></tr>
</table>

<table>
<tr><td colspan="2" align="center">清单项目说明</td></tr>
<tr><td>项目名称</td><td>墩（台）帽</td></tr>
<tr><td>项目编码</td><td>040302003</td></tr>
<tr><td>项目特征</td><td>部位；混凝土强度等级、石料最大粒径</td></tr>
<tr><td>计量单位</td><td>m³</td></tr>
<tr><td>工程内容</td><td>混凝土浇筑；养生</td></tr>
</table>

<table>
<tr><td colspan="3" align="center">第三册：桥涵工程</td></tr>
<tr><td>分部工程</td><td>现浇混凝土工程</td><td>定额编号</td></tr>
<tr><td>分项工程</td><td>台帽</td><td>3-284~3-285</td></tr>
</table>

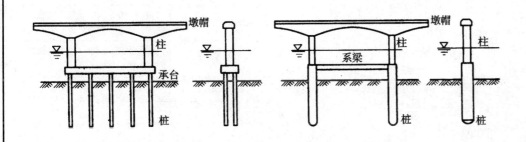

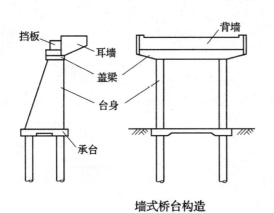

墙式桥台构造

定额项目说明

计量单位	10m³
已包括的内容	混凝土配、拌、运输、浇筑、捣固、抹平、养生
未包括的内容	墩、台盖梁钢筋、模板、支架
未计价材料	
相关工程	

清单项目说明

项目名称	墩（台）盖梁
项目编码	040302006
项目特征	部位；混凝土强度等级、石料最大粒径
计量单位	m³
工程内容	混凝土浇筑；养生

第三册：桥涵工程		
分部工程	现浇混凝土工程	定额编号
分项工程	墩盖梁；台盖梁	3-286~3-289

77

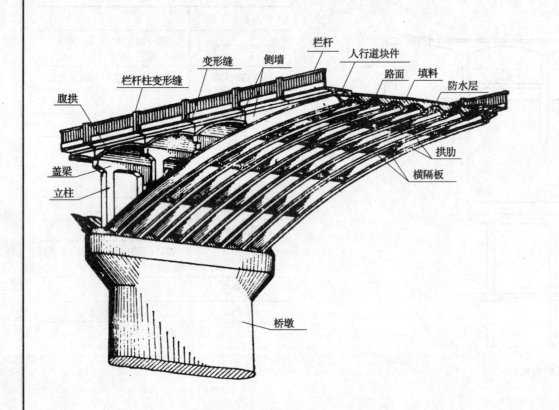

栏杆
变形缝　侧墙　人行道块件
栏杆柱变形缝　　　　　　路面　填料
腹拱　　　　　　　　　　　　　　防水层
盖梁　　　　　　　　　　　拱肋
立柱　　　　　　　　横隔板

桥墩

定额项目说明

计量单位	10m³
已包括的内容	混凝土配、拌、运输、浇筑、捣固、抹平、养生
未包括的内容	拱桥拱座、拱肋、拱上构件的钢筋、模板、拱架
未计价材料	
相关工程	

清单项目说明

项目名称	拱桥拱座、拱肋、拱上构件
项目编码	040302007；040302008；040302009
项目特征	部位；混凝土强度等级、石料最大粒径
计量单位	m³
工程内容	混凝土浇筑；养生

第三册：桥涵工程		
分部工程	现浇混凝土工程	定额编号
分项工程	拱桥	3-290~3-295

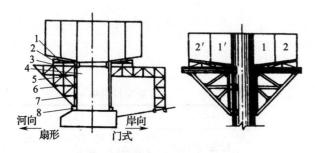

常用施工托架

1 木制二角垫架，2 木楔；3—工字钢垫梁；4—墩柱；
5—预埋钢筋；6—托架；7—硬木垫块；8—混凝土垫块

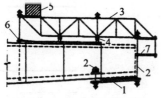

梁式挂篮结构简图

1—底模架；2—悬吊系统；3—承重结构；4—行走系统；
5—平衡重；6—锚固系统；7—工作平台

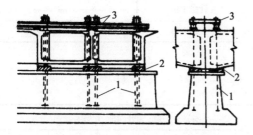

零号块件与桥墩的临时固结构造

1—预应力筋；2—支座；3—工字钢

定额项目说明

计量单位	10m³
已包括的内容	混凝土配、拌、运输、浇筑、捣固、抹平、养生
未包括的内容	混凝土箱梁的施工托架、挂篮结构
未计价材料	
相关工程	

清单项目说明

项目名称	混凝土箱梁
项目编码	040302010
项目特征	部位；混凝土强度等级、石料最大粒径
计量单位	m³
工程内容	混凝土浇筑；养生

第三册：桥涵工程		
分部工程	现浇混凝土工程	定额编号
分项工程	箱梁	3-296~3-301

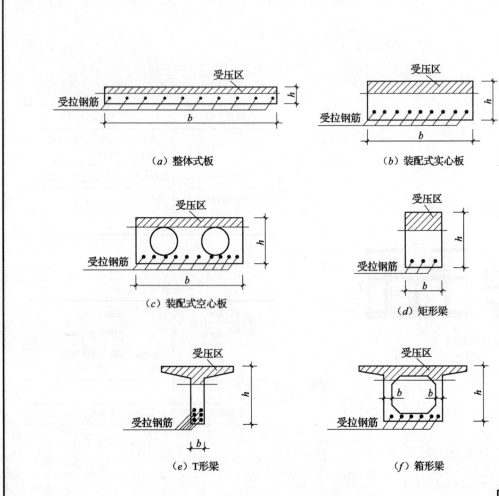

（a）整体式板

（b）装配式实心板

（c）装配式空心板

（d）矩形梁

（e）T形梁

（f）箱形梁

定额项目说明	
计量单位	10m³
已包括的内容	混凝土配、拌、运输、浇筑、捣固、抹平、养生
未包括的内容	钢筋、模板
未计价材料	
相关工程	

清单项目说明	
项目名称	混凝土连续板；混凝土板梁
项目编码	040302011；040302012
项目特征	部位；强度（混凝土强度等级、石料最大粒径）；形式
计量单位	m³
工程内容	混凝土浇筑；养生

第三册：桥涵工程		
分部工程	现浇混凝土工程	定额编号
分项工程	矩形实体、空心连续板；实心、空心板梁	3-302~3-309

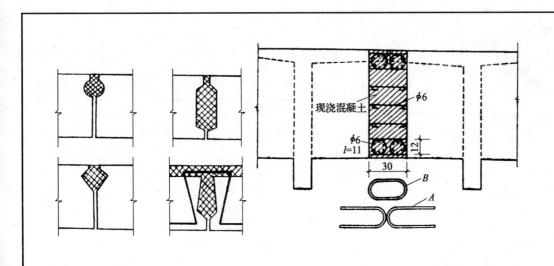

现浇混凝土

$\phi 6$

$\phi 6$
$l=11$

12

30

B

A

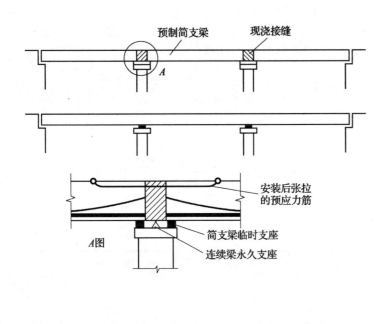

预制简支梁　　现浇接缝

A

安装后张拉
的预应力筋

A图

简支梁临时支座

连续梁永久支座

定额项目说明

计量单位	10m³
已包括的内容	混凝土配、拌、运输、浇筑、捣固、抹平、养生
未包括的内容	钢筋、模板
未计价材料	
相关工程	

第三册：桥涵工程		
分部工程	现浇混凝土工程	定额编号
分项工程	板梁间灌缝；梁与梁接头	3-314~3-316

81

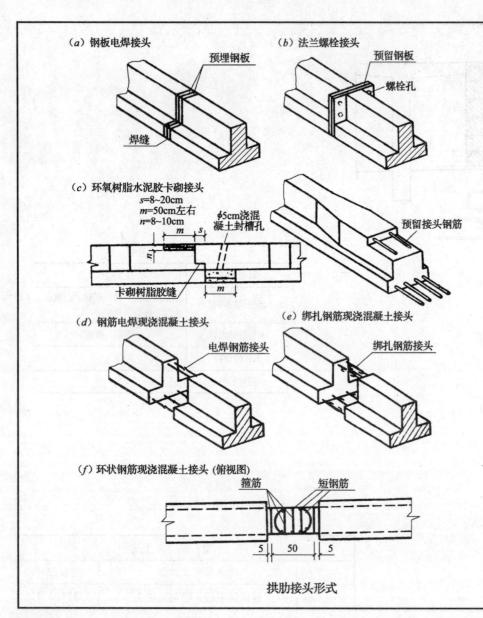

（a）钢板电焊接头

预埋钢板

焊缝

（b）法兰螺栓接头

预留钢板

螺栓孔

（c）环氧树脂水泥胶卡砌接头

$s=8\sim20cm$
$m=50cm$左右
$n=8\sim10cm$

$\phi5cm$浇混凝土封槽孔

预留接头钢筋

卡砌树脂胶缝

（d）钢筋电焊现浇混凝土接头

电焊钢筋接头

（e）绑扎钢筋现浇混凝土接头

绑扎钢筋接头

（f）环状钢筋现浇混凝土接头（俯视图）

箍筋   短钢筋

5 50 5

拱肋接头形式

定额项目说明

计量单位	10m³
已包括的内容	混凝土配、拌、运输、浇筑、捣固、抹平、养生
未包括的内容	钢筋、模板以及钢板焊接、法兰盘连接的情况
未计价材料	
相关工程	

清单项目说明

项目名称	拱桥拱肋
项目编码	040302008
项目特征	混凝土强度等级、石料最大粒径
计量单位	m³
工程内容	混凝土浇筑；养生

第三册：桥涵工程		
分部工程	现浇混凝土工程	定额编号
分项工程	肋与肋接头	3-319

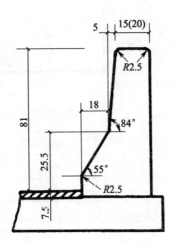

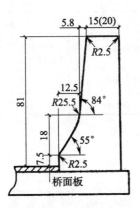

（a）改进型(F型)

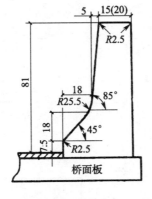

（b）基本型(NJ型)

计量单位	10m³
已包括的内容	混凝土配、拌、运输、浇筑、捣固、抹平、养生
未包括的内容	钢筋、模板
未计价材料	
相关工程	

清单项目说明

项目名称	混凝土防撞护栏
项目编码	040302015
项目特征	断面；混凝土强度等级、石料最大粒径
计量单位	m³
工程内容	混凝土浇筑；养生

第三册：桥涵工程		
分部工程	现浇混凝土工程	定额编号
分项工程	防撞护栏	3-324

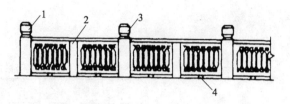

节间式栏杆

1—端柱；2—暗柱；3—中柱；4—支托

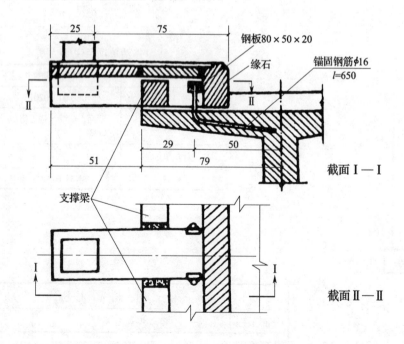

钢板80×50×20

缘石

锚固钢筋φ16
l=650

截面 I — I

支撑梁

截面 II — II

定额项目说明

计量单位	10m³
已包括的内容	混凝土配、拌、运输、浇筑、捣固、抹平、养生
未包括的内容	钢筋、模板
未计价材料	
相关工程	

清单项目说明

项目名称	混凝土小型构件
项目编码	040302016
项目特征	部位；混凝土强度等级、石料最大粒径
计量单位	m³
工程内容	混凝土浇筑；养生

第三册：桥涵工程		
分部工程	现浇混凝土工程	定额编号
分项工程	立柱、端柱、灯柱、地梁、侧石、缘石	3-326~3-329

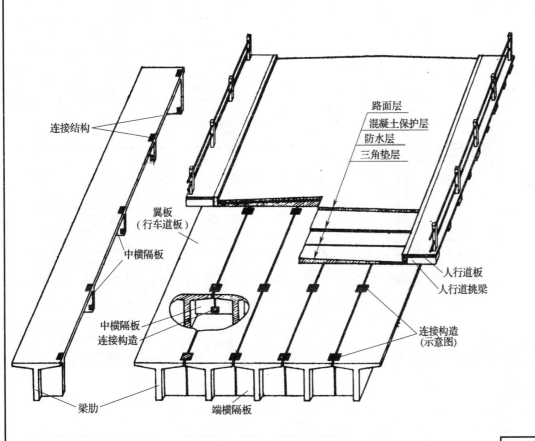

连接结构

路面层
混凝土保护层
防水层
三角垫层

翼板
(行车道板)

中横隔板

人行道板
人行道挑梁

中横隔板
连接构造

连接构造
(示意图)

梁肋

端横隔板

定额项目说明

计量单位	10m³
已包括的内容	混凝土配、拌、运输、浇筑、捣固、湿治养生等
未包括的内容	桥面铺装层中的防水层、沥青类面层
未计价材料	
相关工程	

清单项目说明

项目名称	桥面铺装
项目编码	040302017
项目特征	部位；混凝土强度等级、石料最大粒径；沥青品种；厚度；配合比
计量单位	m²
工程内容	混凝土浇筑；养生；沥青混凝土铺装；碾压

第三册：桥涵工程

分部工程	现浇混凝土工程	定额编号
分项工程	桥面混凝土铺装	3-331

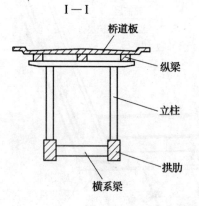

纵梁
立柱
拱肋
Ⅰ—Ⅰ
桥道板
纵梁
立柱
拱肋
横系梁

定额项目说明

计量单位	10m³
已包括的内容	混凝土配、拌、运输、浇筑、捣固、抹平、养生
未包括的内容	钢筋、模板
未计价材料	
相关工程	

清单项目说明

项目名称	预制混凝土立柱
项目编码	040303001
项目特征	形状、尺寸；混凝土强度等级、石料最大粒径；预应力、非预应力；张拉方式
计量单位	m³
工程内容	混凝土浇筑、养生；构件运输；立柱安装；构件连接

第三册：桥涵工程		
分部工程	预制混凝土工程	定额编号
分项工程	矩形立柱、异形立柱	3-340~3-343

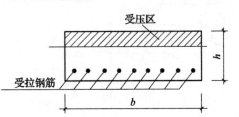

（a）装配式实心板

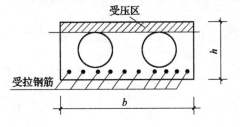

（b）装配式空心板

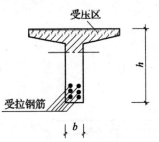

（c）T形梁

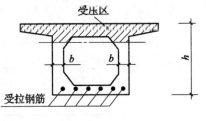

（d）箱形梁

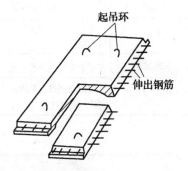

预制微弯板剖视图

定额项目说明

计量单位	10m³
已包括的内容	混凝土配、拌、运输、浇筑、捣固、抹平、养生
未包括的内容	钢筋、模板
未计价材料	
相关工程	各类板、梁的安装

清单项目说明

项目名称	预制混凝土板；预制混凝土梁
项目编码	040303002、040303003
项目特征	形状、尺寸；混凝土强度等级、石料最大粒径；预应力、非预应力；张拉方式
计量单位	m³
工程内容	混凝土浇筑、养生；构件运输；安装；构件连接

第三册：桥涵工程		
分部工程	预制混凝土工程	定额编号
分项工程	矩形（空心、微弯）板；T（I）形梁；实心（空心）板梁；箱形梁	3-344~3-360

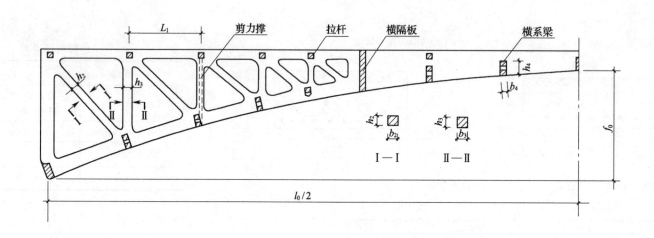

定额项目说明

计量单位	10m³
已包括的内容	混凝土配、拌、运输、浇筑、捣固、抹平、养生
未包括的内容	钢筋、模板
未计价材料	
相关工程	各类构件的安装

清单项目说明

项目名称	预制混凝土桁架拱构件
项目编码	040303004
项目特征	部位；形混凝土强度等级、石料最大粒径
计量单位	m³
工程内容	混凝土浇筑；养生；构件运输；安装；构件连接

第三册：桥涵工程		
分部工程	预制混凝土工程	定额编号
分项工程	桁架梁及桁架拱片；横向联系构件	3-368~3-371

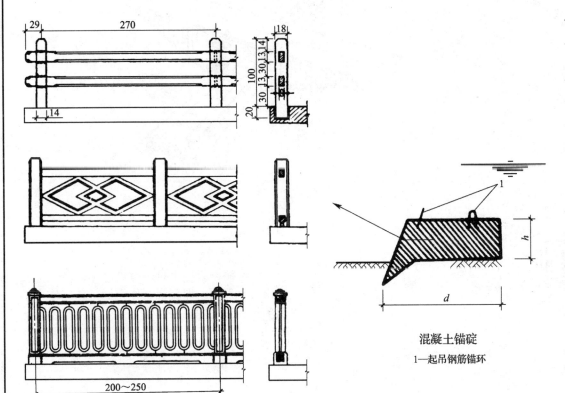

混凝土锚碇
1—起吊钢筋锚环

定额项目说明

计量单位	10m³
已包括的内容	混凝土配、拌、运输、浇筑、捣固、抹平、养生
未包括的内容	钢筋、模板
未计价材料	
相关工程	各类构件的安装

清单项目说明

项目名称	预制混凝土小型构件
项目编码	040303005
项目特征	部位；形混凝土强度等级、石料最大粒径
计量单位	m³
工程内容	混凝土浇筑；养生；构件运输；安装；构件连接

第三册：桥涵工程		
分部工程	预制混凝土工程	定额编号
分项工程	小型构件	3-372~3-375

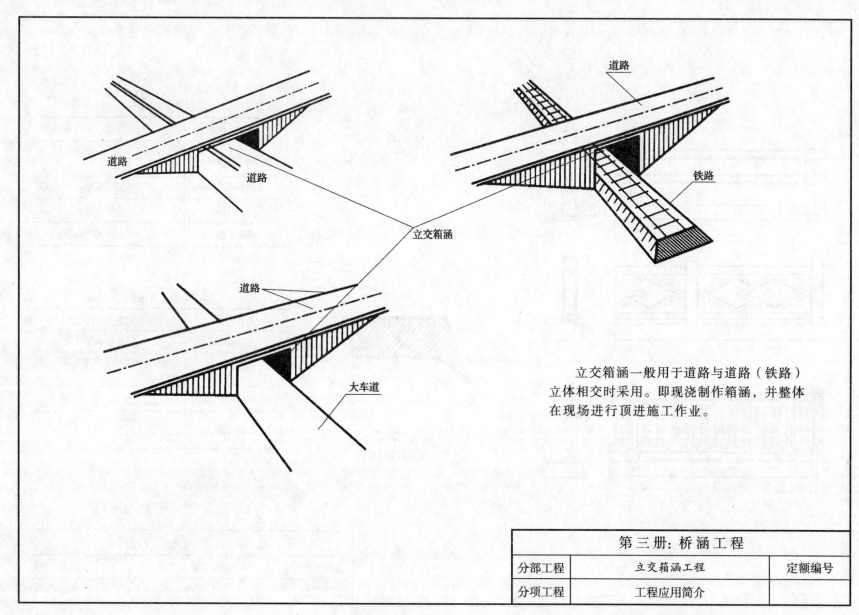

道路

道路

道路

立交箱涵

道路

铁路

道路

大车道

立交箱涵一般用于道路与道路（铁路）立体相交时采用。即现浇制作箱涵，并整体在现场进行顶进施工作业。

第三册: 桥涵工程		
分部工程	立交箱涵工程	定额编号
分项工程	工程应用简介	

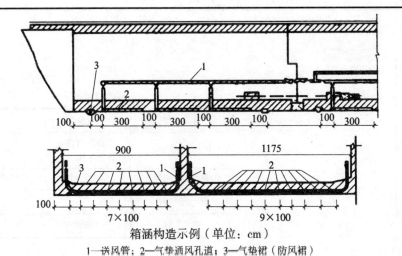

箱涵构造示例（单位：cm）

1—送风管；2—气垫通风孔道；3—气垫裙（防风裙）

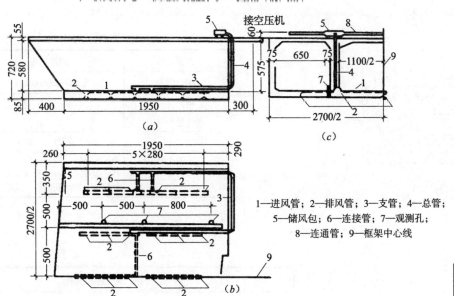

1—进风管；2—排风管；3—支管；4—总管；
5—储风包；6—连接管；7—观测孔；
8—连通管；9—框架中心线

某立交桥的气垫布置示例（单位：cm）

（a）侧面；（b）半平面；（c）半正面

定额项目说明

计量单位	10m³；100m²
已包括的内容	混凝土配、拌、运输、浇筑、捣固、抹平、养生
未包括的内容	工作坑开挖、后靠背设施等
未计价材料	
相关工程	箱涵内挖运土方

清单项目说明

项目名称	滑板；箱涵底板、侧墙、顶板
项目编码	040306001、040306002、040306003、040306004
项目特征	透水管（塑料薄膜、垫层厚度）材料品种、规格，混凝土强度等级，石料最大粒径、石蜡层要求，防水层工艺
计量单位	m³
工程内容	透水管铺设；垫层铺筑；石蜡层；塑料薄膜；防水砂浆；防水层铺筑；混凝土浇筑，养生

第三册：桥涵工程		
分部工程	立交箱涵工程	定额编号
分项工程	箱涵制作	3-386~3-396

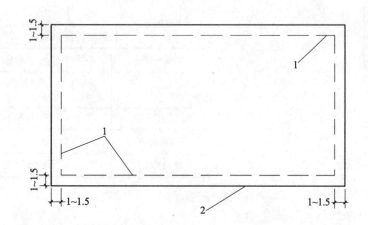

防风裙平面位置图(单位:m)
1—防风裙中心线；2—箱体基础边线

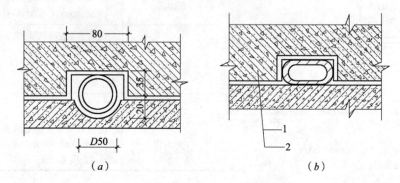

(a) (b)

防风裙剖面示意(单位:mm)
（a）制作状态；(b）顶进状态
1—箱涵底板；2—滑板

定额项目说明

计量单位	100m²；100m²·d
已包括的内容	设备及管路安装、拆除；气垫启动及使用
未包括的内容	工作坑开挖、后靠背设施等
未计价材料	
相关工程	箱涵内挖、运土方

清单项目说明

项目名称	箱涵顶进
项目编码	040306005
项目特征	断面；长度
计量单位	kt·m
工程内容	顶进设备安装、拆除；气垫安装、拆除；气垫使用；钢刃角制作、安装、拆除；挖土实顶；厂内外运输；中继间安装、拆除

第三册：桥涵工程		
分部工程	立交箱涵工程	定额编号
分项工程	气垫安装	3-397~3-398

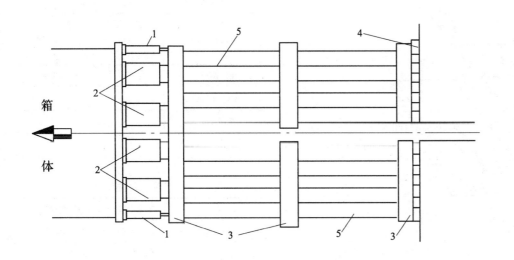

箱涵顶进

1—拉镐；2—顶镐；3—钢横梁；
4—后背桩；5—横梁间为顶柱

定额项目说明

计量单位	1000t·m
已包括的内容	安装顶进设备及横梁垫块；操作液压系统；安放顶铁，顶进，顶进完毕后设备拆除等
未包括的内容	工作坑开挖、后靠背设施等
未计价材料	
相关工程	箱涵内挖、运土方

清单项目说明

项目名称	箱涵顶进
项目编码	040306005
项目特征	断面；长度
计量单位	kt·m
工程内容	顶进设备安装、拆除；气垫安装、拆除；气垫使用；钢刃角制作、安装、拆除；挖土实顶；厂内外运输；中继间安装、拆除

第三册：桥涵工程		
分部工程	立交箱涵工程	定额编号
分项工程	箱涵顶进	3-399~3-407

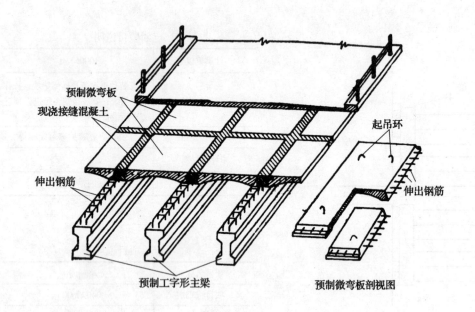

预制微弯板
现浇接缝混凝土
伸出钢筋
预制工字形主梁
起吊环
伸出钢筋
预制微弯板剖视图

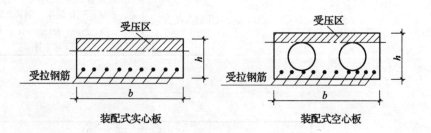

受压区
受拉钢筋
h
b
装配式实心板

受压区
受拉钢筋
h
b
装配式空心板

定额项目说明

计量单位	10m³
已包括的内容	安装、拆除地锚；竖、拆扒杆及移动；起吊设备就位；整修构件；吊装，定位；铺浆，固定
未包括的内容	构件制作、场外运输
未计价材料	
相关工程	

清单项目说明

项目名称	预制混凝土板；预制混凝土梁
项目编码	040303002；040303003
项目特征	形状、尺寸；混凝土强度等级、石料最大粒径；预应力、非预应力；张拉方式
计量单位	m³
工程内容	混凝土浇筑；养生；构件运输；安装、构件连接

第三册：桥涵工程		
分部工程	安装工程	定额编号
分项工程	安装矩形板、空心板、微弯板	3-424~3-429

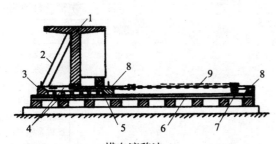

横向滚移法

1—梁；2—临时支撑；3—保险三角木；4—走板及滚筒；
5—端横隔板下用木块垫实；6—滚道；7—手拉葫芦用木板垫平；
8—千斤索；9—手拉葫芦

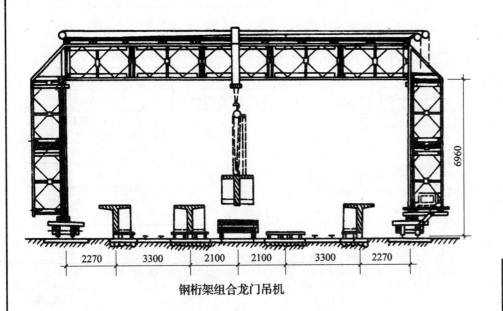

钢桁架组合龙门吊机

定额项目说明

计量单位	10m³
已包括的内容	安装、拆除地锚；竖、拆扒杆及移动；搭、拆木垛；组装、拆卸船排；打、拔缆风装；组装、拆卸万能杆件，装，卸，运，移动；安装、拆除轨道、枕木、平车、卷扬机及索具；安装，就位，固定；调制环氧树脂等
未包括的内容	构件制作，场外运输
未计价材料	
相关工程	

清单项目说明

项目名称	预制混凝土板
项目编码	040303002
项目特征	形状、尺寸；混凝土强度等级、石料最大粒径；预应力、非预应力；张拉方式
计量单位	m³
工程内容	混凝土浇筑；养生；构件运输；安装；构件连接

第三册：桥涵工程

分部工程	安装工程	定额编号
分项工程	陆上安装板梁	3-431~3-435

95

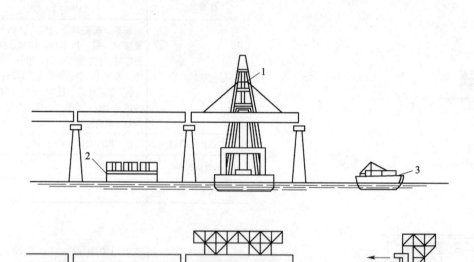

浮吊架设法
1—浮式吊车；2—装梁船；3—牵引船

定额项目说明

计量单位	10m³
已包括的内容	安装、拆除地锚；竖、拆扒杆及移动；搭、拆木垛；组装、拆卸船排；打、拔缆风桩；组装、拆卸万能杆件，装，卸，运，移动；安装、拆除轨道、枕木、平车、卷扬机及索具；安装，就位，固定；调制环氧树脂等
未包括的内容	构件制作、场外运输
未计价材料	
相关工程	

清单项目说明

项目名称	预制混凝土梁
项目编码	040303003
项目特征	形状、尺寸；混凝土强度等级、石料最大粒径；预应力、非预应力；张拉方式
计量单位	m³
工程内容	混凝土浇筑；养生；构件运输；安装；构件连接

第三册：桥涵工程

分部工程	安装工程	定额编号
分项工程	水上安装板梁	3-436~3-440

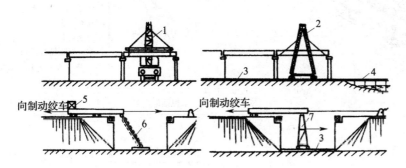

陆地架设法

1—自行式吊车；2—门式吊车；3—轨道；
4—便桥；5—平衡重；6—木排架；7—移动支架

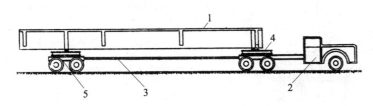

汽车运梁

1—预制梁；2—主车；3—连接杆；4—转盘装置；5—拖车

定额项目说明

计量单位	10m³
已包括的内容	安装、拆除地锚；竖、拆扒杆及移动；搭、拆木垛；组装、拆卸船排；打、拔缆风桩；组装、拆卸万能杆件，装，卸，运，移动；安装、拆除轨道、枕木、平车、卷扬机及索具；安装，就位，固定；调制环氧树脂等
未包括的内容	构件制作、场外运输
未计价材料	
相关工程	

清单项目说明

项目名称	预制混凝土梁
项目编码	040303003
项目特征	形状、尺寸；混凝土强度等级、石料最大粒径；预应力、非预应力；张拉方式
计量单位	m³
工程内容	混凝土浇筑、养生；构件运输；安装；构件连接

第三册：桥涵工程		
分部工程	安装工程	定额编号
分项工程	陆上安装T形梁	3-441~3-444

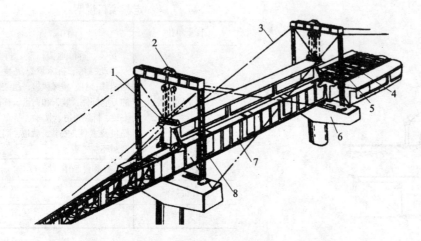

联合架桥机（单导梁）架设法原理图
1—吊具；2—横移行车；3—控制索；4—钢轨；5—枕木；
6—载重滑车；7—安装梁；8—门形构架

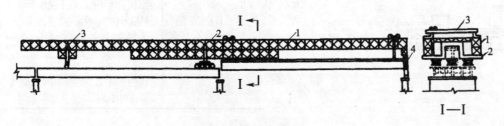

宽穿巷式架桥机架梁
1—安装梁；2—支承横梁；3—起重横梁；4—可伸缩支腿

定额项目说明	
计量单位	10m³
已包括的内容	安装、拆除地锚；竖、拆扒杆及移动；搭、拆木垛；组装、拆卸船排；打、拔缆风桩；组装、拆卸万能杆件，装，卸，运，移动；安装、拆除轨道、枕木、平车、卷扬机及索具；安装，就位，固定；调制环氧树脂等
未包括的内容	构件制作、场外运输
未计价材料	
相关工程	

清单项目说明	
项目名称	预制混凝土梁
项目编码	040303003
项目特征	形状、尺寸；混凝土强度等级、石料最大粒径；预应力、非预应力；张拉方式
计量单位	m³
工程内容	混凝土浇筑；养生；构件运输；安装；构件连接

第三册：桥涵工程		
分部工程	安装工程	定额编号
分项工程	水上安装T形梁	3-445~3-447

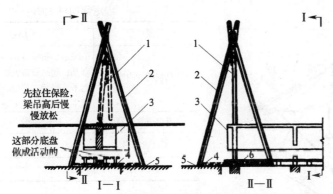

先拉住保险，
梁吊高后慢
慢放松

这部分底盘
做成活动的

三脚扒杆偏吊法

1—手拉葫；2—三角扒杆；3—梁；4—绊脚绳；5—木楔；6—底座
注：葫芦变直后把绳索调转头用力拉过来，再松开葫芦落梁

小跨径梁的架设　　　　　木扒杆吊装

定额项目说明	
计量单位	10m³
已包括的内容	安装、拆除地锚；竖、拆扒杆及移动；搭、拆木垛；组装、拆卸船排；打、拔缆风桩；组装、拆卸万能杆件，装，卸，运，移动；安装、拆除轨道、枕木、平车、卷扬机及索具；安装，就位，固定；调制环氧树脂等
未包括的内容	构件制作、场外运输
未计价材料	
相关工程	

清单项目说明

项目名称	预制混凝土梁
项目编码	040303003
项目特征	形状、尺寸；混凝土强度等级、石料最大粒径；预应力、非预应力；张拉方式
计量单位	m³
工程内容	混凝土浇筑；养生；构件运输；安装；构件连接

第三册：桥涵工程

分部工程	安装工程	定额编号
分项工程	扒杆安装梁	3-430，3-436~3-440

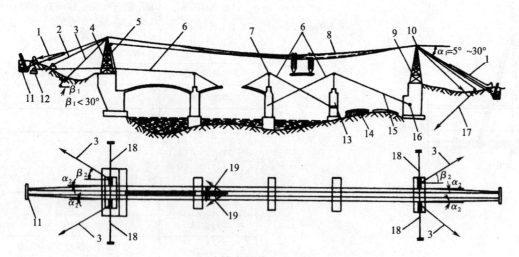

缆索吊装布置示例

1—主索张紧绳；2—2号起重索；3—后缆风；4—塔架；5—1号起重索；6—扣索；7—平滚；8—主索；
9—塔架；10—塔顶索鞍；11—地垄；12—手摇绞车；13—扣塔；14—待吊肋段；15—单排立柱缆风；
16—法兰螺丝；17—牵引索；18—侧向浪风；19—浪风

定额项目说明

计量单位	10m³
已包括的内容	安装、拆除地锚；竖、拆扒杆及移动；起吊设备就位；整修构件；起吊，安装，就位，校正，固定；座浆，填塞，养生等
未包括的内容	构件制作、场外运输
未计价材料	
相关工程	

清单项目说明

项目名称	预制混凝土桁架拱构件
项目编码	040303004
项目特征	部位；混凝土强度等级、石料最大粒径
计量单位	m³
工程内容	混凝土浇筑；养生；构件运输；安装；构件连接

第三册：桥涵工程

分部工程	安装工程	定额编号
分项工程	安装桁架构件；安装板拱	3-470~3-473

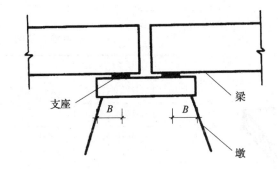

支座 梁 墩

B B

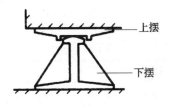

上摆

下摆

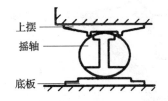

上摆

摇轴

底板

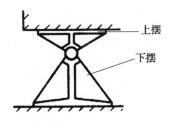

上摆

下摆

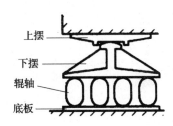

上摆

下摆

辊轴

底板

定额项目说明

计量单位	t
已包括的内容	安装；定位，固定，焊接等
未包括的内容	
未计价材料	
相关工程	

清单项目说明

项目名称	钢支座
项目编码	040309003
项目特征	材质，规格，形式
计量单位	个
工程内容	支座安装

第三册：桥涵工程

分部工程	安装工程	定额编号
分项工程	辊轴钢支座	3-481

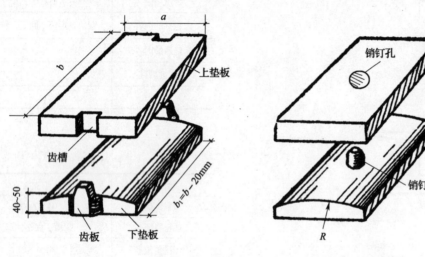

上垫板

齿槽

40~50

齿板   下垫板

$b_1 = b - 20mm$

销钉孔

销钉

R

弧形钢板支座（尺寸单位：mm）

定额项目说明

计量单位	t
已包括的内容	安装；定位，固定，焊接等
未包括的内容	
未计价材料	
相关工程	

清单项目说明

项目名称	钢支座
项目编码	040309003
项目特征	材质，规格，形式
计量单位	个
工程内容	支座安装

第三册：桥涵工程		
分部工程	安装工程	定额编号
分项工程	切线支座	3-482

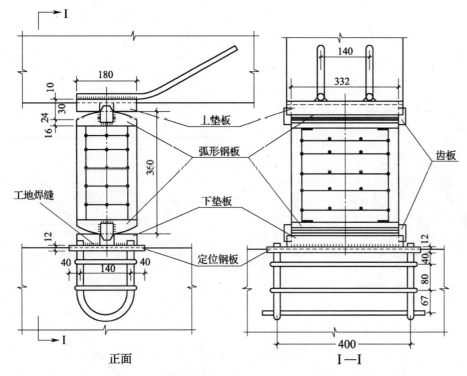

正面

I—I

钢筋混凝土摆柱式支座（尺寸单位：mm）

图中标注：上垫板、弧形钢板、齿板、工地焊缝、下垫板、定位钢板

定额项目说明

计量单位	t
已包括的内容	安装；定位，固定，焊接等
未包括的内容	
未计价材料	
相关工程	

清单项目说明

项目名称	预制混凝土小型构件
项目编码	040303005
项目特征	部位；混凝土强度等级；石料最大粒径
计量单位	m³
工程内容	混凝土浇筑、养生、构件运输、安装、构件连接

第三册：桥涵工程

分部工程	安装工程	定额编号
分项工程	摆式支座	3-483

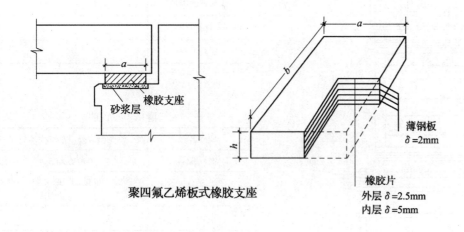

聚四氟乙烯板式橡胶支座

橡胶片
外层 δ=2.5mm
内层 δ=5mm

薄钢板
δ=2mm

橡胶支座

砂浆层

定额项目说明

计量单位	100cm³
已包括的内容	安装；定位，固定，焊接等
未包括的内容	
未计价材料	
相关工程	

清单项目说明

项目名称	橡胶支座
项目编码	040309002
项目特征	材质，规格
计量单位	个
工程内容	支座安装

第三册：桥涵工程

分部工程	安装工程	定额编号
分项工程	板式；聚四氟乙烯板式橡胶支座	3-484~3-485

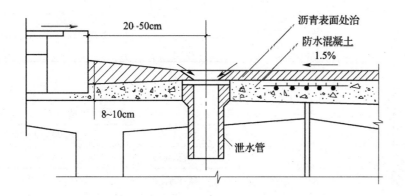

20-50cm

沥青表面处治

防水混凝土

1.5%

8~10cm

泄水管

定额项目说明

计量单位	10m
已包括的内容	清孔；熬涂沥青，绑扎、安装等
未包括的内容	
未计价材料	
相关工程	

清单项目说明

项目名称	桥面泄水管
项目编码	040309008
项目特征	材料，管径，滤层要求
计量单位	m
工程内容	进水口、泄水管制作、安装；滤层铺设

第三册：桥涵工程

分部工程	安装工程	定额编号
分项工程	安装泄水孔	3-493～3-495

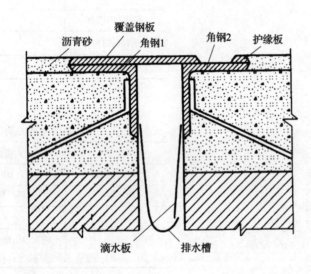

沥青砂　覆盖钢板　角钢1　角钢2　护缘板

滴水板　排水槽

计量单位	10m
已包括的内容	焊接、安装；切割临时接头；熬涂拌沥青及油浸；混凝土配、拌、运；沥青玛琋脂嵌缝；薄钢板加工；固定等
未包括的内容	
未计价材料	伸缩装置成品费
相关工程	

清单项目说明

项目名称	桥梁伸缩装置
项目编码	040309006
项目特征	材料品种；规格
计量单位	m
工程内容	制作、安装；嵌缝

第三册：桥涵工程

分部工程	安装工程	定额编号
分项工程	钢板伸缩缝	3-497

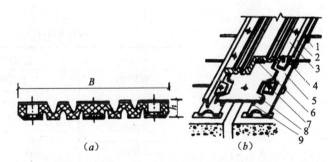

定额项目说明	
计量单位	10m
已包括的内容	焊接、安装；切割临时接头；熬涂拌沥青及油浸；混凝土配、拌、运；沥青玛琋脂嵌缝；薄钢板加工；固定等
未包括的内容	
未计价材料	伸缩装置成品费
相关工程	

150　　　　角钢　　橡胶条　　　　桥面铺装

70

150

40

锚固钢筋　　钢板　　　　　　　行车道块件　　锚固钢筋

B

（a）　　　　　　*（b）*

1
2
3
4
5
6
7
8
9

（a）BF（SD）系列橡胶接缝板剖面图；（b）BF（SD）组合橡胶板伸缩装置构造图
1—预埋铁；2—边角铁；3—橡胶伸缩装置；4—内六角螺栓；
5—底钢板；6—螺栓；7—固定齿板；8—托板；9—限位块

清单项目说明	
项目名称	桥梁伸缩装置
项目编码	040309006
项目特征	材料品种；规格
计量单位	m
工程内容	制作、安装；嵌缝

第三册：桥涵工程

分部工程	安装工程	定额编号
分项工程	橡胶板伸缩缝	3-498

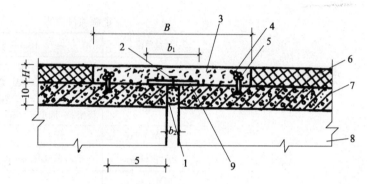

TST填充型伸缩装置构造图（尺寸单位：cm）

1—海绵条；2—铁钉；3—TST碎石；4—钢筋，$\phi 12$；5—膨胀螺栓；
6—沥青混凝土铺装（或水泥混凝土）；7—现浇混凝土；8—预制板；9—钢盖板

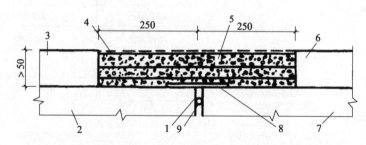

D·S布朗填充式伸缩装置构造图（尺寸单位：mm）

1—伸缩缝间隙；2—混凝土梁体；3—面层（混凝土）；4—磨耗层（米石）；
5—502弹塑体按比例层铺；6—502底胶；7—相邻梁体；8—跨缝铝板；9—密封条

定额项目说明

计量单位	10m
已包括的内容	焊接、安装；切割临时接头；熬涂拌沥青及油浸；混凝土配、拌、运；沥青玛瑞脂嵌缝；薄钢板加工；固定等
未包括的内容	
未计价材料	伸缩装置成品费
相关工程	

清单项目说明

项目名称	桥梁伸缩装置
项目编码	040309006
项目特征	材料品种；规格
计量单位	m
工程内容	制作、安装；嵌缝

第三册：桥涵工程		
分部工程	安装工程	定额编号
分项工程	毛勒伸缩缝	3-499

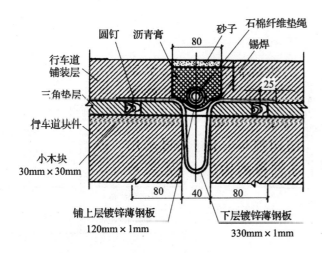

圆钉　沥青膏　　砂子　石棉纤维垫绳

锡焊

行车道铺装层

三角垫层

行车道块件

小木块
30mm×30mm

80

80　40　80

25

铺上层镀锌薄钢板
120mm×1mm

下层镀锌薄钢板
330mm×1mm

U形镀锌薄钢板伸缩缝（尺寸单位：mm）

定额项目说明

计量单位	10m
已包括的内容	焊接、安装；切割临时接头；熬涂拌沥青及油浸；混凝土配、拌、运；沥青玛琋脂嵌缝；薄钢板加工；固定等
未包括的内容	
未计价材料	
相关工程	

清单项目说明

项目名称	桥梁伸缩装置
项目编码	040309006
项目特征	材料品种；规格
计量单位	m
工程内容	制作、安装；嵌缝

第三册：桥涵工程

分部工程	安装工程	定额编号
分项工程	镀锌薄钢板沥青玛琋脂伸缩缝	3-501

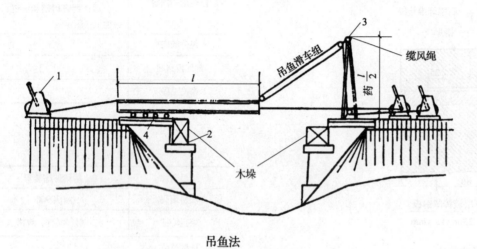

吊鱼法

1—制动绞车；2—临时木垛；3—扒杆；4—滚筒

缆风绳

吊鱼滑车组

约 $\frac{l}{2}$

木垛

定额项目说明

计量单位	100m³
已包括的内容	平整场地；搭设，拆除等
未包括的内容	
未计价材料	
相关工程	

第三册：桥涵工程		
分部工程	临时工程	定额编号
分项工程	搭、拆木垛	3-516

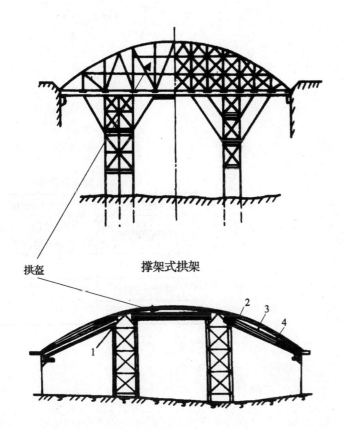

拱盔

撑架式拱架

梁式钢拱架

1—三角形垫木；2—模板；3—弓形木；4—工字钢

定额项目说明

计量单位	100m³
已包括的内容	选料；制作；安装，校正，拆除，机械移动；清场，整堆等
未包括的内容	
未计价材料	
相关工程	

第三册：桥涵工程		
分部工程	临时工程	定额编号
分项工程	拱、板涵拱盔支架	3-517～3-518

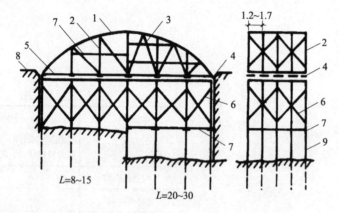

立柱式木拱架（尺寸单位：m）

1—弓形木；2—立柱；3—斜撑；4—卸架设备；5—水平拉杆；
6—斜夹木；7—水平夹木；8—桥墩（台）；9—桩木

定额项目说明

计量单位	100m³
已包括的内容	选料；制作；安装，校正，拆除，机械移动；清场，整堆等
未包括的内容	
未计价材料	
相关工程	

第三册：桥涵工程		
分部工程	临时工程	定额编号
分项工程	拱盔；满堂式木支架	3-517～3-519

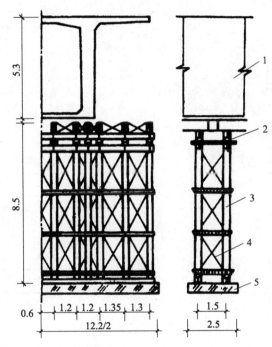

轻型钢支架（尺寸单位：m）
1—现浇梁；2—卸架设备；3—支柱；4—斜撑；5—基础

定额项目说明

计量单位	100m³
已包括的内容	平整场地；搭、拆钢管支架；材料堆放等
未包括的内容	
未计价材料	
相关工程	

第三册：桥涵工程

分部工程	临时工程	定额编号
分项工程	满堂式钢管支架	3-522

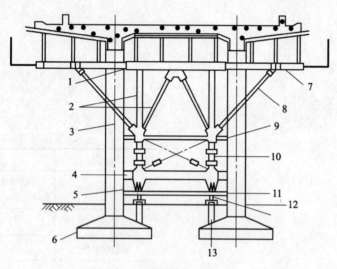

模板车式支架

1—钢架；2—钢支撑；3—立柱；4—轮轴架；5—轨道；
6—基脚；7—插入式钢梁；8—斜撑；9—楔块；10—调整千斤顶；
11—枕木；12—钢底梁；13—混凝土支墩

定额项目说明

计量单位	100m³
已包括的内容	安装；拆除，整理，堆放等
未包括的内容	
未计价材料	
相关工程	

第三册：桥涵工程		
分部工程	临时工程	定额编号
分项工程	组装、拆卸万能杠杆	3-536

第四部分

给水工程

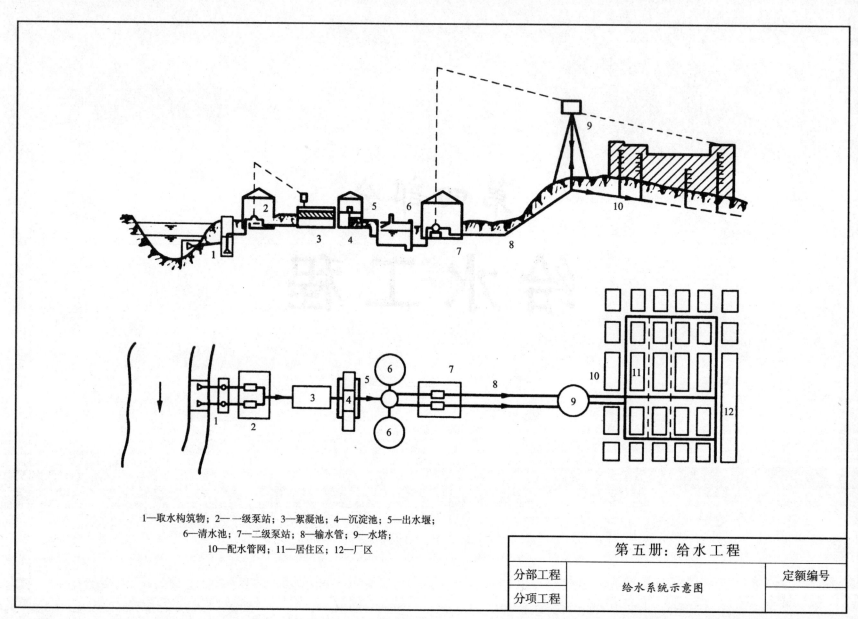

1—取水构筑物；2——级泵站；3—絮凝池；4—沉淀池；5—出水堰；
6—清水池；7—二级泵站；8—输水管；9—水塔；
10—配水管网；11—居住区；12—厂区

第五册：给水工程		
分部工程	给水系统示意图	定额编号
分项工程		

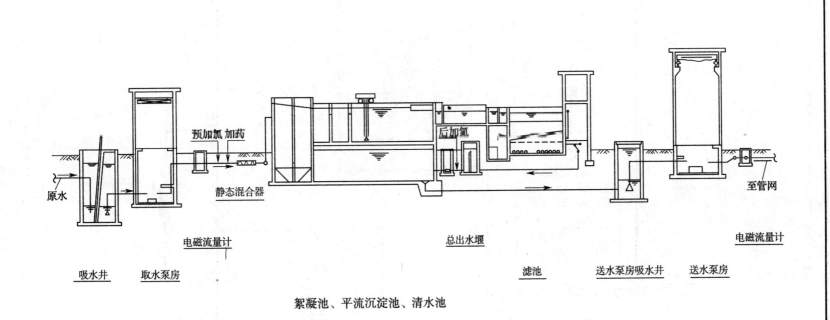

原水

预加氯 加药

静态混合器

后加氯

至管网

电磁流量计

总出水堰

电磁流量计

吸水井　　取水泵房

滤池　　送水泵房吸水井　　送水泵房

絮凝池、平流沉淀池、清水池

第五册：给水工程		
分部工程	给水厂工艺流程示意图	定额编号
分项工程		

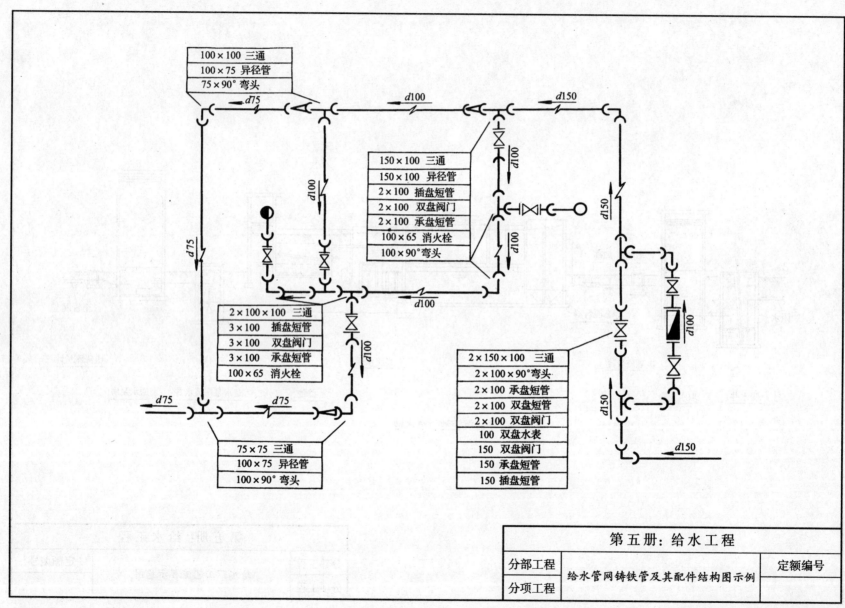

| 100×100 三通 |
| 100×75 异径管 |
| 75×90° 弯头 |

| 150×100 三通 |
| 150×100 异径管 |
| 2×100 插盘短管 |
| 2×100 双盘阀门 |
| 2×100 承盘短管 |
| 100×65 消火栓 |
| 100×90° 弯头 |

| 2×100×100 三通 |
| 3×100 插盘短管 |
| 3×100 双盘阀门 |
| 3×100 承盘短管 |
| 100×65 消火栓 |

| 2×150×100 三通 |
| 2×100×90°弯头 |
| 2×100 承盘短管 |
| 2×100 双盘短管 |
| 2×100 双盘阀门 |
| 100 双盘水表 |
| 150 双盘阀门 |
| 150 承盘短管 |
| 150 插盘短管 |

| 75×75 三通 |
| 100×75 异径管 |
| 100×90° 弯头 |

第五册：给水工程		
分部工程	给水管网铸铁管及其配件结构图示例	定额编号
分项工程		

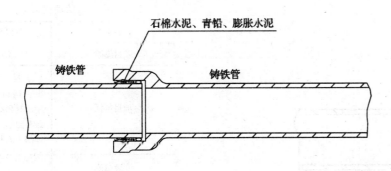

石棉水泥、青铅、膨胀水泥

铸铁管　　　　　　　　铸铁管

定额项目说明	
计量单位	10 m
已包括的内容	管道安装、接口
未包括的内容	管件、阀门的安装
未计价材料	铸铁管
相关工程	

清单项目说明	
项目名称	铸铁管铺设
项目编码	040501004
项目特征	管材、规格；埋设深度；接口形式；垫层厚度、材料品种、强度；基础断面形式、混凝土强度等级、石料最大粒径
计量单位	m
工程内容	垫层铺筑；管道防腐；安装、接口；混凝土基础、管座浇筑；井壁（墙）凿洞；检测试验；冲洗消毒或吹扫

第五册：给水工程

分部工程	管道安装	定额编号
分项工程	承插铸铁管安装（青铅、石棉水泥、膨胀水泥接口）	5-1~5-45

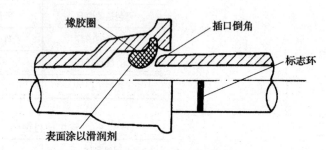

橡胶圈　插口倒角

标志环

表面涂以滑润剂

滑入式柔性接口安装示意图

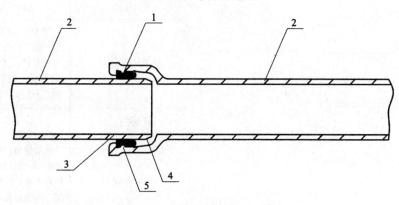

1—橡胶圈；2—（球墨）铸铁管；3—插口；
4—坡口（锥度）；5—承口

离心铸造球墨铸铁管适用于给水及燃气等压力流体输送。
离心铸造球墨铸铁管均采用柔性接口。

定额项目说明	
计量单位	10m
已包括的内容	管道安装、接口
未包括的内容	管件、阀门的安装
未计价材料	（球墨）铸铁管
相关工程	

清单项目说明	
项目名称	铸铁管铺设
项目编码	040501004
项目特征	管材、规格；埋设深度；接口形式；垫层厚度、材料品种、强度；基础断面形式、混凝土强度等级、石料最大粒径
计量单位	m
工程内容	垫层铺筑；管道防腐、安装、接口；混凝土基础、管座浇筑；井壁（墙）凿洞；检测试验；冲洗消毒或吹扫

第五册：给水工程		
分部工程	管道安装	定额编号
分项工程	承插（球墨）铸铁管安装（胶圈接口）	5-46~5-71

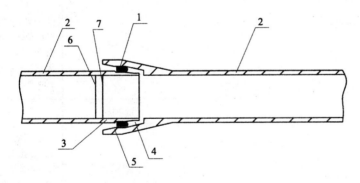

1—橡胶圈；2—混凝土管；3—插口；
4—坡口（锥度）；5—承口；6—顶进线；7—安装线

定额项目说明	
计量单位	10m
已包括的内容	管道安装、接口
未包括的内容	管件、阀门的安装
未计价材料	预应力(自应力)混凝土管
相关工程	管道安装不需要接口时，按第六册排水工程相应定额执行

清单项目说明	
项目名称	混凝土管道铺设
项目编码	040501002
项目特征	管材、规格；埋设深度；接口形式；垫层厚度、材料品种、强度；基础断面形式、混凝土强度等级、石料最大粒径
计量单位	m
工程内容	垫层铺筑；管道防腐；安装、接口；混凝土基础、管座浇筑；井壁（墙）凿洞；检测试验；冲洗消毒或吹扫

第五册：给水工程		
分部工程	管道安装	定额编号
分项工程	预应力（自应力）混凝土管安装（胶圈接口）	5-72~5-83

承插粘接连接

塑料管　　　　　　　　　　　　　　　　塑料管

给水用塑料管主要有硬聚氯乙烯（PVC—U）管、聚
乙烯（PE）管、聚丙烯（PP）管、交联聚乙烯（PEX）
管等。

定额项目说明	
计量单位	10m
已包括的内容	管道安装、接口
未包括的内容	管件、阀门的安装
未计价材料	塑料管
相关工程	

清单项目说明	
项目名称	塑料管道铺设
项目编码	040501006
项目特征	管材、规格；埋设深度；接口形式；垫层厚度、材料品种、强度；基础断面形式；混凝土强度等级、石料最大粒径；探测线要求
计量单位	m
工程内容	垫层铺筑；安装、接口；混凝土基础、管座浇筑；检测试验；井壁（墙）凿洞；冲洗消毒或吹扫；探测线敷设

第五册：给水工程		
分部工程	管道安装	定额编号
分项工程	塑料管安装（粘接）	5-84~5-91

122

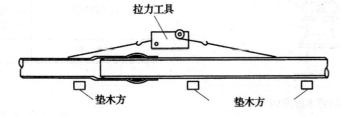

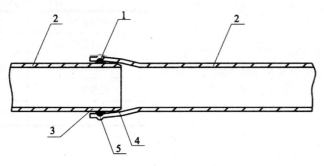

1—橡胶圈；2—塑料管；3—插口；
4—坡口（锥度）；5—承口

定额项目说明

计量单位	10m
已包括的内容	管道安装、接口
未包括的内容	管件、阀门的安装
未计价材料	塑料管
相关工程	

清单项目说明

项目名称	塑料管道铺设
项目编码	040501006
项目特征	管材、规格；埋设深度；接口形式；垫层厚度、材料品种、强度；基础断面形式、混凝土强度等级、石料最大粒径；探测线要求
计量单位	m
工程内容	垫层铺筑；安装、接口；混凝土基础、管座浇筑；检测试验；井壁（墙）凿洞；冲洗消毒或吹扫；探测线敷设

第五册：给水工程		
分部工程	管道安装	定额编号
分项工程	塑料管安装（胶圈接口）	5-92~5-99

123

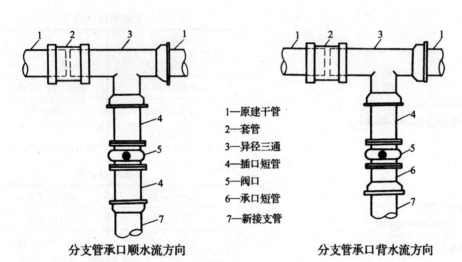

1—原建干管
2—套管
3—异径三通
4—插口短管
5—阀口
6—承口短管
7—新接支管

分支管承口顺水流方向

分支管承口背水流方向

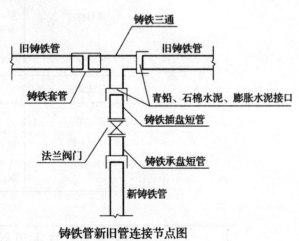

铸铁管新旧管连接节点图

定额项目说明

计量单位	处
已包括的内容	定位、断管；安装管件；通水试验
未包括的内容	
未计价材料	法兰阀门；铸铁插口短管；铸铁承口短管；铸铁套管；铸铁三通
相关工程	

清单项目说明

项目名称	新旧管连接（碰头）
项目编码	040502014
项目特征	管材；管径；接口
计量单位	处
工程内容	新旧管连接；断管接管

第五册：给水工程		
分部工程	管道安装	定额编号
分项工程	铸铁管新旧管连接（青铅、石棉水泥、膨胀水泥接口）	5-100~5-138

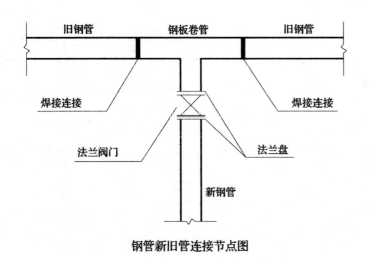

旧钢管　　　钢板卷管　　　旧钢管

焊接连接　　　　　　　　　焊接连接

法兰阀门　　　　　　　法兰盘

新钢管

钢管新旧管连接节点图

定额项目说明

计量单位	处
已包括的内容	定位、断管；安装管件；通水试验
未包括的内容	
未计价材料	钢板卷管；法兰盘；法兰阀门
相关工程	

清单项目说明

项目名称	新旧管连接（碰头）
项目编码	040502014
项目特征	管材；管径；接口
计量单位	处
工程内容	新旧管连接；接管挖眼

第五册：给水工程

分部工程	管道安装	定额编号
分项工程	钢管新旧管连接（焊接）	5-139~5-152

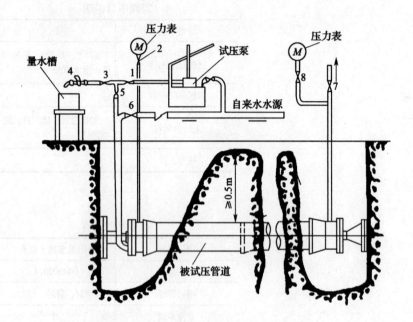

压力表
量水槽
试压泵
自来水水源
被试压管道
≥0.5m

注：1. 从自来水管向试压管道通水时，开放6、7号阀门，关闭5号阀门。
  2. 用水泵加压时，开放1、2、5、8号阀门，关闭4、6、7号阀门。
  3. 不用量水槽测渗水量时，开放2、8号阀门，关闭5、6、7号阀门。
  4. 用量水槽测渗水量时，开放2、4、5、8号阀门，关闭1、6、7号阀门。
  5. 用水泵调整3号调节阀时，开放1、4号阀门，关闭5号阀门。

定额项目说明

计量单位	100m
已包括的内容	制堵盲板；安装、拆除设备；灌水加压
未包括的内容	
未计价材料	
相关工程	

清单项目说明

项目名称	
项目编码	
项目特征	此项目为管道安装项目工程内容
计量单位	
工程内容	

第五册：给水工程		
分部工程	管道安装	定额编号
分项工程	管道试压	5-153~5-170

126

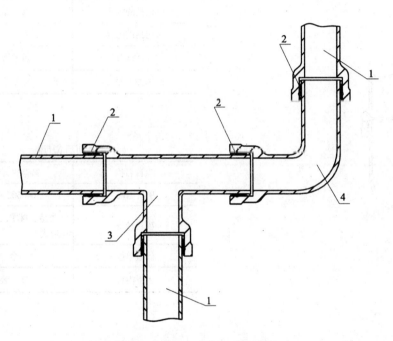

1—铸铁管；2—青铅、石棉水泥、膨胀水泥；
3—铸铁管件（三通）；4—铸铁管件（弯头）

定额项目说明

计量单位	个
已包括的内容	安　装
未包括的内容	
未计价材料	铸铁管件
相关工程	

清单项目说明

项目名称	铸铁管件安装
项目编码	040502002
项目特征	类型、材质；规格；接口形式
计量单位	个
工程内容	安　装

第五册：给水工程		
分部工程	管件安装	定额编号
分项工程	铸铁管件安装（青铅、石棉水泥、膨胀水泥接口）	5-215~5-259

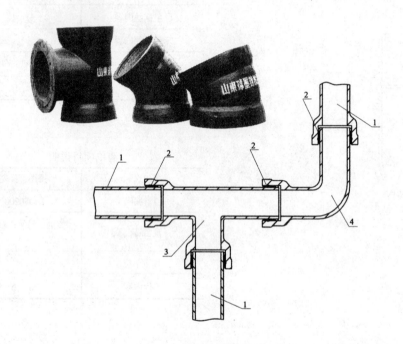

1—铸铁管；2—橡胶圈；
3—铸铁管件（三通）；4—铸铁管件（弯头）

定额项目说明

计量单位	个
已包括的内容	安 装
未包括的内容	
未计价材料	铸铁管件
相关工程	

清单项目说明

项目名称	铸铁管件安装
项目编码	040502002
项目特征	类型、材质；规格；接口形式
计量单位	个
工程内容	安 装

第五册：给水工程		
分部工程	管件安装	定额编号
分项工程	铸铁管件安装（胶圈接口）	5-260~5-272

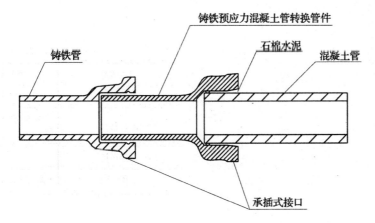

铸铁管

铸铁预应力混凝土管转换管件

石棉水泥

混凝土管

承插式接口

定额项目说明

计量单位	个
已包括的内容	管件安装、接口、养护
未包括的内容	
未计价材料	混凝土转换件
相关工程	

清单项目说明

项目名称	预应力混凝土管转换件安装
项目编码	040502001
项目特征	转换件规格
计量单位	个
工程内容	安装

第五册：给水工程		
分部工程	管件安装	定额编号
分项工程	承插式预应力混凝土转换件安装（石棉水泥接口）	5-273~5-284

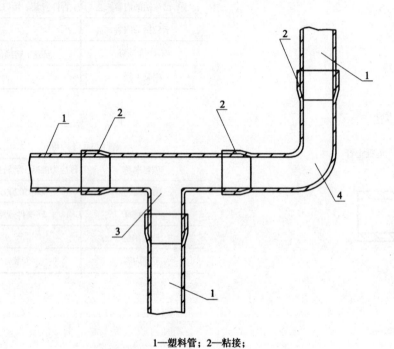

1—塑料管；2—粘接；
3—塑料管件（三通）；4—塑料管件（弯头）

定额项目说明

计量单位	个
已包括的内容	安　装
未包括的内容	
未计价材料	塑料管件
相关工程	

清单项目说明

项目名称	塑料管件安装
项目编码	040502005
项目特征	管件类型、材质；管径；接口；探测线要求
计量单位	个
工程内容	管件安装；探测线敷设

第五册：给水工程		
分部工程	管件安装	定额编号
分项工程	塑料管件安装（粘接）	5-285~5-292

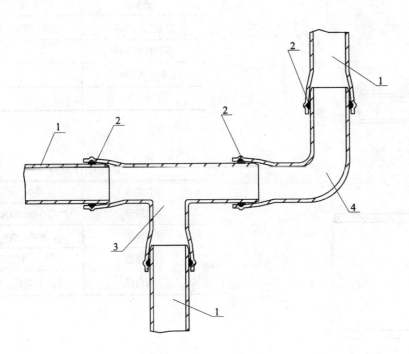

1—塑料管；2—橡胶圈；
3—塑料管件（三通）；4—塑料管件（弯头）

定额项目说明

计量单位	个
已包括的内容	安 装
未包括的内容	
未计价材料	塑料管件
相关工程	

清单项目说明

项目名称	塑料管件安装
项目编码	040502005
项目特征	管件类型、材质；管径；接口；探测线要求
计量单位	个
工程内容	管件安装；探测线敷设

第五册：给水工程

分部工程	管件安装	定额编号
分项工程	塑料管件安装（胶圈）	5-293~5-300

定额项目说明

计量单位	个
已包括的内容	定位；开孔、接驳
未包括的内容	
未计价材料	
相关工程	

清单项目说明

项目名称	分水栓安装
项目编码	040502008
项目特征	材质；规格
计量单位	个
工程内容	法兰片焊接；安装

活接头

铸铁管管壁开孔攻牙

第五册：给水工程		
分部工程	管件安装	定额编号
分项工程	分水栓安装	5-301~5-305

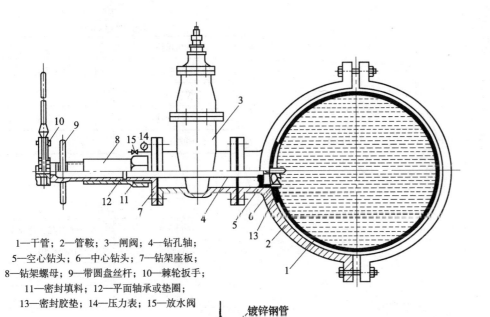

1—干管；2—管鞍；3—闸阀；4—钻孔轴；
5—空心钻头；6—中心钻头；7—钻架座板；
8—钻架螺母；9—带圆盘丝杆；10—棘轮扳手；
11—密封填料；12—平面轴承或垫圈；
13—密封胶垫；14—压力表；15—放水阀

镀锌钢管

阀门

密封胶垫

管鞍

U形螺栓

定额项目说明	
计量单位	个
已包括的内容	定位；安装、钻孔
未包括的内容	阀门安装
未计价材料	铸铁马鞍卡子
相关工程	与马鞍卡子相连的阀门安装执行第七册燃气与集中供热工程有关定额

清单项目说明	
项目名称	新旧管连接（碰头）
项目编码	040502014
项目特征	管材；管径；接口
计量单位	处
工程内容	新旧管连接；接管挖眼；马鞍卡子安装

第五册：给水工程		
分部工程	管件安装	定额编号
分项工程	马鞍卡子安装	5-306~5-316

133

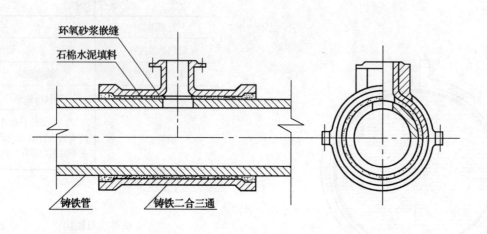

环氧砂浆嵌缝
石棉水泥填料

铸铁管　　铸铁二合三通

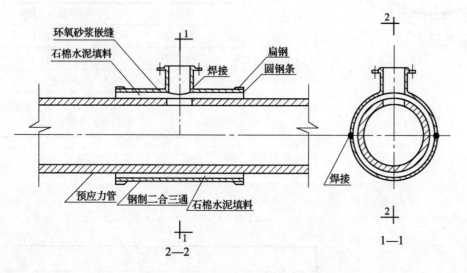

环氧砂浆嵌缝
石棉水泥填料
焊接
扁钢
圆钢条

预应力管　钢制二合三通　石棉水泥填料

2—2

1—1

2

定额项目说明	
计量单位	个
已包括的内容	定位、安装；钻孔、接口
未包括的内容	
未计价材料	二合三通
相关工程	

清单项目说明

项目名称	新旧管连接（碰头）
项目编码	040502014
项目特征	管材；管径；接口
计量单位	处
工程内容	新旧管连接；接管挖眼；二合三通安装

第五册：给水工程		
分部工程	管件安装	定额编号
分项工程	二合三通安装（青铅、石棉水泥接口）	5-317~5-332

134

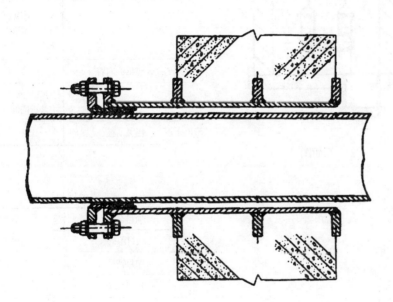

柔性铸铁穿墙管

定额项目说明

计量单位	个
已包括的内容	管件安装
未包括的内容	
未计价材料	铸铁穿墙管
相关工程	

清单项目说明

项目名称	防水套管制作、安装
项目编码	040502010
项目特征	刚性、柔性套管；规格
计量单位	个
工程内容	制作；安装

第五册：给水工程		
分部工程	管件安装	定额编号
分项工程	铸铁穿墙管安装	5-333~5-356

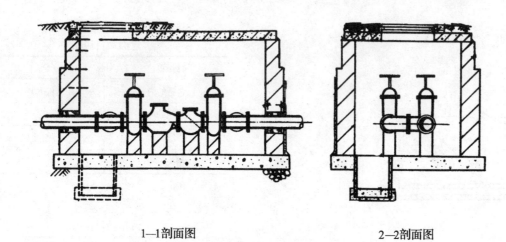

1—1剖面图

2—2剖面图

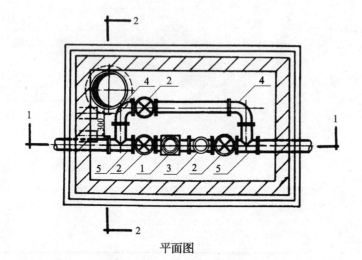

平面图

1—水表；2—阀门；
3—止回阀；4—90°弯头；5—等径三通

定额项目说明	
计量单位	组
已包括的内容	清洗检查、焊接、制垫加垫；水表、阀门安装、上螺栓
未包括的内容	支墩、井室
未计价材料	法兰水表；法兰阀门；法兰止回阀
相关工程	

清单项目说明	
项目名称	水表安装
项目编码	040503002
项目特征	公称直径
计量单位	个
工程内容	法兰片焊接；法兰水表安装

第五册：给水工程		
分部工程	管件安装	定额编号
分项工程	法兰式水表组成与安装（有旁通管和止回阀）	5-357~5-363

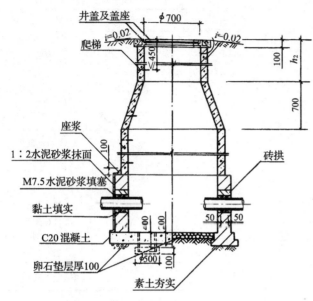

有地下水　1—1剖面图

井盖及盖座
爬梯
座浆
1：2水泥砂浆抹面
M7.5水泥砂浆填塞
黏土填实
C20混凝土
卵石垫层厚100
砖拱
素土夯实

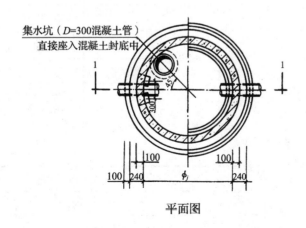

集水坑（D=300混凝土管）
直接座入混凝土封底中

平面图

定额项目说明

计量单位	座
已包括的内容	混凝土浇筑；井盖安装；阀门井砌筑、抹面、勾缝
未包括的内容	模板安装、拆除、钢筋制作、安装；预制盖板、成型钢筋的场外运输
未计价材料	
相关工程	1. 模板安装、拆除、钢筋制作、安装发生时执行第六册排水工程有关定额 2. 预制盖板、成型钢筋的场外运输发生时执行第　册通用项目有关定额 3. 井深大于1.5m时按第六册排水工程有关项目计取脚手架搭拆费

清单项目说明

项目名称	其他砌筑井
项目编码	040504001
项目特征	井类型、名称、图号；尺寸、深度；井身材料；垫层、基础厚度、材料品种、强度
计量单位	座
工程内容	垫层铺筑；混凝土浇筑；支墩、井身砌筑；爬梯制作、安装；盖板、过梁制作、安装；勾缝（抹面）；井盖、井座制作、安装

第五册：给 水 工 程		
分部工程	管道附属构筑物	定额编号
分项工程	砖砌圆形阀门井（收口式）	5-364~5-379

137

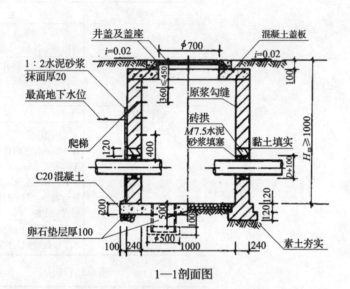

1—1剖面图

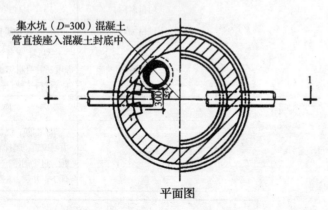

平面图

定额项目说明

计量单位	座
已包括的内容	混凝土浇筑；井盖安装；阀门井砌筑、抹面、勾缝
未包括的内容	模板安装、拆除、钢筋制作、安装；预制盖板、成型钢筋的场外运输
未计价材料	
相关工程	1. 模板安装、拆除、钢筋制作、安装发生时执行第六册排水工程有关定额 2. 预制盖板、成型钢筋的场外运输发生时执行第一册通用项目有关定额 3. 井深大于1.5m时按第六册排水工程有关项目计取脚手架搭拆费

清单项目说明

项目名称	其他砌筑井
项目编码	040504004
项目特征	井类型、名称、图号；尺寸、深度；井身材料；垫层、基础厚度、材料品种、强度
计量单位	座
工程内容	垫层铺筑；混凝土浇筑；支墩、井身砌筑；爬梯制作、安装；盖板、过梁制作、安装；勾缝（抹面）；井盖、井座制作、安装

第五册：给水工程

分部工程	管道附属构筑物	定额编号
分项工程	砖砌圆形阀门井（直筒式）	5-380~5-395

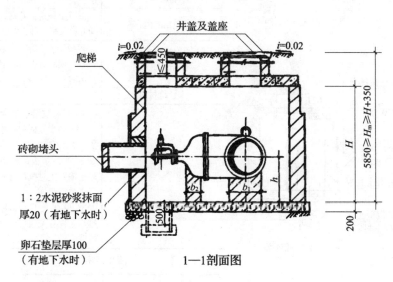

井盖及盖座

$i=0.02$ $i=0.02$

爬梯

砖砌堵头

1:2水泥砂浆抹面
厚20（有地下水时）

卵石垫层厚100
（有地下水时）

$5850 \geqslant H_m \geqslant H+350$

H

h

b_2 b_1

1—1剖面图

集水坑（$D=500$混凝土管）
直接座入混凝土封底中

$D=300$混凝土管

$\phi 700$

300

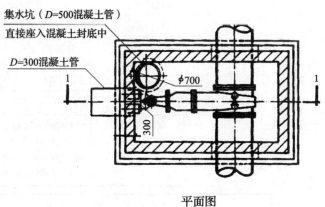

平面图

定额项目说明	
计量单位	座
已包括的内容	混凝土浇筑；阀门井砌筑、抹面、勾缝；盖板、井盖安装
未包括的内容	模板安装、拆除、钢筋制作、安装；预制盖板、成型钢筋的场外运输
未计价材料	
相关工程	1. 模板安装、拆除、钢筋制作、安装发生时执行第六册排水工程有关定额 2. 预制盖板、成型钢筋的场外运输发生时执行第一册通用项目有关定额 3. 井深大于1.5m时按第六册排水工程有关项目计取脚手架搭拆费

清单项目说明	
项目名称	其他砌筑井
项目编码	040504004
项目特征	井类型、名称、图号；尺寸、深度；井身材料；垫层、基础厚度、材料品种、强度
计量单位	座
工程内容	垫层铺筑；混凝土浇筑；支墩、井身砌筑；爬梯制作、安装；盖板、过梁制作、安装；勾缝（抹面）；井盖、井座制作、安装

第五册：给水工程

分部工程	管道附属构筑物	定额编号
分项工程	砖砌矩形卧式阀门井	5-396~5-401

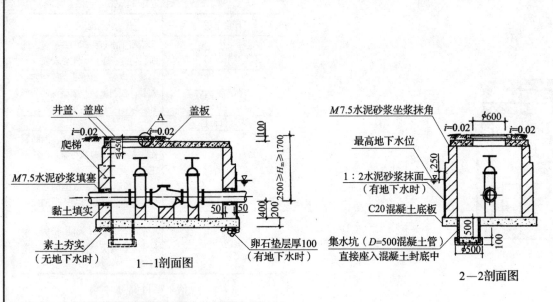

1—1剖面图

平面图

节点A

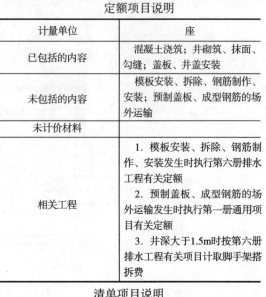

2—2剖面图

定额项目说明

计量单位	座
已包括的内容	混凝土浇筑；井砌筑、抹面、勾缝；盖板、井盖安装
未包括的内容	模板安装、拆除、钢筋制作、安装；预制盖板、成型钢筋的场外运输
未计价材料	
相关工程	1. 模板安装、拆除、钢筋制作、安装发生时执行第六册排水工程有关定额 2. 预制盖板、成型钢筋的场外运输发生时执行第一册通用项目有关定额 3. 井深大于1.5m时按第六册排水工程有关项目计取脚手架搭拆费

清单项目说明

项目名称	其他砌筑井
项目编码	040504004
项目特征	井类型、名称、图号；尺寸、深度；井身材料；垫层、基础厚度、材料品种、强度
计量单位	座
工程内容	垫层铺筑；混凝土浇筑；支墩、井身砌筑；爬梯制作、安装；盖板、过梁制作、安装；勾缝（抹面）；井盖、井座制作、安装

第五册：给水工程		
分部工程	管道附属构筑物	定额编号
分项工程	砖砌矩形水表井	5-402~5-417

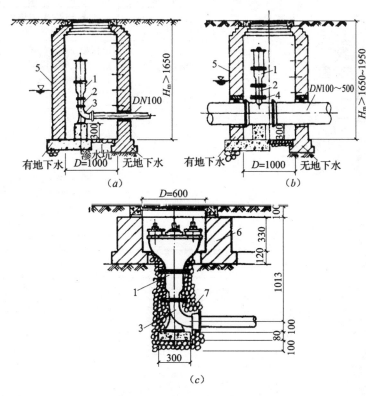

室外地下式消火栓安装

（a）甲型安装；（b）乙型安装；（c）丙型安装

1—SX100消火栓；2—短管；3—弯头支座；4—消火栓三通；

5—圆形阀门井；6—砖砌圆井；7—卵石渗水层铺设半径0.5m（卵石d=20~30）

定额项目说明	
计量单位	座
已包括的内容	混凝土浇筑；阀门井砌筑、抹面、勾缝；盖板、井盖安装
未包括的内容	模板安装、拆除、钢筋制作、安装；预制盖板、成型钢筋的场外运输
未计价材料	
相关工程	1. 模板安装、拆除、钢筋制作、安装发生时执行第六册排水工程有关定额 2. 预制盖板、成型钢筋的场外运输发生时执行第一册通用项目有关定额 3. 井深大于1.5m时按第六册排水工程有关项目计取脚手架搭拆费

清单项目说明	
项目名称	其他砌筑井
项目编码	040504004
项目特征	井类型、名称、图号；尺寸、深度；井身材料；垫层、基础厚度、材料品种、强度
计量单位	座
工程内容	垫层铺筑；混凝土浇筑；支墩、井身砌筑；爬梯制作、安装；盖板、过梁制作、安装；勾缝（抹面）；井盖、井座制作、安装

第五册：给水工程		
分部工程	管道附属构筑物	定额编号
分项工程	消火栓井	5-418~5-420

141

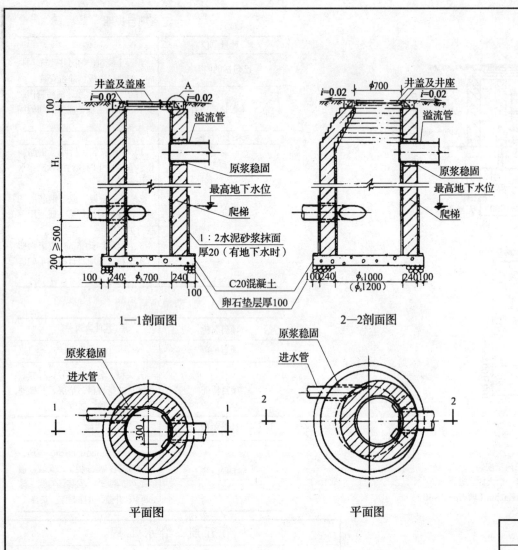

1—1剖面图

2—2剖面图

平面图

平面图

定额项目说明	
计量单位	座
已包括的内容	混凝土浇筑；井砌筑、抹面、勾缝；井盖安装
未包括的内容	模板安装、拆除、钢筋制作、安装；进水管、溢流管安装；预制盖板、成型钢筋的场外运输
未计价材料	
相关工程	1. 模板安装、拆除、钢筋制作、安装发生时执行第六册排水工程有关定额 2. 预制盖板、成型钢筋的场外运输发生时执行第一册通用项目有关定额 3. 进水管、溢流管的安装执行本册有关定额 4. 井深大于1.5m时按第六册排水工程有关项目计取脚手架搭拆费

清单项目说明

项目名称	其他砌筑井
项目编码	040504004
项目特征	井类型、名称、图号；尺寸、深度；井身材料；垫层、基础厚度、材料品种、强度
计量单位	座
工程内容	垫层铺筑；混凝土浇筑；支墩、井身砌筑；爬梯制作、安装；盖板、过梁制作、安装；勾缝（抹面）；井盖、井座制作、安装

第五册：给水工程		
分部工程	管道附属构筑物	定额编号
分项工程	圆形排泥湿井	5—421~5—426

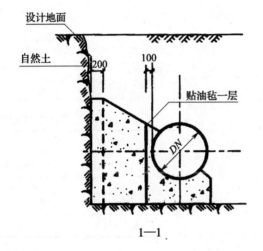

1—1

设计地面

自然土

200

100

贴油毡一层

DN

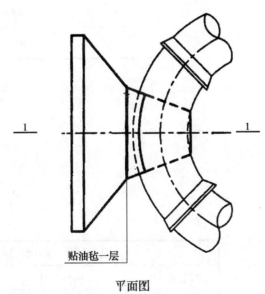

贴油毡一层

平面图

定额项目说明

计量单位	座
已包括的内容	混凝土浇筑
未包括的内容	模板安装、拆除、钢筋制作、安装；预制盖板、成型钢筋的场外运输
未计价材料	
相关工程	1. 模板安装、拆除、钢筋制作、安装发生时执行第六册排水工程有关定额 2. 成型钢筋的场外运输发生时执行第一册通用项目有关定额

清单项目说明

项目名称	支（挡）墩
项目编码	040504007
项目特征	混凝土强度等级、石料最大粒径；垫层厚度、材料品种、强度
计量单位	m³
工程内容	垫层铺筑；混凝土浇筑、养生；砌筑；抹面（勾缝）

第五册：给水工程		
分部工程	管道附属构筑物	定额编号
分项工程	管道支墩（挡墩）	5-427~5-430

143

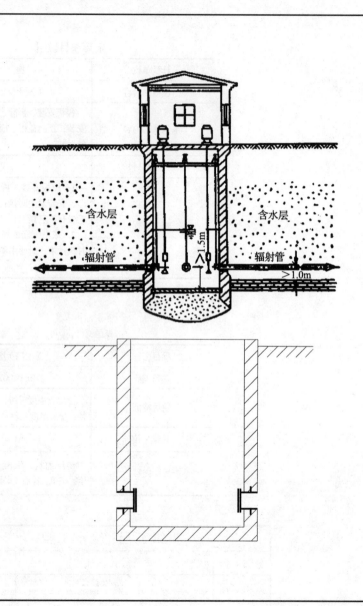

定额项目说明	
计量单位	处
已包括的内容	套管、盲板安装；接口、封闭
未包括的内容	脚手架搭拆工程；水下管线铺设
未计价材料	
相关工程	1. 脚手架搭拆工程执行第一册通用项目有关定额 2. 水下管线铺设执行第七册集中供热工程有关项目

含水层

辐射管

1.5m

>1.0m

第五册：给水工程		
分部工程	取水工程	定额编号
分项工程	大口井内套管安装	5-431~5-433

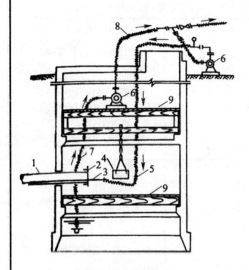

撞锤打入辐射管

1—辐射管；2—顶管；3—射水枪；4—撞锤；
5—射水胶管；6—水泵；7—吸水管；
8—扬水管；9—临时工作平台

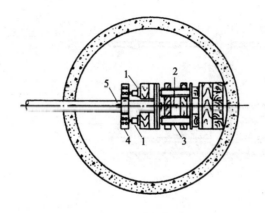

射水千斤顶法顶进

1—千斤顶；2—射水管；3—支架；
4—铁夹板；5—焊于管壁上的挡筋

定额项目说明

计量单位	m
已包括的内容	钻孔；井内辐射管安装、焊接、顶进
未包括的内容	辐射井管防腐；脚手架搭拆工程；水下管线铺设
未计价材料	
相关工程	1. 辐射井管的防腐执行《全国统一安装工程预算定额》有关定额项目 2. 脚手架搭拆工程执行第一册通用项目有关定额 3. 水下管线铺设执行第七册集中供热工程有关项目

　　辐射井管视所采用的管材、直径、长度、含水层土质以及施工设备的条件可采用锤打法、顶管法、水射法等施工方法安装。

第五册：给水工程		
分部工程	取水工程	定额编号
分项工程	辐射井管安装	5-434~5-437

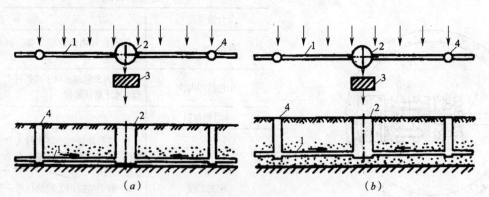

渗渠（集取地下水）

（a）完整式；（b）非完整式

1—集水管；2—集水井；3—泵站；4—检查井

定额项目说明	
计量单位	10延长米
已包括的内容	混凝土制作、浇捣；渗渠安装、连接找平
未包括的内容	模板安装、拆除、钢筋制作、安装；土石方开挖、回填、围堰工程；水下管线铺设
未计价材料	
相关工程	1. 模板安装、拆除、钢筋制作、安装如发生时执行第六册排水工程有关定额（模板安装、拆除人工乘以系数1.2） 2. 土石方开挖、回填、围堰工程执行第一册通用项目有关定额 3. 水下管线铺设执行第七册集中供热工程有关项目

渗渠是水平集水系统，一般铺设在河床或岸边的砂砾冲击层中，用以截取河床渗透水和潜流水。钢筋混凝土管上部设进水圆孔，下部无孔洞。

第五册：给水工程		
分部工程	取水工程	定额编号
分项工程	钢筋混凝土渗渠管制作安装	5-438~5-441

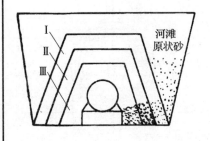

河滩下集水人工滤层

河床下集水人工滤层

1m

0.3~0.5m

1.25~1.65m

0.15m 0.2m

0.2m

0.2m

0.2m

D

1—防冲块石，块石最少厚度$D=\dfrac{v^2}{36}$（m），v为河流最大流速；

2—ϕ5~10mm荆条编制的席垫；

Ⅰ—滤层第一层，滤料粒径d_p=0.25~1.0mm；

Ⅱ—滤层第二层，滤料粒径d_p=1~4mm；

Ⅲ—滤层第三层，滤料粒径d_p=4~8mm；

Ⅳ—滤层第四层，滤料粒径d_p=8~22mm；

D—集水管管径

定额项目说明	
计量单位	10m³
已包括的内容	筛选滤料；填充、整平
未包括的内容	
未计价材料	
相关工程	

　　在河滩下集取潜流水时，一般敷设3~4层滤料，总厚度一般为800mm，每层厚度为200~300mm，不允许使用风化的岩石质滤料。

第五册：给水工程		
分部工程	取水工程	定额编号
分项工程	渗渠滤料填充	5-442~5-444

第五部分

排水工程

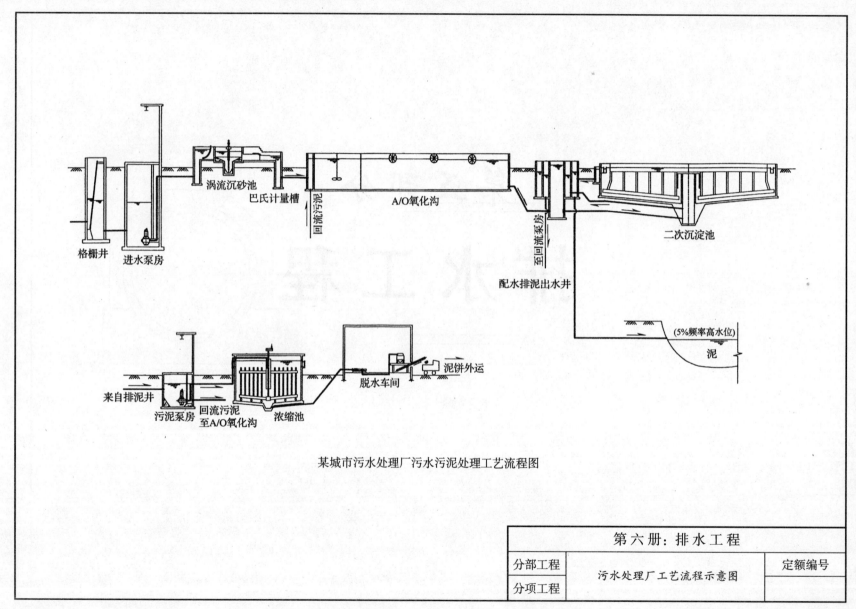

涡流沉砂池

巴氏计量槽

A/O氧化沟

回流污泥

二次沉淀池

格栅井

进水泵房

至回流泵房

配水排泥出水井

(5%频率高水位)

泥

来自排泥井

回流污泥
至A/O氧化沟

污泥泵房

浓缩池

脱水车间

泥饼外运

某城市污水处理厂污水污泥处理工艺流程图

第六册：排水工程		
分部工程	污水处理厂工艺流程示意图	定额编号
分项工程		

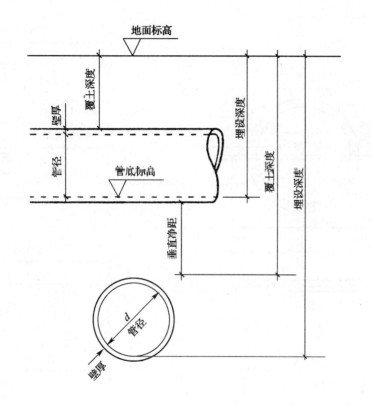

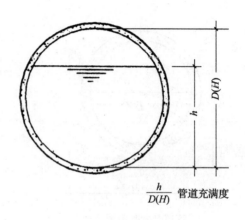

$\dfrac{h}{D(H)}$ 管道充满度

管道充满度图

分部工程	管道埋深关系图	定额编号
分项工程		

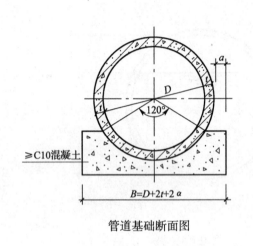

管道基础断面图

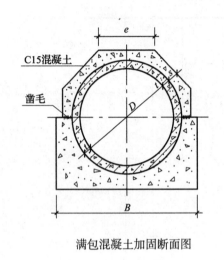

满包混凝土加固断面图

定额项目说明

计量单位	100m
已包括的内容	混凝土、浇捣、养生、材料场内运输
未包括的内容	
未计价材料	混凝土
相关工程	实际管座角度与定额不同时，采用第三章非定型管座定额项目

清单项目说明

项目名称	
项目编码	该项目为混凝土管道铺设项目的工程内容
项目特征	
计量单位	
工程内容	

定型混凝土管道基础适用于开槽的雨水和合流管道及污水管道；满包混凝土加固适用于开槽施工的雨水和污水管道上局部段落，为管道需要特殊处理的加固措施。

第六册：排水工程		
分部工程	定型混凝土管道基础及铺设	定额编号
分项工程	平接（企口）式定型混凝土管道基础	6-1~6-51

计量单位	100m
已包括的内容	管道铺设
未包括的内容	管道接口；断管；闭水试验
未计价材料	钢筋混凝土管道
相关工程	

清单项目说明

项目名称	混凝土管道铺设
项目编码	040501002
项目特征	管材、规格；埋设深度；接口形式；垫层厚度、材料品种、强度；基础断面形式、混凝土强度等级、石料最大粒径
计量单位	m
工程内容	垫层铺筑；混凝土基础、管座浇筑；管道防腐；管道铺设、管道接口；预制管枕安装、井壁（墙）凿洞；检测及检验、冲洗消毒

平接式　　　　　　企口式

第六册：排水工程		
分部工程	定型混凝土管道基础及铺设	定额编号
分项工程	混凝土管道铺设（平接式、企口式）	6-52~6-73

153

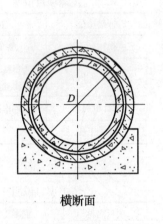

横断面

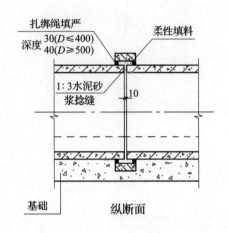

扎绑绳填严

柔性填料

深度 30(D≤400)
40(D≥500)

1:3水泥砂
浆捻缝

10

基础

纵断面

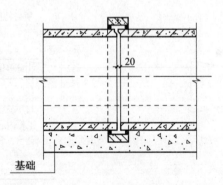

20

基础

定额项目说明

计量单位	100m
已包括的内容	管道铺设
未包括的内容	管道接口；断管；闭水试验
未计价材料	钢筋混凝土管道
相关工程	

清单项目说明

项目名称	混凝土管道铺设
项目编码	040501002
项目特征	管材、规格；埋设深度；接口形式；垫层厚度、材料品种、强度；基础断面形式、混凝土强度等级、石料最大粒径
计量单位	m
工程内容	垫层铺筑；混凝土基础、管座浇筑；管道防腐；管道铺设、管道接口；预制管枕安装、井壁（墙）凿洞；检测及检验、冲洗消毒

第六册：排水工程		
分部工程	定型混凝土管道基础及铺设	定额编号
分项工程	混凝土管道铺设（套箍式）	6-74~6-95

154

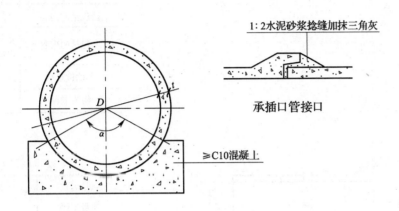

1:2水泥砂浆捻缝加抹三角灰

承插口管接口

≥C10混凝土

D

t

α

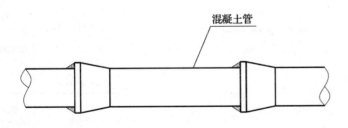

混凝土管

定额项目说明

计量单位	100m
已包括的内容	管道铺设
未包括的内容	管道接口；断管；闭水试验
未计价材料	（钢筋）混凝土管道
相关工程	

清单项目说明

项目名称	混凝土管道铺设
项目编码	040501002
项目特征	管材、规格；埋设深度；接口形式；垫层厚度、材料品种、强度；基础断面形式、混凝土强度等级、石料最大粒径
计量单位	m
工程内容	垫层铺筑；混凝土基础、管座浇筑；管道防腐；管道铺设、管道接口；预制管枕安装、井壁（墙）凿洞；检测及检验、冲洗消毒

说明：混凝土管道铺设（承插式）一般适用于小区内部无地下水的雨水管道。

第六册：排水工程

分部工程	定型混凝土管道基础及铺设	定额编号
分项工程	混凝土管道铺设（承插式）	6-96~6-105

定额项目说明

计量单位	100m
已包括的内容	管道铺设
未包括的内容	管道接口；断管；闭水试验
未计价材料	陶土管道
相关工程	

清单项目说明

项目名称	陶土管铺设
项目编码	040501001
项目特征	管材、规格；埋设深度；接口形式；垫层厚度、材料品种、强度；垫层形式；基础断面形式、混凝土强度等级、石料最大粒径
计量单位	m
工程内容	垫层铺筑；基础浇筑；管道铺设、管道接口；检测及检验、冲洗消毒

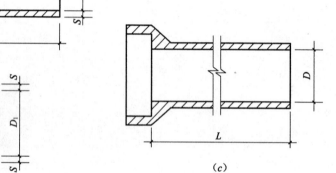

陶土管

(a) 直管；(b) 管箍；(c) 承插管

第六册：排水工程		
分部工程	定型混凝土管道基础及铺设	定额编号
分项工程	缸瓦（陶土）管道铺设	6-106~6-114

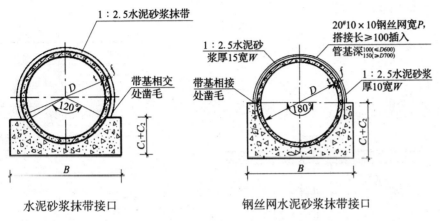

水泥砂浆抹带接口

钢丝网水泥砂浆抹带接口

定额项目说明

计量单位	10个口
已包括的内容	管道接口填缝、抹带、压实、养生
未包括的内容	内抹口
未计价材料	
相关工程	

清单项目说明

项目名称	
项目编码	
项目特征	该项目为混凝土管道铺设项目的工程内容
计量单位	
工程内容	

水泥砂浆抹带接口适用于无地下水的雨水管道；钢丝网水泥砂浆抹带接口适用于雨水管道、合流管道及污水管道。

第六册：排水工程		
分部工程	定型混凝土管道基础及铺设	定额编号
分项工程	排水管道接口（平接口、企接口）	6-115~6-182

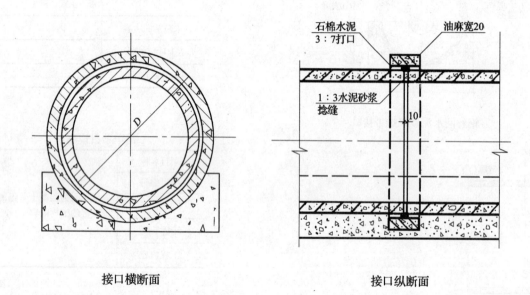

接口横断面

油麻宽20
石棉水泥
3:7打口
1:3水泥砂浆
捻缝
10

接口纵断面

定额项目说明

计量单位	10个口
已包括的内容	管道接口填缝、抹带、压实、养生
未包括的内容	内抹口
未计价材料	铺筋混凝土外套环
相关工程	

清单项目说明

项目名称	该项目为混凝土管道铺设项目的工程内容
项目编码	
项目特征	
计量单位	
工程内容	

外套环为提高管道纵向刚度，适用于雨、污水管道。

第六册：排水工程		
分部工程	定型混凝土管道基础及铺设	定额编号
分项工程	排水管道接口（预制混凝土外套环接口）	6-183~6-214

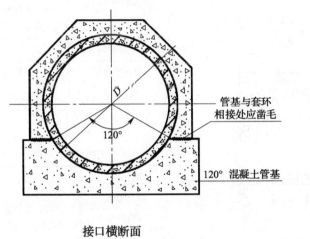

管基与套环
相接处应凿毛

120°

120° 混凝土管基

接口横断面

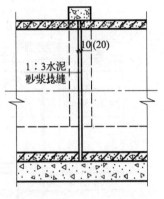

10(20)

1：3水泥
砂浆捻缝

接口纵断面

定额项目说明

计量单位	10个口
已包括的内容	管道接口填缝、抹带、压实、养生
未包括的内容	内抹口
未计价材料	混凝土
相关工程	

清单项目说明

项目名称	
项目编码	
项目特征	该项目为混凝土管道铺设项目的工程内容
计量单位	
工程内容	

第六册：排水工程

分部工程	定型混凝土管道基础及铺设	定额编号
分项工程	排水管道接口（现浇混凝土外套环接口）	6-215~6-248

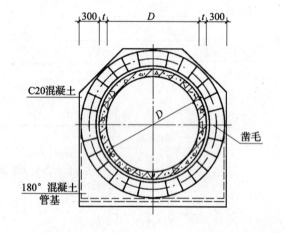

接口断面

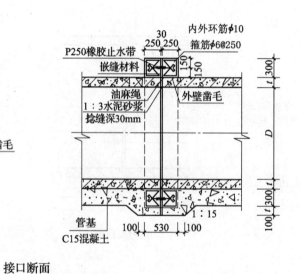

定额项目说明

计量单位	10个口
已包括的内容	浇筑混凝土、调制砂浆、熬制沥青、管道接口填缝、安放止水带、内外抹口、压实、养生
未包括的内容	
未计价材料	混凝土
相关工程	

清单项目说明

项目名称	
项目编码	
项目特征	该项目为混凝土管道铺设项目的工程内容
计量单位	
工程内容	

常用于现浇混凝土管道上，它具有一定的强度，又具有柔性，抗地基不均匀沉陷性能好，但成本较高。

第六册：排水工程		
分部工程	定型混凝土管道基础及铺设	定额编号
分项工程	排水管道接口（变形缝）	6-249~6-262

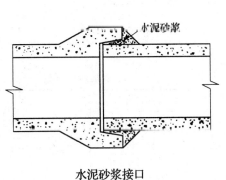

冷底子油
沥青油膏
冷底子油

小泥砂浆

水泥砂浆接口

沥青油膏接口

定额项目说明	
计量单位	10个口
已包括的内容	管口填缝、抹带、压实、养生
未包括的内容	内抹口
未计价材料	
相关工程	

清单项目说明

项目名称	
项目编码	
项目特征	该项目为混凝土管道铺设项目的工程内容
计量单位	
工程内容	

水泥砂浆接口属于刚性接口，一般适用于地基土质较好的雨水管道，或用于地下水位以上的污水支线上；沥青油膏接口属于柔性接口，适用于污水管道。

第六册：排水工程		
分部工程	定型混凝土管道基础及铺设	定额编号
分项工程	排水管道接口（承插接口）	6-263~6-278

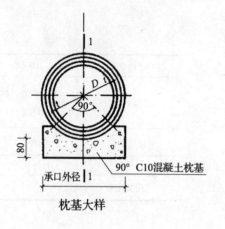

1：25水泥砂浆捻缝

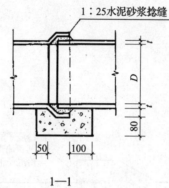

承口外径

90° C10混凝土枕基

枕基大样

1—1

定额项目说明	
计量单位	10个口
已包括的内容	管口填缝、抹带、压实、养生
未包括的内容	内抹口
未计价材料	
相关工程	

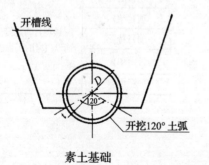

开槽线

开挖120° 土弧

素土基础

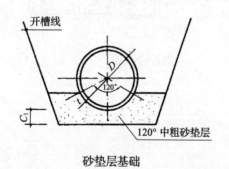

开槽线

120° 中粗砂垫层

砂垫层基础

清单项目说明	
项目名称	
项目编码	
项目特征	该项目为陶土管铺设项目的工程内容
计量单位	
工程内容	

第六册：排水工程

分部工程	定型混凝土管道基础及铺设	定额编号
分项工程	排水管道接口（陶土管水泥砂浆接口）	6-279~6-285

162

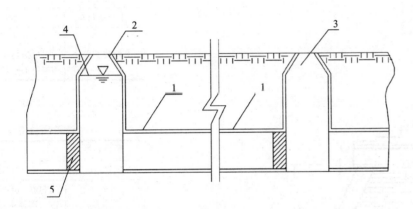

闭水试验装置示意图
1—试验管道；2—下游检查井；3—上游检查井；4—规定闭水水位；5—砖堵

定额项目说明

计量单位	100m
已包括的内容	堵、拆管口、注水试验
未包括的内容	
未计价材料	
相关工程	

清单项目说明

项目名称	
项目编码	该项目为管道铺设项目的工程内容
项目特征	
计量单位	
工程内容	

第六册：排水工程		
分部工程	定型混凝土管道基础及铺设	定额编号
分项工程	管道闭水试验	6-286~6-297

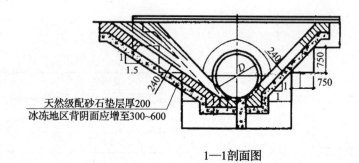

1—1剖面图

天然级配砂石垫层厚200
冰冻地区背阴面应增至300~600

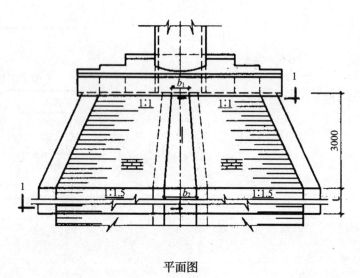

平面图

定额项目说明

计量单位	处
已包括的内容	铺筑垫层；混凝土浇筑；砌砖、抹面、养生、勾缝
未包括的内容	
未计价材料	混凝土
相关工程	非定型或材质与定额中不同时可执行第一册通用项目和本册第三章相应项目

清单项目说明

项目名称	出水口
项目编码	040504006
项目特征	材料、形式；尺寸、深度；砌体强度；混凝土强度等级；石料最大粒径；砂浆配合比；垫层厚度、材料品种、强度
计量单位	处
工程内容	垫层铺筑；混凝土浇筑；养生；砌筑；勾缝、抹面

第六册：排水工程		
分部工程	定型混凝土管道基础及铺设	定额编号
分项工程	一字式排水管道出水口（砖砌）	6-298~6-314

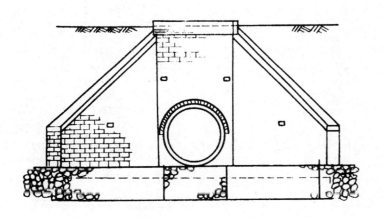

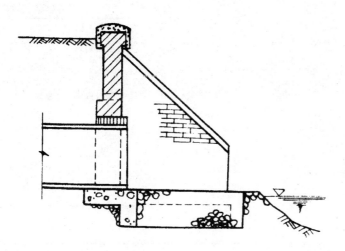

定额项目说明

计量单位	处
已包括的内容	铺筑垫层；混凝土浇筑；砌砖、抹面、养生、勾缝
未包括的内容	
未计价材料	混凝土
相关工程	非定型或材质与定额中不同时可执行第一册通用项目和本册第三章相应项目

清单项目说明

项目名称	出水口
项目编码	040504006
项目特征	材料、形式；尺寸、深度；砌体强度，混凝土强度等级、石料最大粒径；砂浆配合比；垫层厚度、材料品种、强度
计量单位	处
工程内容	垫层铺筑；混凝土浇筑；养生；砌筑；勾缝、抹面

第六册：排水工程

分部工程	定型混凝土管道基础及铺设	定额编号
分项工程	八字式排水管道出水口（砖砌）	6-315~6-331

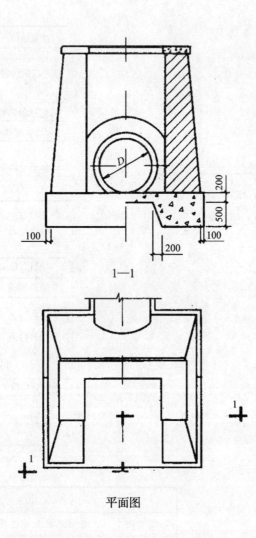

1—1

平面图

计量单位	处
已包括的内容	铺筑垫层；混凝土浇筑；砌砖、抹面、养生、勾缝
未包括的内容	
未计价材料	混凝土
相关工程	非定型或材质与定额中不同时可执行第一册通用项目和本册第三章相应项目

清单项目说明

项目名称	出水口
项目编码	040504006
项目特征	材料、形式；尺寸、深度；砌体强度；混凝土强度等级、石料最大粒径；砂浆配合比；垫层厚度、材料品种、强度
计量单位	处
工程内容	垫层铺筑；混凝土浇筑；养生；砌筑；勾缝、抹面

第六册：排水工程		
分部工程	定型混凝土管道基础及铺设	定额编号
分项工程	门字式排水管道出水口（砖砌）	6-332~6-348

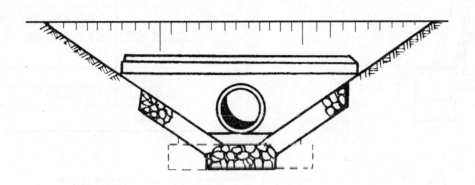

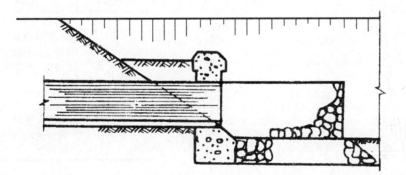

定额项目说明

计量单位	处
已包括的内容	铺筑垫层；混凝土浇筑；砌石、抹面、养生、勾缝
未包括的内容	
未计价材料	混凝土
相关工程	

清单项目说明

项目名称	出水口
项目编码	040504006
项目特征	材料、形式；尺寸、深度；砌体强度；混凝土强度等级、石料最大粒径；砂浆配合比；垫层厚度、材料品种、强度
计量单位	处
工程内容	垫层铺筑；混凝土浇筑；养生；砌筑；勾缝、抹面

第六册：排水工程		
分部工程	定型混凝土管道基础及铺设	定额编号
分项工程	一字式排水管道出水口（石砌）	6-349~6-365

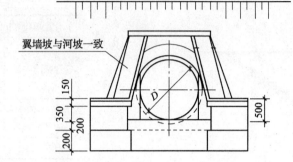

翼墙坡与河坡一致

立面图

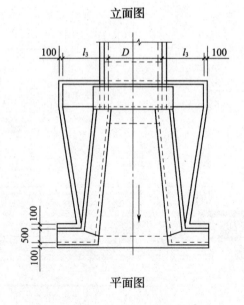

平面图

定额项目说明

计量单位	处
已包括的内容	铺筑垫层；混凝土浇筑；砌石、抹面、养生、勾缝
未包括的内容	
未计价材料	混凝土
相关工程	

清单项目说明

项目名称	出水口
项目编码	040504006
项目特征	材料、形式；尺寸、深度；砌体强度；混凝土强度等级、石料最大粒径；砂浆配合比；垫层厚度、材料品种、强度
计量单位	处
工程内容	垫层铺筑；混凝土浇筑；养生；砌筑；勾缝、抹面

第六册：排水工程

分部工程	定型混凝土管道基础及铺设	定额编号
分项工程	八字式排水管道出水口（石砌）	6-366~6-382

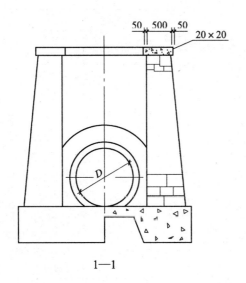

50 | 500 | 50

20×20

1—1

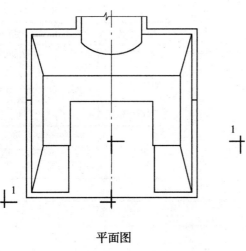

平面图

定额项目说明

计量单位	处
已包括的内容	铺筑垫层；混凝土浇筑；砌石、抹面、养生、勾缝
未包括的内容	
未计价材料	混凝土
相关工程	

清单项目说明

项目名称	出水口
项目编码	040504006
项目特征	材料、形式；尺寸、深度；砌体强度；混凝土强度等级、石料最大粒径；砂浆配合比；垫层厚度、材料品种、强度
计量单位	处
工程内容	垫层铺筑；混凝土浇筑；养生；砌筑；勾缝、抹面

第六册：排水工程		
分部工程	定型混凝土管道基础及铺设	定额编号
分项工程	门字式排水管道出水口（石砌）	6-383~6-399

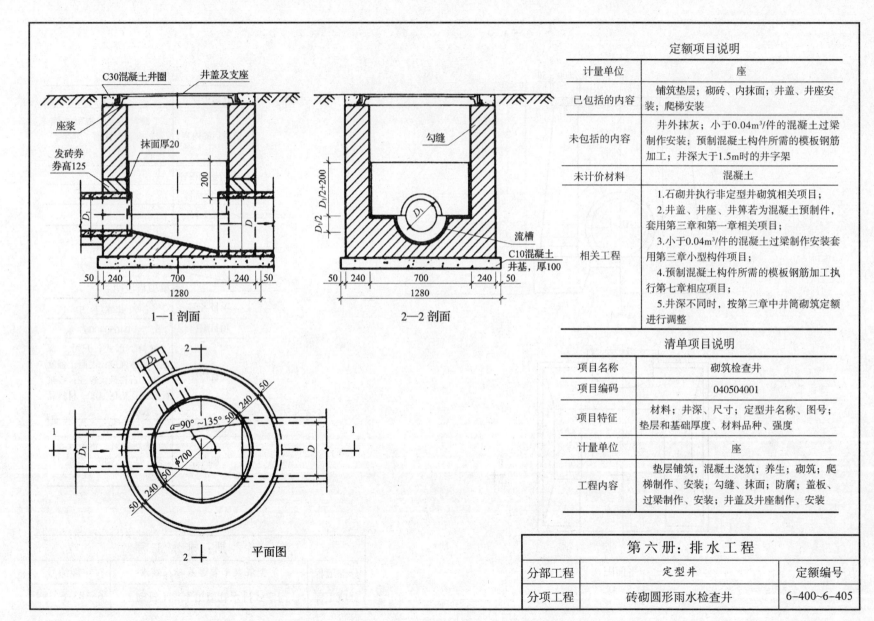

1—1 剖面

2—2 剖面

平面图

定额项目说明

计量单位	座
已包括的内容	铺筑垫层；砌砖、内抹面；井盖、井座安装；爬梯安装
未包括的内容	井外抹灰；小于0.04m³/件的混凝土过梁制作安装；预制混凝土构件所需的模板钢筋加工；井深大于1.5m时的井字架
未计价材料	混凝土
相关工程	1.石砌井执行非定型井砌筑相关项目； 2.井盖、井座、井箅若为混凝土预制件，套用第三章和第一章相关项目； 3.小于0.04m³/件的混凝土过梁制作安装套用第三章小型构件项目； 4.预制混凝土构件所需的模板钢筋加工执行第七章相应项目； 5.井深不同时，按第三章中井筒砌筑定额进行调整

清单项目说明

项目名称	砌筑检查井
项目编码	040504001
项目特征	材料；井深、尺寸；定型井名称、图号；垫层和基础厚度、材料品种、强度
计量单位	座
工程内容	垫层铺筑；混凝土浇筑；养生；砌筑；爬梯制作、安装；勾缝、抹面；防腐；盖板、过梁制作、安装；井盖及井座制作、安装

第六册：排水工程		
分部工程	定型井	定额编号
分项工程	砖砌圆形雨水检查井	6-400~6-405

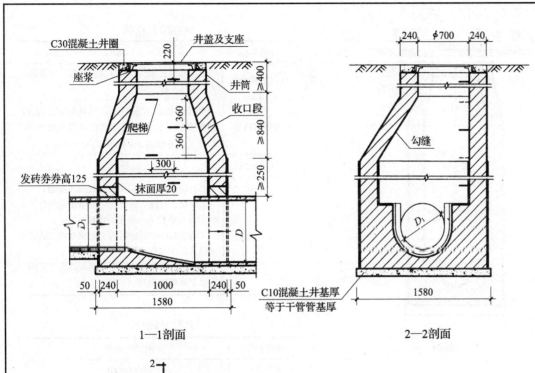

C30混凝土井圈
座浆
井盖及支座
井筒
收口段
爬梯
发砖券券高125
抹面厚20
C10混凝土井基厚
等于干管管基厚

1—1剖面

2—2剖面

勾缝

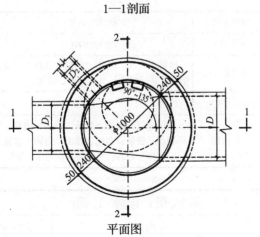

平面图

定额项目说明

计量单位	座
已包括的内容	铺筑垫层；砌砖、内抹面；井盖、井座安装；爬梯安装
未包括的内容	井外抹灰；小于0.04m³/件的混凝土过梁制作安装；预制混凝土构件所需的模板钢筋加工；井深大于1.5m时的井字架
未计价材料	混凝土
相关工程	1.石砌井执行非定型井砌筑相关项目； 2.井盖、井座、井算为混凝土预制件，套用第三章和第一章相关项目； 3.小于0.04m³/件的混凝土过梁制作安装套用第三章小型构件项目； 4.预制混凝土构件所需的模板钢筋加工执行第七章相应项目； 5.井深不同时，按第三章中井筒砌筑定额进行调整

清单项目说明

项目名称	砌筑检查井
项目编码	040504001
项目特征	材料；井深、尺寸；定型井名称、图号；垫层和基础厚度、材料品种、强度
计量单位	座
工程内容	垫层铺筑；混凝土浇筑；养生；砌筑；爬梯制作、安装；勾缝、抹面；防腐；盖板、过梁制作、安装；井盖及井座制作、安装

第六册：排水工程

分部工程	定型井	定额编号
分项工程	砖砌圆形污水检查井	6-406~6-411

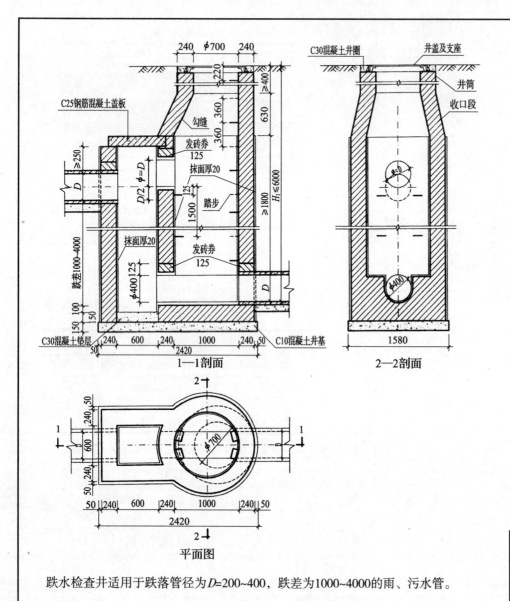

1—1剖面

2—2剖面

平面图

跌水检查井适用于跌落管径为*D*=200~400，跌差为1000~4000的雨、污水管。

定额项目说明

计量单位	座
已包括的内容	铺筑垫层；砌砖、内抹面；井盖、井座安装；爬梯安装
未包括的内容	井外抹灰；小于0.04m³/件的混凝土过梁制作安装；预制混凝土构件所需的模板钢筋加工；井深大于1.5m时的井字架
未计价材料	混凝土
相关工程	1.石砌井执行非定型井砌筑相关项目； 2.井盖、井座、井箅若为混凝土预制件，套用第三章和第一章相关项目； 3.小于0.04m³/件的混凝土过梁制作安装套用第三章小型构件项目； 4.预制混凝土构件所需的模板钢筋加工执行第七章相应项目

清单项目说明

项目名称	砌筑检查井
项目编码	040504001
项目特征	材料；井深、尺寸；定型井名称、图号；垫层和基础厚度、材料品种、强度
计量单位	座
工程内容	垫层铺筑；混凝土浇筑；养生；砌筑；爬梯制作、安装；勾缝、抹面；防腐；盖板、过梁制作、安装；井盖及井座制作、安装

第六册：排水工程		
分部工程	定型井	定额编号
分项工程	砖砌跌水检查井（S234-11-5）	6-412~6-417

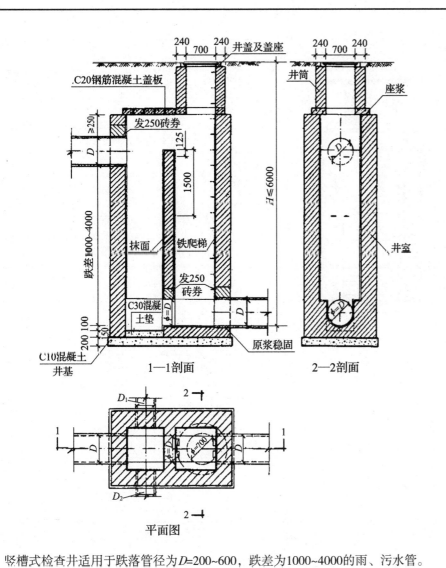

1—1剖面

2—2剖面

平面图

竖槽式检查井适用于跌落管径为D=200~600，跌差为1000~4000的雨、污水管。

定额项目说明

计量单位	座
已包括的内容	铺筑垫层；砌砖、内抹面；井盖、井座安装；爬梯安装
未包括的内容	井外抹灰；小于0.04m³/件的混凝土过梁制作安装；预制混凝土构件所需的模板钢筋加工；井深大于1.5m时的井字架
未计价材料	混凝土
相关工程	1.石砌井执行非定型井砌筑相关项目； 2.井盖、井座、井箅若为混凝土预制件，套用第三章和第一章相关项目； 3.小于0.04m³/件的混凝土过梁制作安装套用第一章小型构件项目； 4.预制混凝土构件所需的模板钢筋加工执行第七章相应项目

清单项目说明

项目名称	砌筑检查井
项目编码	040504001
项目特征	材料；井深、尺寸；定型井名称、图号；垫层和基础厚度、材料品种、强度
计量单位	座
工程内容	垫层铺筑；混凝土浇筑；养生；砌筑；爬梯制作、安装；勾缝、抹面；防腐；盖板、过梁制作、安装；井盖及井座制作、安装

第六册：排水工程

分部工程	定型井	定额编号
分项工程	砖砌竖槽式检查井（S234-11-6、7）	6-418~6-429

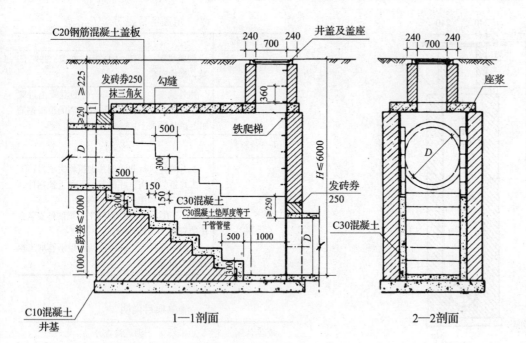

1—1剖面

2—2剖面

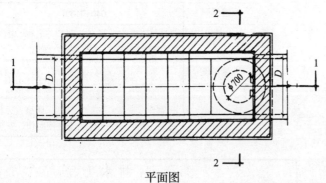

平面图

阶梯式跌水井适用于跌落管径D=700~1650，跌差为1000~2000的雨、污水管。

计量单位	座
已包括的内容	铺筑垫层；砌砖、内抹面；井盖、井座安装；爬梯安装
未包括的内容	井外抹灰；小于0.04m³/件的混凝土过梁制作安装；预制混凝土构件所需的模板钢筋加工；井深大于1.5m时的井字架
未计价材料	混凝土
相关工程	1.石砌井执行非定型井砌筑相关项目； 2.井盖、井座、井算若为混凝土预制件，套用第三章和第一章相关项目； 3.小于0.04m³/件的混凝土过梁制作安装套用第三章小型构件项目； 4.预制混凝土构件所需的模板钢筋加工执行第七章相应项目； 5.井深不同时，按第三章中井筒砌筑定额进行调整

清单项目说明

项目名称	砌筑检查井
项目编码	040504001
项目特征	材料；井深、尺寸；定型井名称、图号；垫层和基础厚度、材料品种、强度
计量单位	座
工程内容	垫层铺筑；混凝土浇筑；养生；砌筑；爬梯制作、安装；勾缝、抹面；防腐；盖板、过梁制作、安装；井盖及井座制作、安装

第六册：排水工程		
分部工程	定型井	定额编号
分项工程	砖砌阶梯式跌水井	6-430~6-441

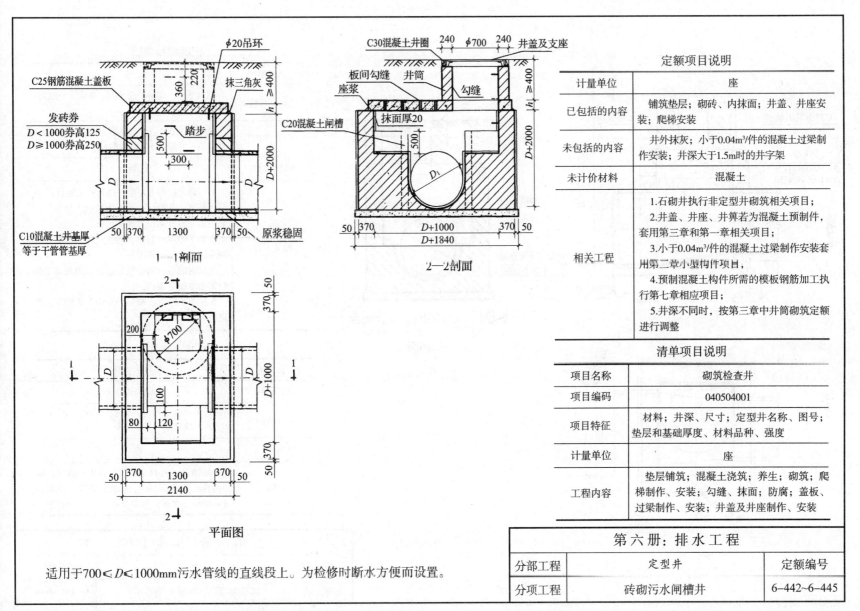

1—1剖面

2—2剖面

平面图

适用于700≤D<1000mm污水管线的直线段上。为检修时断水方便而设置。

定额项目说明

计量单位	座
已包括的内容	铺筑垫层；砌砖、内抹面；井盖、井座安装；爬梯安装
未包括的内容	井外抹灰；小于0.04m³/件的混凝土过梁制作安装；井深大于1.5m时的井字架
未计价材料	混凝土
相关工程	1.石砌井执行非定型井砌筑相关项目； 2.井盖、井座、井箅若为混凝土预制件，套用第三章和第一章相关项目； 3.小于0.04m³/件的混凝土过梁制作安装套用第二章小型构件项目； 4.预制混凝土构件所需的模板钢筋加工执行第七章相应项目； 5.井深不同时，按第三章中井筒砌筑定额进行调整

清单项目说明

项目名称	砌筑检查井
项目编码	040504001
项目特征	材料；井深、尺寸；定型井名称、图号；垫层和基础厚度、材料品种、强度
计量单位	座
工程内容	垫层铺筑；混凝土浇筑；养生；砌筑；爬梯制作、安装；勾缝、抹面；防腐；盖板、过梁制作、安装；井盖及井座制作、安装

第六册：排水工程		
分部工程	定型井	定额编号
分项工程	砖砌污水闸槽井	6-442~6-445

175

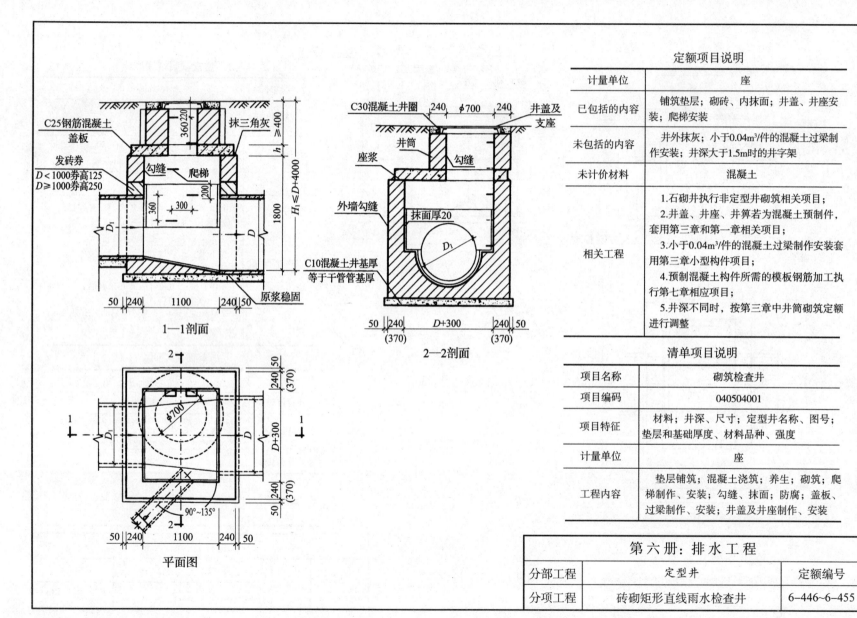

定额项目说明

计量单位	座
已包括的内容	铺筑垫层；砌砖、内抹面；井盖、井座安装；爬梯安装
未包括的内容	井外抹灰；小于0.04m³/件的混凝土过梁制作安装；井深大于1.5m时的井字架
未计价材料	混凝土
相关工程	1.石砌井执行非定型井砌筑相关项目； 2.井盖、井座、井算若为混凝土预制件，套用第三章和第一章相关项目； 3.小于0.04m³/件的混凝土过梁制作安装套用第三章小型构件项目； 4.预制混凝土构件所需的模板钢筋加工执行第七章相应项目； 5.井深不同时，按第三章中井筒砌筑定额进行调整

清单项目说明

项目名称	砌筑检查井
项目编码	040504001
项目特征	材料；井深、尺寸；定型井名称、图号；垫层和基础厚度、材料品种、强度
计量单位	座
工程内容	垫层铺筑；混凝土浇筑；养生；砌筑；爬梯制作、安装；勾缝、抹面；防腐；盖板、过梁制作、安装；井盖及井座制作、安装

第六册：排水工程		
分部工程	定型井	定额编号
分项工程	砖砌矩形直线雨水检查井	6-446~6-455

176

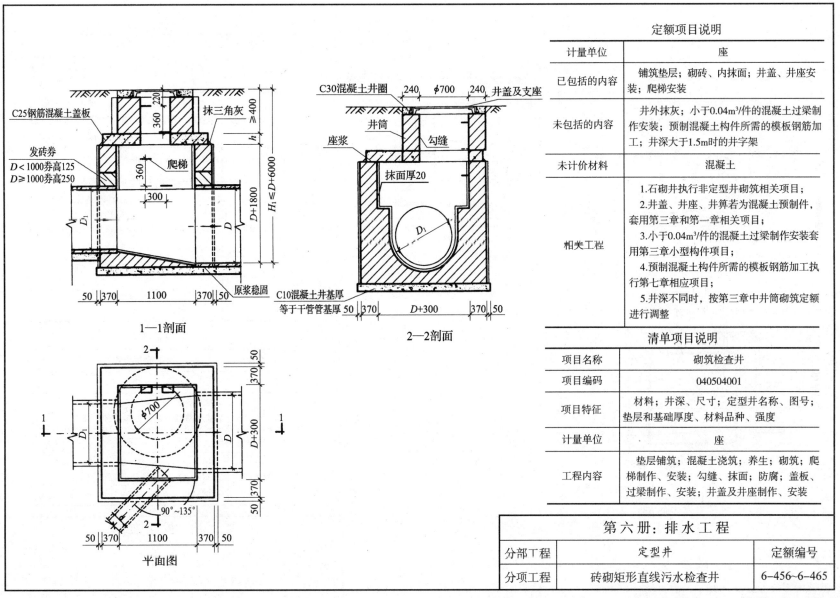

1—1剖面

2—2剖面

平面图

定额项目说明

计量单位	座
已包括的内容	铺筑垫层；砌砖、内抹面；井盖、井座安装；爬梯安装
未包括的内容	井外抹灰；小于0.04m³/件的混凝土过梁制作安装；预制混凝土构件所需的模板钢筋加工；井深大于1.5m时的井字架
未计价材料	混凝土
相关工程	1.石砌井执行非定型井砌筑相关项目； 2.井盖、井座、井箅若为混凝土预制件，套用第三章和第一章相关项目； 3.小于0.04m³/件的混凝土过梁制作安装套用第三章小型构件项目； 4.预制混凝土构件所需的模板钢筋加工执行第七章相应项目； 5.井深不同时，按第三章中井筒砌筑定额进行调整

清单项目说明

项目名称	砌筑检查井
项目编码	040504001
项目特征	材料；井深、尺寸；定型井名称、图号；垫层和基础厚度、材料品种、强度
计量单位	座
工程内容	垫层铺筑；混凝土浇筑；养生；砌筑；爬梯制作、安装；勾缝、抹面；防腐；盖板、过梁制作、安装；井盖及井座制作、安装

第六册：排水工程		
分部工程	定型井	定额编号
分项工程	砖砌矩形直线污水检查井	6-456~6-465

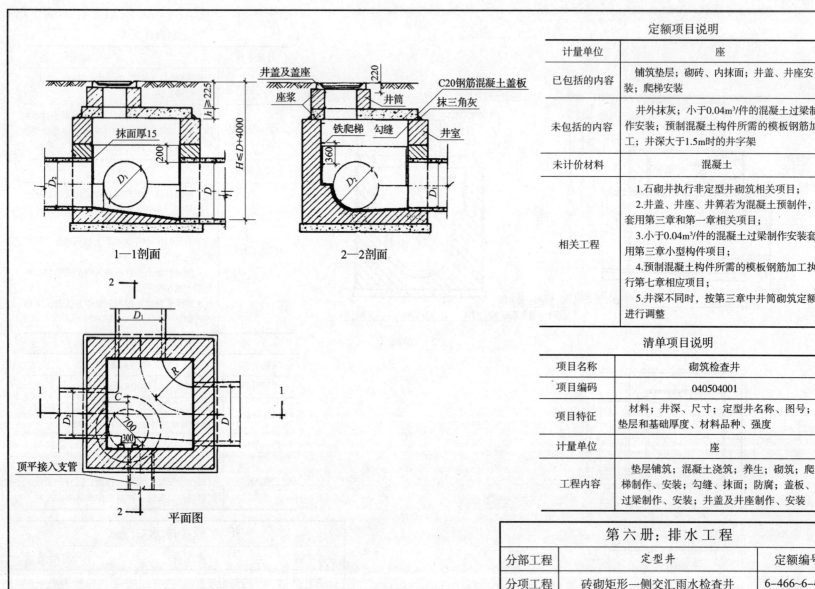

抹面厚15

1—1剖面

井盖及盖座
座浆
井筒
铁爬梯
勾缝
井室
C20钢筋混凝土盖板
抹三角灰

2—2剖面

顶平接入支管

平面图

计量单位	座
已包括的内容	铺筑垫层；砌砖、内抹面；井盖、井座安装；爬梯安装
未包括的内容	井外抹灰；小于0.04m³/件的混凝土过梁制作安装；预制混凝土构件所需的模板钢筋加工；井深大于1.5m时的井字架
未计价材料	混凝土
相关工程	1.石砌井执行非定型井砌筑相关项目； 2.井盖、井座、井箅若为混凝土预制件，套用第三章和第一章相关项目； 3.小于0.04m³/件的混凝土过梁制作安装套用第三章小型构件项目； 4.预制混凝土构件所需的模板钢筋加工执行第七章相应项目； 5.井深不同时，按第三章中井筒砌筑定额进行调整

清单项目说明

项目名称	砌筑检查井
项目编码	040504001
项目特征	材料；井深、尺寸；定型井名称、图号；垫层和基础厚度、材料品种、强度
计量单位	座
工程内容	垫层铺筑；混凝土浇筑；养生；砌筑；爬梯制作、安装；勾缝、抹面；防腐；盖板、过梁制作、安装；井盖及井座制作、安装

第六册：排水工程		
分部工程	定型井	定额编号
分项工程	砖砌矩形一侧交汇雨水检查井	6-466~6-469

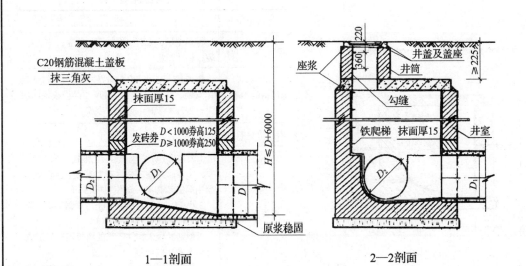

C20钢筋混凝土盖板
抹三角灰
抹面厚15
发砖券 $D<1000$ 券高125
$D≥1000$ 券高250
$H≤D+6000$
D_1
D_2
D
原浆稳固

1—1剖面

座浆
井盖及盖座
井筒
勾缝
铁爬梯 抹面厚15
井室
D_2
D_1
D

2—2剖面

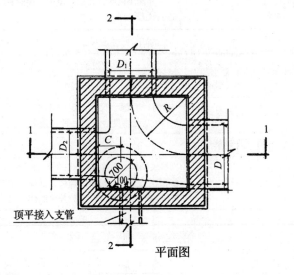

D_1
D_2
C
R
700
100
D
顶平接入支管

平面图

定额项目说明

计量单位	座
已包括的内容	铺筑垫层；砌砖、内抹面；井盖、井座安装；爬梯安装
未包括的内容	井外抹灰；小于0.04m³/件的混凝土过梁制作安装；预制混凝土构件所需的模板钢筋加工；井深大于1.5m时的井字架
未计价材料	混凝土
相关工程	1.石砌井执行非定型井砌筑相关项目； 2.井盖、井座、井箅若为混凝土预制件，套用第三章和第一章相关项目； 3.小于0.04m³/件的混凝土过梁制作安装套用第三章小型构件项目； 4.预制混凝土构件所需的模板钢筋加工执行第七章相应项目； 5.井深不同时，按第三章中井筒砌筑定额进行调整

清单项目说明

项目名称	砌筑检查井
项目编码	040504001
项目特征	材料；井深、尺寸；定型井名称、图号；垫层和基础厚度、材料品种、强度
计量单位	座
工程内容	垫层铺筑；混凝土浇筑；养生；砌筑；爬梯制作、安装；勾缝、抹面；防腐；盖板、过梁制作、安装；井盖及井座制作、安装

第六册：排水工程		
分部工程	定型井	定额编号
分项工程	砖砌矩形一侧交汇污水检查井	6-470~6-473

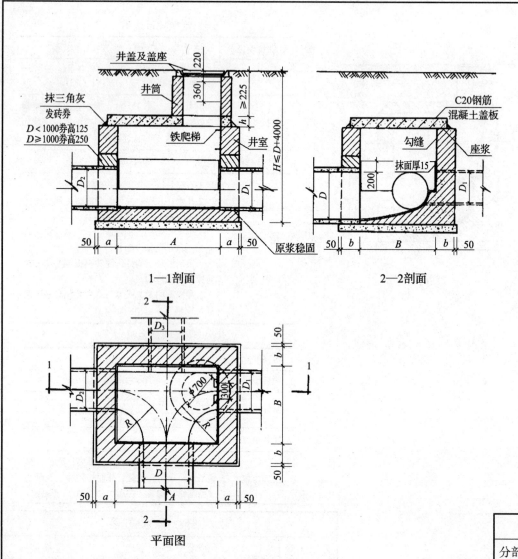

1—1剖面

2—2剖面

平面图

定额项目说明

计量单位	座
已包括的内容	铺筑垫层；砌砖、内抹面；井盖、井座安装；爬梯安装
未包括的内容	井外抹灰；小于0.04m³/件的混凝土过梁制作安装；预制混凝土构件所需的模板钢筋加工；井深大于1.5m时的井字架
未计价材料	混凝土
相关工程	1.石砌井执行非定型井砌筑相关项目； 2.井盖、井座、井算若为混凝土预制件，套用第三章和第一章相关项目； 3.小于0.04m³/件的混凝土过梁制作安装套用第三章小型构件项目； 4.预制混凝土构件所需的模板钢筋加工执行第七章相应项目； 5.井深不同时，按第三章中井筒砌筑定额进行调整

清单项目说明

项目名称	砌筑检查井
项目编码	040504001
项目特征	材料；井深、尺寸；定型井名称、图号；垫层和基础厚度、材料品种、强度
计量单位	座
工程内容	垫层铺筑；混凝土浇筑；养生；砌筑；爬梯制作、安装；勾缝、抹面；防腐；盖板、过梁制作、安装；井盖及井座制作、安装

第 六 册：排 水 工 程		
分部工程	定型井	定额编号
分项工程	砖砌矩形两侧交汇雨水检查井	6-474~6-478

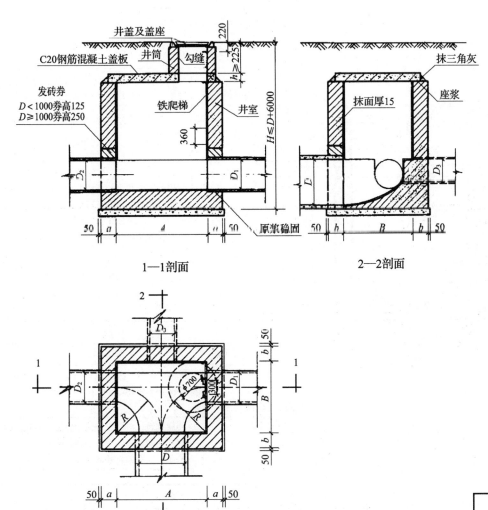

1—1剖面

2—2剖面

平面图

定额项目说明

计量单位	座
已包括的内容	铺筑垫层；砌砖、内抹面；井盖、井座安装；爬梯安装
未包括的内容	井外抹灰；小于0.04m³/件的混凝土过梁制作安装；预制混凝土构件所需的模板钢筋加工。井深大于1.5m时的井字架
未计价材料	混凝土
相关工程	1.石砌井执行非定型井砌筑相关项目； 2.井盖、井座、井箅若为混凝土预制件，套用第三章和第一章相关项目； 3.小于0.04m³/件的混凝土过梁制作安装套用第三章小型构件项目； 4.预制混凝土构件所需的模板钢筋加工执行第七章相应项目； 5.井深不同时，按第三章中井筒砌筑定额进行调整

清单项目说明

项目名称	砌筑检查井
项目编号	040504001
项目特征	材料；井深、尺寸；定型井名称、图号；垫层和基础厚度、材料品种、强度
计量单位	座
工程内容	垫层铺筑；混凝土浇筑；养生；砌筑；爬梯制作、安装；勾缝、抹面；防腐；盖板、过梁制作、安装；井盖及井座制作、安装

第 六 册：排 水 工 程		
分部工程	定型井	定额编号
分项工程	砖砌矩形两侧交汇污水检查井	6-479~6-483

181

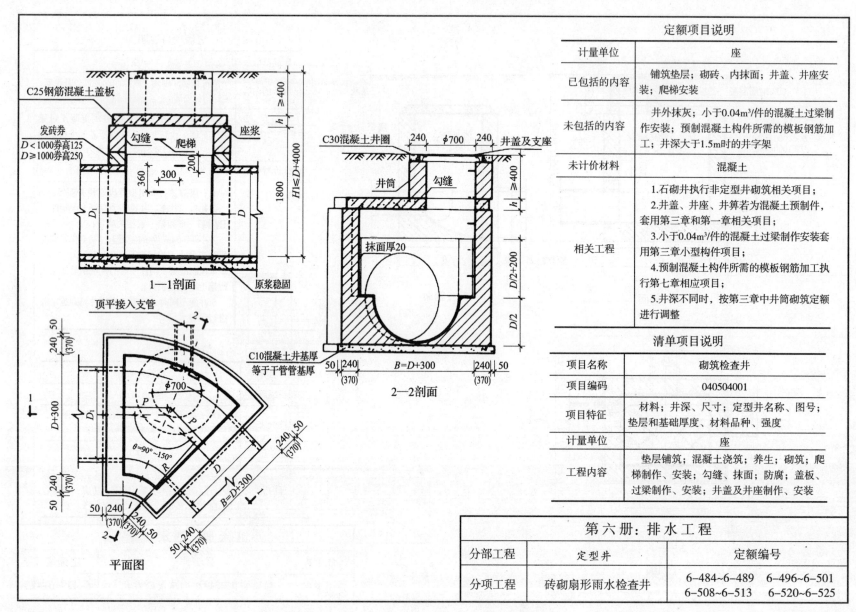

C25钢筋混凝土盖板

发砖券
D<1000券高125
D≥1000券高250

勾缝
爬梯
座浆

h
≥400
200
360
300
1800
H1≤D+4000
D₁
D

1—1剖面

原浆稳固

顶平接入支管

2

240 50
(370)

D+300

D₁

φ700

P
P
θ=90°~150°
R
D

50 240
(370)

1

240 50
(370)

50 240
(370)

240 50
(370)

B=D+300

50 240
(370)

2

平面图

C30混凝土井圈
240 φ700 240
井盖及支座

井筒
勾缝

h
≥400

抹面厚20

D/2+200
D/2

C10混凝土井基厚
等于干管管基厚

50 240
(370)
B=D+300
240 50
(370)

2—2剖面

定额项目说明

计量单位	座
已包括的内容	铺筑垫层；砌砖、内抹面；井盖、井座安装；爬梯安装
未包括的内容	井外抹灰；小于0.04m³/件的混凝土过梁制作安装；预制混凝土构件所需的模板钢筋加工；井深大于1.5m时的井字架
未计价材料	混凝土
相关工程	1.石砌井执行非定型井砌筑相关项目； 2.井盖、井座、井算若为混凝土预制件，套用第三章和第一章相关项目； 3.小于0.04m³/件的混凝土过梁制作安装套用第三章小型构件项目； 4.预制混凝土构件所需的模板钢筋加工执行第七章相应项目； 5.井深不同时，按第三章中井筒砌筑定额进行调整

清单项目说明

项目名称	砌筑检查井
项目编码	040504001
项目特征	材料；井深、尺寸；定型井名称、图号；垫层和基础厚度、材料品种、强度
计量单位	座
工程内容	垫层铺筑；混凝土浇筑；养生；砌筑；爬梯制作、安装；勾缝、抹面；防腐；盖板、过梁制作、安装；井盖及井座制作、安装

第六册：排水工程		
分部工程	定型井	定额编号
分项工程	砖砌扇形雨水检查井	6-484~6-489　6-496~6-501 6-508~6-513　6-520~6-525

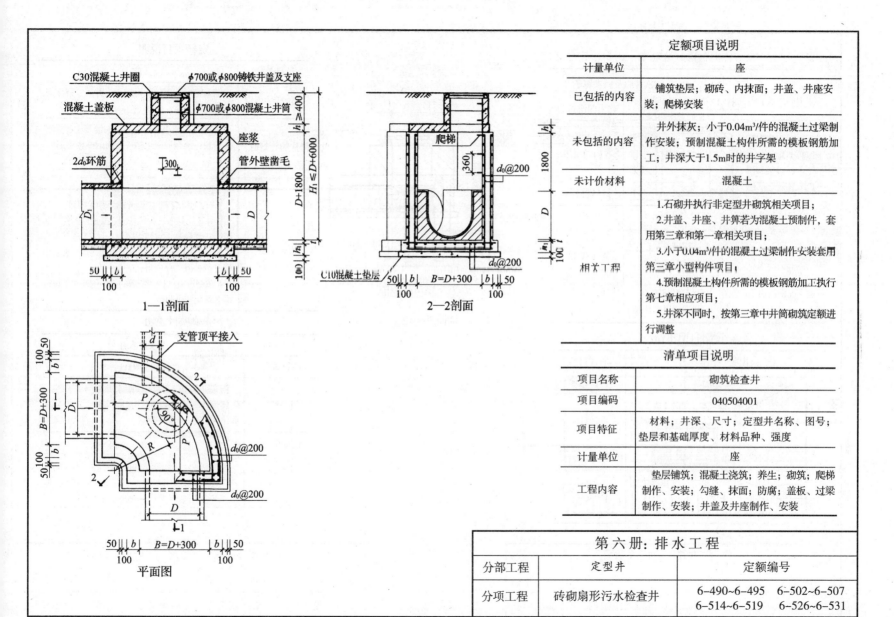

1—1剖面

2—2剖面

平面图

定额项目说明

计量单位	座
已包括的内容	铺筑垫层；砌砖、内抹面；井盖、井座安装；爬梯安装
未包括的内容	井外抹灰；小于0.04m³/件的混凝土过梁制作安装；预制混凝土构件所需的模板钢筋加工；井深大于1.5m时的井字架
未计价材料	混凝土
相关工程	1.石砌井执行非定型井砌筑相关项目； 2.井盖、井座、井箅若为混凝土预制件，套用第三章和第一章相关项目； 3.小于0.04m³/件的混凝土过梁制作安装套用第三章小型构件项目； 4.预制混凝土构件所需的模板钢筋加工执行第七章相应项目； 5.井深不同时，按第三章中井筒砌筑定额进行调整

清单项目说明

项目名称	砌筑检查井
项目编码	040504001
项目特征	材料；井深、尺寸；定型井名称、图号；垫层和基础厚度、材料品种、强度
计量单位	座
工程内容	垫层铺筑；混凝土浇筑、养生；砌筑；爬梯制作、安装；勾缝、抹面；防腐；盖板、过梁制作、安装；井盖及井座制作、安装

第六册：排水工程		
分部工程	定型井	定额编号
分项工程	砖砌扇形污水检查井	6-490~6-495　6-502~6-507 6-514~6-519　6-526~6-531

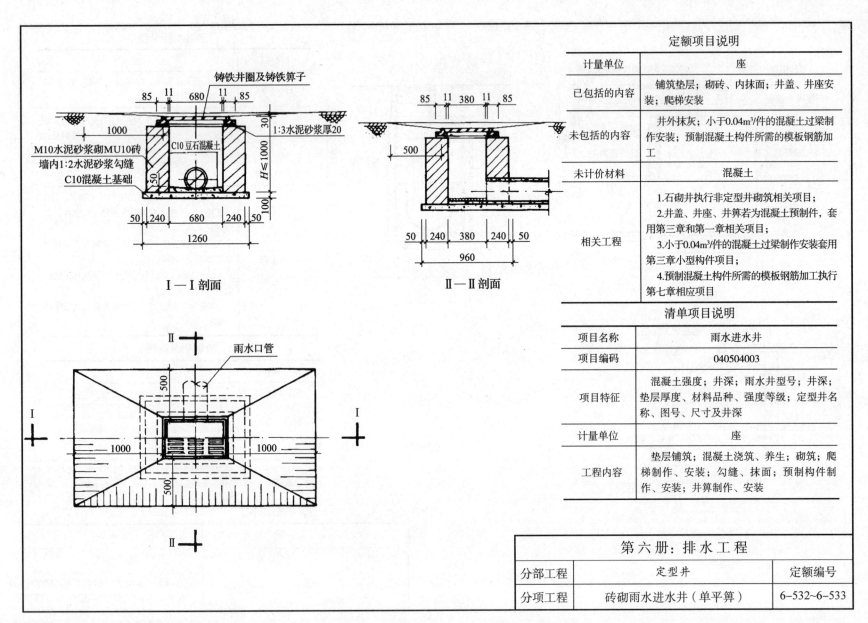

I—I 剖面

II—II 剖面

铸铁井圈及铸铁算子

85 11 680 11 85

1000

30

1:3水泥砂浆厚20

M10水泥砂浆砌MU10砖

C10豆石混凝土

墙内1:2水泥砂浆勾缝

C10混凝土基础

H≤1000

50 240 680 240 50

1260

85 11 380 11 85

500

50 240 380 240 50

960

雨水口管

1000 500 1000

500

定额项目说明	
计量单位	座
已包括的内容	铺筑垫层；砌砖、内抹面；井盖、井座安装；爬梯安装
未包括的内容	井外抹灰；小于0.04m³/件的混凝土过梁制作安装；预制混凝土构件所需的模板钢筋加工
未计价材料	混凝土
相关工程	1.石砌井执行非定型井砌筑相关项目； 2.井盖、井座、井算若为混凝土预制件，套用第三章和第一章相关项目； 3.小于0.04m³/件的混凝土过梁制作安装套用第三章小型构件项目； 4.预制混凝土构件所需的模板钢筋加工执行第七章相应项目

清单项目说明	
项目名称	雨水进水井
项目编码	040504003
项目特征	混凝土强度；井深；雨水井型号；井深；垫层厚度、材料品种、强度等级；定型井名称、图号、尺寸及井深
计量单位	座
工程内容	垫层铺筑；混凝土浇筑、养生；砌筑；爬梯制作、安装；勾缝、抹面；预制构件制作、安装；井算制作、安装

第六册：排水工程		
分部工程	定型井	定额编号
分项工程	砖砌雨水进水井（单平算）	6-532~6-533

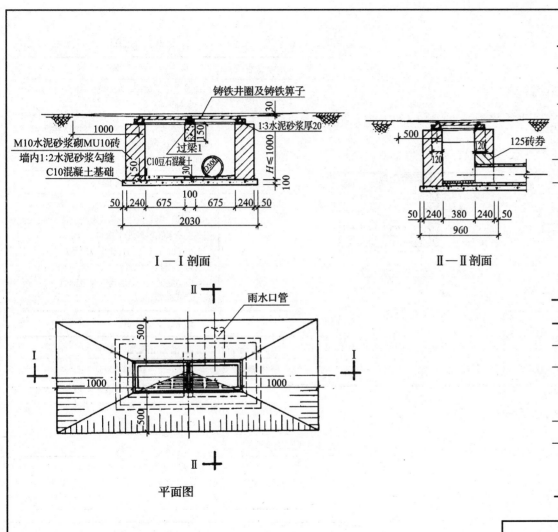

铸铁井圈及铸铁箅子

1000

M10水泥砂浆砌MU10砖
墙内1:2水泥砂浆勾缝
C10混凝土基础

过梁1

C10豆石混凝土

Φ300管

1:3水泥砂浆厚20

H≤1000

50 240 675 100 675 240 50

2030

Ⅰ－Ⅰ剖面

500

125砖券

120

120

50 240 380 240 50

960

Ⅱ－Ⅱ剖面

雨水口管

500

1000

500

1000

500

平面图

定额项目说明

计量单位	座
已包括的内容	铺筑垫层；砌砖、内抹面；井盖、井座安装；爬梯安装
未包括的内容	井外抹灰；小于0.04m³/件的混凝土过梁制作安装；预制混凝土构件所需的模板钢筋加工
未计价材料	混凝土
相关工程	1.石砌井执行非定型井砌筑相关项目； 2.井盖、井座、井箅为混凝土预制件，套用第三章和第一章相关项目； 3.小于0.04m³/件的混凝土过梁制作安装套用第二章小型构件项目； 4.预制混凝土构件所需的模板钢筋加工执行第七章相应项目

清单项目说明

项目名称	雨水进水井
项目编码	040504003
项目特征	混凝土强度；井深；雨水井型号；井深；垫层厚度、材料品种、强度等级；定型井名称、图号、尺寸及井深
计量单位	座
工程内容	垫层铺筑；混凝土浇筑、养生；砌筑；爬梯制作、安装；勾缝、抹面；预制构件制作、安装；井箅制作、安装

第六册：排水工程

分部工程	定型井	定额编号
分项工程	砖砌雨水进水井（双平箅）	6-534~6-535

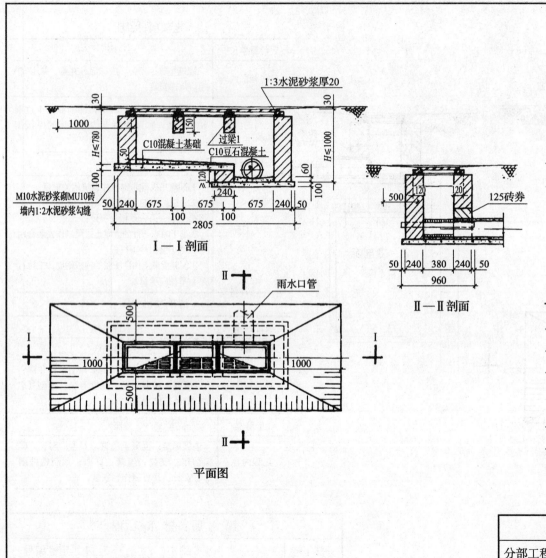

I—I剖面

II—II剖面

平面图

定额项目说明

计量单位	座
已包括的内容	铺筑垫层；砌砖、内抹面；井盖、井座安装；爬梯安装
未包括的内容	井外抹灰；小于0.04m³/件的混凝土过梁制作安装；预制混凝土构件所需的模板钢筋加工
未计价材料	混凝土
相关工程	1.石砌井执行非定型井砌筑相关项目； 2.井盖、井座、井箅若为混凝土预制件，套用第三章和第一章相关项目； 3.小于0.04m³/件的混凝土过梁制作安装套用第三章小型构件项目； 4.预制混凝土构件所需的模板钢筋加工执行第七章相应项目

清单项目说明

项目名称	雨水进水井
项目编码	040504003
项目特征	混凝土强度；井深；雨水井型号；井深；垫层厚度、材料品种、强度等级；定型井名称、图号、尺寸及井深
计量单位	座
工程内容	垫层铺筑；混凝土浇筑、养生；砌筑；爬梯制作、安装；勾缝、抹面；预制构件制作、安装；井箅制作、安装

第六册：排水工程		
分部工程	定型井	定额编号
分项工程	砖砌雨水进水井（三平箅）	6-536~6-537

定额项目说明

计量单位	座
已包括的内容	铺筑垫层；砌砖、内抹面；井盖、井座安装；爬梯安装
未包括的内容	井外抹灰；小于0.04m³/件的混凝土过梁制作安装；预制混凝土构件所需的模板钢筋加工
未计价材料	混凝土
相关工程	1.石砌井执行非定型井砌筑相关项目； 2.井盖、井座、井箅若为混凝土预制件，套用第三章和第一章相关项目； 3.小于0.04m³/件的混凝土过梁制作安装套用第三章小型构件项目； 4.预制混凝土构件所需的模板钢筋加工执行第七章相应项目

清单项目说明

项目名称	雨水进水井
项目编码	040504003
项目特征	混凝土强度；井深；雨水井型号；井深；垫层厚度、材料品种、强度等级；定型井名称、图号、尺寸及井深
计量单位	座
工程内容	垫层铺筑；混凝土浇筑、养生；砌筑；爬梯制作、安装；勾缝、抹面；预制构件制作、安装；井箅制作、安装

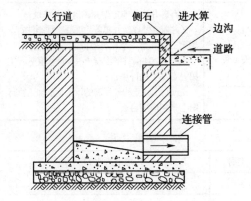

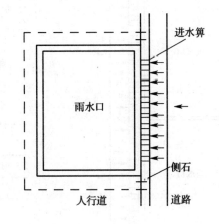

第六册：排水工程		
分部工程	定型井	定额编号
分项工程	砖砌雨水进水井（单立箅）	6-538~6-541

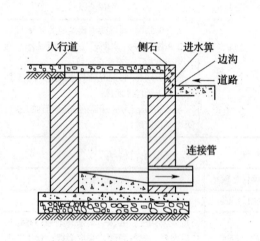

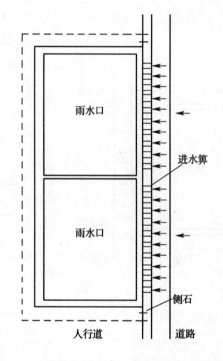

定额项目说明

计量单位	座
已包括的内容	铺筑垫层；砌砖、内抹面；井盖、井座安装；爬梯安装
未包括的内容	井外抹灰；小于0.04m³/件的混凝土过梁制作安装；预制混凝土构件所需的模板钢筋加工
未计价材料	混凝土
相关工程	1.石砌井执行非定型井砌筑相关项目； 2.井盖、井座、井箅若为混凝土预制件，套用第三章和第一章相关项目； 3.小于0.04m³/件的混凝土过梁制作安装套用第三章小型构件项目； 4.预制混凝土构件所需的模板钢筋加工执行第七章相应项目

清单项目说明

项目名称	雨水进水井
项目编码	040504003
项目特征	混凝土强度；井深；雨水井型号；井深；垫层厚度、材料品种、强度等级；定型井名称、图号、尺寸及井深
计量单位	座
工程内容	垫层铺筑；混凝土浇筑、养生；砌筑；爬梯制作、安装；勾缝、抹面；预制构件制作、安装；井箅制作、安装

第六册：排水工程

分部工程	定型井	定额编号
分项工程	砖砌雨水进水井（双立箅）	6-542~6-545

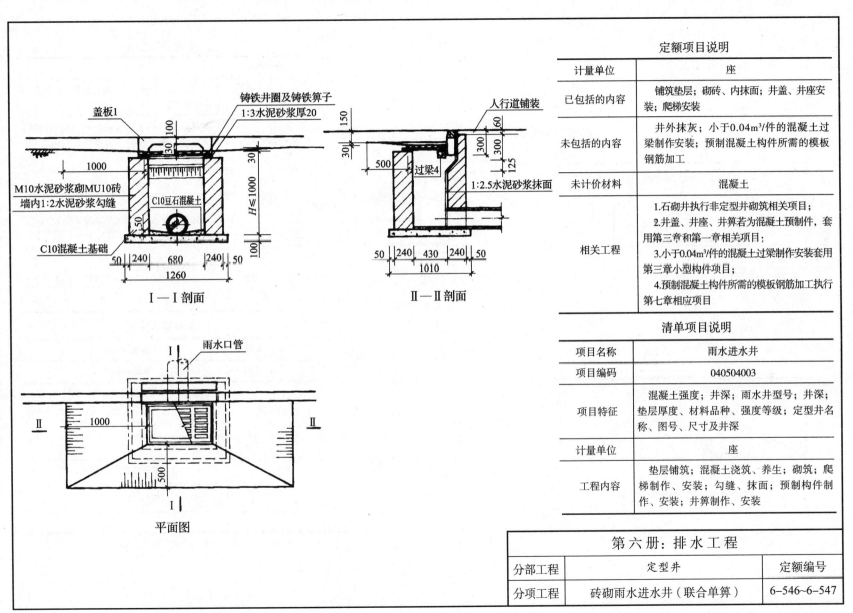

Ⅰ—Ⅰ剖面

铸铁井圈及铸铁箅子
1:3水泥砂浆厚20

盖板1

M10水泥砂浆砌MU10砖
墙内1:2水泥砂浆勾缝

C10豆石混凝土

C10混凝土基础

50 | 240 | 680 | 240 | 50
1260

Ⅱ—Ⅱ剖面

人行道铺装

过梁4

1:2.5水泥砂浆抹面

50 | 240 | 430 | 240 | 50
1010

平面图

雨水口管

定额项目说明

计量单位	座
已包括的内容	铺筑垫层；砌砖、内抹面；井盖、井座安装；爬梯安装
未包括的内容	井外抹灰；小于0.04m³/件的混凝土过梁制作安装；预制混凝土构件所需的模板钢筋加工
未计价材料	混凝土
相关工程	1.石砌井执行非定型井砌筑相关项目； 2.井盖、井座、井箅若为混凝土预制件，套用第三章和第一章相关项目； 3.小于0.04m³/件的混凝土过梁制作安装套用第三章小型构件项目； 4.预制混凝土构件所需的模板钢筋加工执行第七章相应项目

清单项目说明

项目名称	雨水进水井
项目编码	040504003
项目特征	混凝土强度；井深；雨水井型号；井深；垫层厚度、材料品种、强度等级；定型井名称、图号、尺寸及井深
计量单位	座
工程内容	垫层铺筑；混凝土浇筑、养生；砌筑；爬梯制作、安装；勾缝、抹面；预制构件制作、安装；井箅制作、安装

第六册：排 水 工 程		
分部工程	定型井	定额编号
分项工程	砖砌雨水进水井（联合单算）	6-546~6-547

189

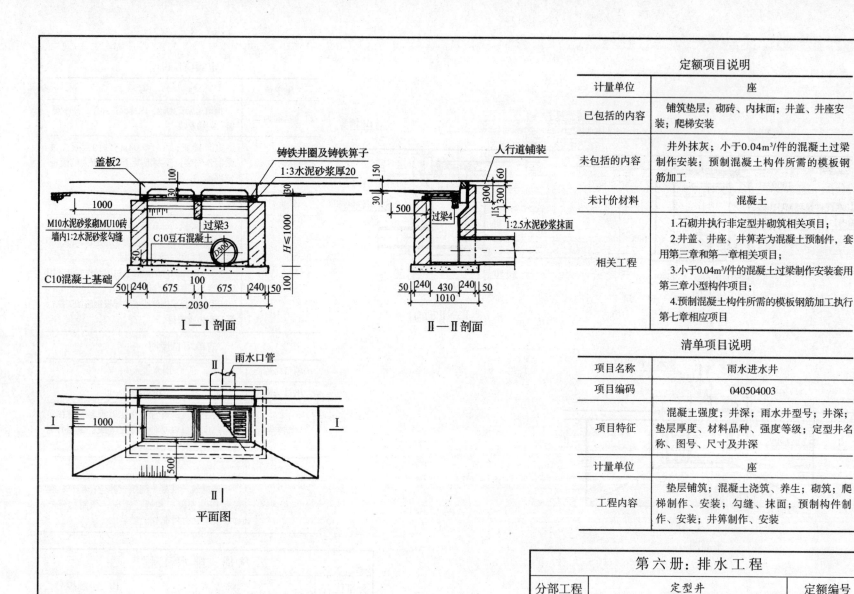

铸铁井圈及铸铁算子
盖板2
人行道铺装
1:3水泥砂浆厚20
M10水泥砂浆砌MU10砖
墙内1:2水泥砂浆勾缝
过梁3
C10豆石混凝土
D300
1:2.5水泥砂浆抹面
C10混凝土基础
过梁4

50 240 675 100 675 240 50
2030

Ⅰ—Ⅰ剖面

50 240 430 240 50
1010

Ⅱ—Ⅱ剖面

雨水口管

Ⅱ—Ⅱ
平面图

定额项目说明	
计量单位	座
已包括的内容	铺筑垫层；砌砖、内抹面；井盖、井座安装；爬梯安装
未包括的内容	井外抹灰；小于0.04m³/件的混凝土过梁制作安装；预制混凝土构件所需的模板钢筋加工
未计价材料	混凝土
相关工程	1.石砌井执行非定型井砌筑相关项目；2.井盖、井座、井算若为混凝土预制件，套用第三章和第一章相关项目；3.小于0.04m³/件的混凝土过梁制作安装套用第三章小型构件项目；4.预制混凝土构件所需的模板钢筋加工执行第七章相应项目

清单项目说明	
项目名称	雨水进水井
项目编码	040504003
项目特征	混凝土强度；井深；雨水井型号；井深；垫层厚度、材料品种、强度等级；定型井名称、图号、尺寸及井深
计量单位	座
工程内容	垫层铺筑；混凝土浇筑、养生；砌筑；爬梯制作、安装；勾缝、抹面；预制构件制作、安装；井算制作、安装

第六册：排水工程		
分部工程	定型井	定额编号
分项工程	砖砌雨水进水井（联合双算）	6-548~6-549

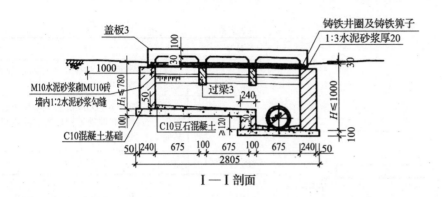

盖板3
100
铸铁井圈及铸铁箅子
1:3水泥砂浆厚20
1000
30
30
M10水泥砂浆砌MU10砖
墙内1:2水泥砂浆勾缝
过梁3
240
H≤1000
50
H₁≤780
100
100
100
C10豆石混凝土 ≥120
50
C10混凝土基础
50 240 675 100 675 100 675 240 50
2805

Ⅰ—Ⅰ剖面

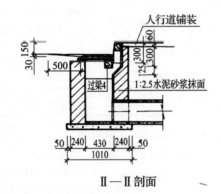

人行道铺装
60
30 150
300
125 300
500
过梁4
1:2.5水泥砂浆抹面
50 240 430 240 50
1010

Ⅱ—Ⅱ剖面

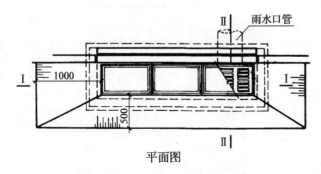

雨水口管
Ⅱ
Ⅰ
1000
Ⅰ
500
Ⅱ

平面图

定额项目说明

计量单位	座
已包括的内容	铺筑垫层；砌砖、内抹面；井盖、井座安装；爬梯安装
未包括的内容	井外抹灰；小于0.04m³/件的混凝土过梁制作安装；预制混凝土构件所需的模板钢筋加工
未计价材料	混凝土
相关工程	1.石砌井执行非定型井砌筑相关项目； 2.井盖、井座、井箅若为混凝土预制件，套用第三章和第一章相关项目； 3.小于0.04m³/件的混凝土过梁制作安装套用第三章小型构件项目； 4.预制混凝土构件所需的模板钢筋加工执行第七章相应项目

清单项目说明

项目名称	其他砌筑井
项目编码	040504004
项目特征	混凝土强度；井深；雨水井型号；井深；垫层厚度、材料品种、强度等级；定型井名称、图号、尺寸及井深
计量单位	座
工程内容	垫层铺筑；混凝土浇筑、养生；砌筑；爬梯制作、安装；勾缝、抹面；预制构件制作、安装；井箅制作、安装

第六册：排水工程		
分部工程	定型井	定额编号
分项工程	砖砌雨水进水井（联合三算）	6-550~6-551

191

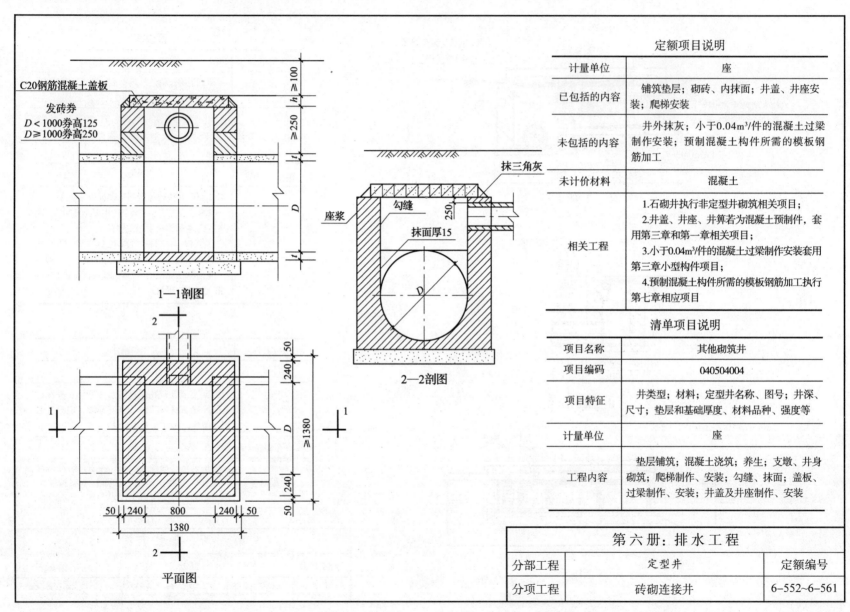

C20钢筋混凝土盖板

发砖券
$D<1000$券高125
$D \geqslant 1000$券高250

座浆

勾缝

1—1剖图

抹三角灰

250

勾缝

抹面厚15

2—2剖图

2

2

1

1

50 240 800 240 50
1380
≥1380
50 240 240 50

平面图

定额项目说明

计量单位	座
已包括的内容	铺筑垫层；砌砖、内抹面；井盖、井座安装；爬梯安装
未包括的内容	井外抹灰；小于0.04m³/件的混凝土过梁制作安装；预制混凝土构件所需的模板钢筋加工
未计价材料	混凝土
相关工程	1.石砌井执行非定型井砌筑相关项目； 2.井盖、井座、井算若为混凝土预制件，套用第三章和第一章相关项目； 3.小于0.04m³/件的混凝土过梁制作安装套用第三章小型构件项目； 4.预制混凝土构件所需的模板钢筋加工执行第七章相应项目

清单项目说明

项目名称	其他砌筑井
项目编码	040504004
项目特征	井类型；材料；定型井名称、图号；井深、尺寸；垫层和基础厚度、材料品种、强度等
计量单位	座
工程内容	垫层铺筑；混凝土浇筑；养生；支墩、井身砌筑；爬梯制作、安装；勾缝、抹面；盖板、过梁制作、安装；井盖及井座制作、安装

第六册：排水工程		
分部工程	定型井	定额编号
分项工程	砖砌连接井	6-552~6-561

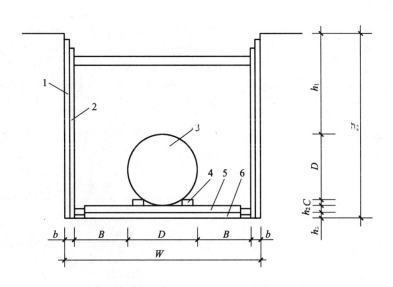

工作坑

1—撑板；2—支撑立木；3—管子；4—导轨；5—基础；6—垫层

D—管径；B—工作宽度；b—支撑厚度；H—开挖深度；h_1—埋设深度；h_2—基础厚度；h_3—垫层厚度

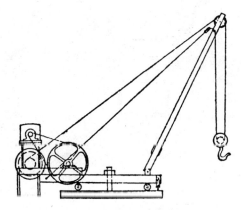

木制少先式吊车

定额项目说明

计量单位	100m³
已包括的内容	人工挖土；少先吊配合吊土、卸土
未包括的内容	
未计价材料	
相关工程	

第六册：排水工程		
分部工程	顶管工程	定额编号
分项工程	人工挖工作坑、交汇坑土方	6-698~6-700

193

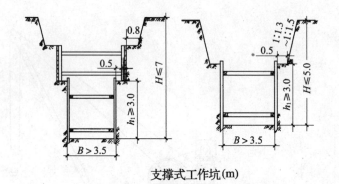

支撑式工作坑(m)

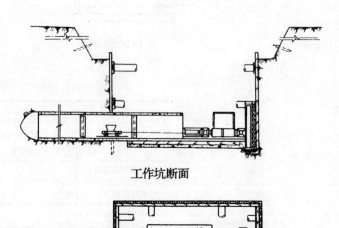

工作坑断面

工作坑底部平面

定额项目说明

计量单位	每坑
已包括的内容	场内运输；支撑安装拆除
未包括的内容	土方，导轨，千斤顶，后备
未计价材料	
相关工程	

清单项目说明

项目名称	
清单编码	
项目特征	属于顶管项目的工程内容
计量单位	
工程内容	

第六册：排水工程		
分部工程	顶管工程	定额编号
分项工程	工作坑、接收坑支撑设备安装、拆除	6-701~6-708

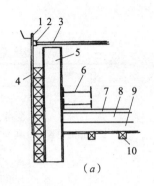

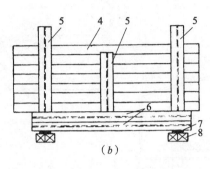

后背

（a）方木后背侧视图；（b）方木后背正视图

1—撑板；2—方木；3—撑杠；4—后背方木；5—立铁；
6—横铁；7—木板；8—护木；9—导轨；10—轨枕

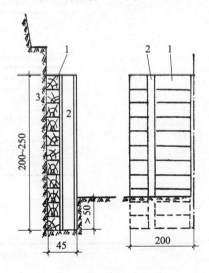

简易后背

1—方木；2—工字钢；3—原状土

定额项目说明

计量单位	坑
已包括的内容	安装、拆除顶进后座；安装、拆除人工操作平台和千斤顶平台
未包括的内容	工作坑支撑，坑上工作平台
未计价材料	
相关工程	

清单项目说明

项目名称	
清单编码	属于顶管项目的工程内容
项目特征	
计量单位	
工程内容	

第六册：排水工程		
分部工程	顶管工程	定额编号
分项工程	顶进后座（枋木后座）	6-709~6-711

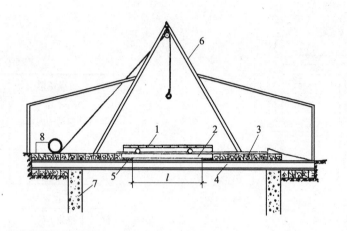

工作台及工作棚

1—工作台盖；2—运行轨；3—15cm×15cm方木；4—工字钢；5—18#槽钢；
6—下管四足架；7—钢筋混凝土井筒；8—卷扬机

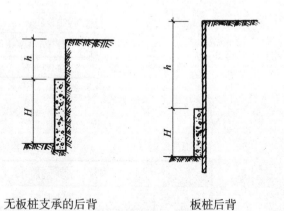

无板桩支承的后背　　　　　板桩后背

定额项目说明	
计量单位	10m³
已包括的内容	模板制作安装；钢筋除锈、制作、安装；混凝土浇捣、养护；安装、拆除钢板桩后靠；搭拆人工操作平台及千斤顶平台
未包括的内容	板桩
未计价材料	混凝土
相关工程	

清单项目说明	
项目名称	属于顶管项目的工程内容
清单编码	
项目特征	
计量单位	
工程内容	

第六册：排水工程		
分部工程	顶管工程	定额编号
分项工程	顶进后座（钢筋混凝土后座）	6-712

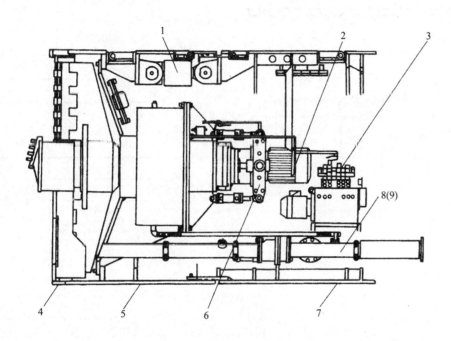

泥水平衡式工具管

1—纠偏油缸；2—驱动电动机；3—油压装置；4—切削刀盘；5—前段；
6—开口度调节装置；7—后段；8—进泥管；9—排泥管

定额项目说明

计量单位	套
已包括的内容	工具管安装、拆除；顶进设备和顶铁及附属设备安装、拆除；进水管和出泥管安装、拆除
未包括的内容	
未计价材料	
相关工程	

清单项目说明

项目名称	
项目编码	
项目特征	属于顶管项目的工程内容
计量单位	
工程内容	

第六册：排水工程		
分部工程	顶管工程	定额编号
分项工程	泥水切削机械及附属设施安装、拆除	6-713~6-718

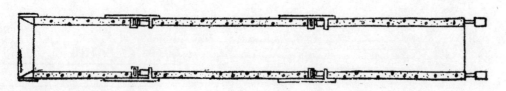

中继间在顶管中的位置

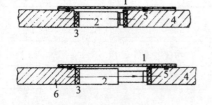

顶进中继间之一

1—中继间外套；2—中继千斤顶；3—垫料；
4—前管；5—密封环；6—后管

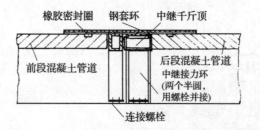

橡胶密封圈　钢套环　中继千斤顶

前段混凝土管道

后段混凝土管道
中继接力环
（两个半圆，
用螺栓并接）

连接螺栓

顶进中继间之二

整体式中继间

1—套筒；2—止水橡胶圈；3—垫环；4—千斤顶；5—管节

定额项目说明

计量单位	套
已包括的内容	中继间全套设备的安装、拆除、吊卸
未包括的内容	
未计价材料	
相关工程	

清单项目说明

项目名称	
项目编码	
项目特征	属于顶管项目的工程内容
计量单位	
工程内容	

在管道顶进过程中，当后背强度或管子承载能力受到限制时，可将全部顶进管段分成数个区段，区段与区段之间加入中继间，在中继间内部安装中继千斤顶，每只中继间只承担顶推前面区段的管道，后面的区段由其后面的中继间顶推，最后区段由主站承担顶推。这种分段接力顶进的方法，称为中继间接力顶进，可达到延长顶进距离的目的。

第六册：排水工程		
分部工程	顶管工程	定额编号
分项工程	中继间安装、拆除	6-719~6-727

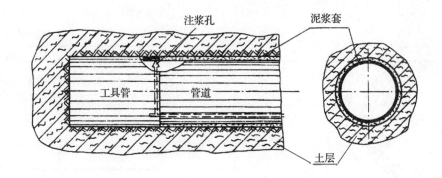

触变泥浆套示意图

管内灌浆示意图

1—输浆胶管；2—分浆罐；3—灌注口；4—分浆管；
5—管体；6—压力表；7—阀门

管壁灌注孔

1—泥浆套环；2—灌注孔

定额项目说明	
计量单位	10m
已包括的内容	安装、拆除操作机械；泥浆制作
未包括的内容	泥浆输送系统
未计价材料	
相关工程	

清单项目说明

项目名称	
项目编码	
项目特征	属于顶管项目的工程内容
计量单位	
工程内容	

触变泥浆是由膨润土、水及掺和剂按一定比例混合而成。在管壁与土层间注入触变泥浆，形成泥浆套，可减少管壁与土层间的摩擦阻力，一次顶进长度可较非泥浆套顶进增加2~3倍。

第六册：排水工程		
分部工程	顶管工程	定额编号
分项工程	顶进触变泥浆减阻	6-728~6-736

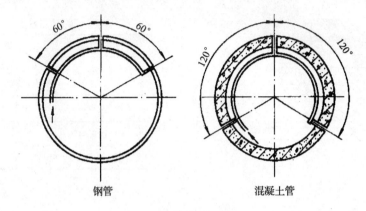

压浆孔的布置

钢管　　　　混凝土管

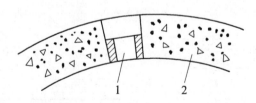

泥浆套补浆的管道压浆口

1—管壁预留孔内用环氧树脂粘结φ25mm管箍，连接补浆管嘴；2—钢筋混凝土管壁

定额项目说明

计量单位	每个
已包括的内容	安装、拆除操作机械
未包括的内容	
未计价材料	
相关工程	

清单项目说明

项目名称	
项目编码	
项目特征	属于顶管项目的工程内容
计量单位	
工程内容	

第六册：排水工程

分部工程	顶管工程	定额编号
分项工程	压浆孔制作与封孔	6-737

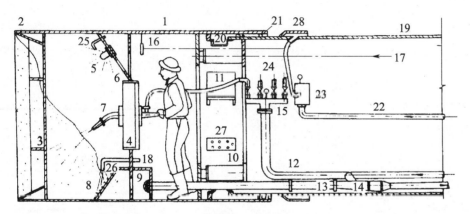

水下顶进机头结构

1—工具管；2—刃角；3—格板；4—密封门；5—灯；6—观察窗；7—水枪；8—粗栅；9—细栅；
10—校正千斤顶；11—油压泵；12—供水管；13—输浆管；14—水力吸泥机；15—分配阀；
16—激光接收靶；17—激光束；18—清理箱；19—工作管；20—止水胶带；21—止水胶圈；
22—泥浆管；23—分浆罐；24—压力表；25—冲洗喷头；26—冲刷喷头；27—信号台；28—泥浆孔

定额项目说明

计量单位	10m
已包括的内容	卸管；安装、拆除进水管、出泥浆管、照明设备；掘进，测量纠偏；泥浆出坑；场内运输
未包括的内容	坑内顶进；泥浆处理、运输
未计价材料	
相关工程	

清单项目说明

项目名称	
项目编码	
项目特征	属于顶管项目的工程内容
计量单位	
工程内容	

第六册：排水工程

分部工程	顶管工程	定额编号
分项工程	封闭式顶进（水力机械）	6-738~6-741

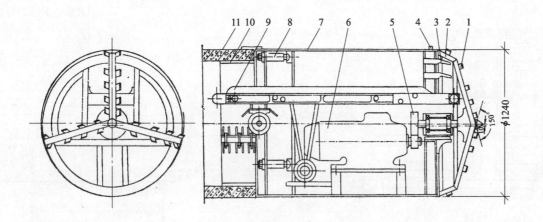

1—刀齿；2—刀架；3—刮泥板；4—超挖齿；5—齿轮变速；6—电机；7—工具管；
8—千斤顶；9—皮运机；10—支撑环；11—顶进管

定额项目说明

计量单位	10m
已包括的内容	卸管；安装、拆除进水管、出泥浆管、照明设备；掘进，测量纠偏；泥浆出坑；场内运输
未包括的内容	坑内顶进
未计价材料	
相关工程	

清单项目说明

项目名称	
项目编码	属于顶管项目的工程内容
项目特征	
计量单位	
工程内容	

第六册：排水工程		
分部工程	顶管工程	定额编号
分项工程	封闭式顶进（切削机械）	6-742~6-743

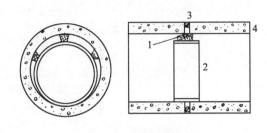

钢胀圈固定管口

1—木楔；2—钢胀圈；3—麻辫；4—钢筋混凝土管

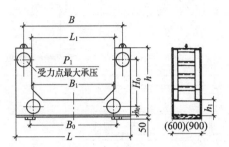

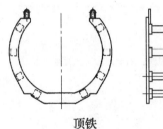

顶铁

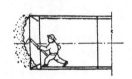

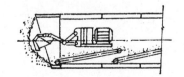

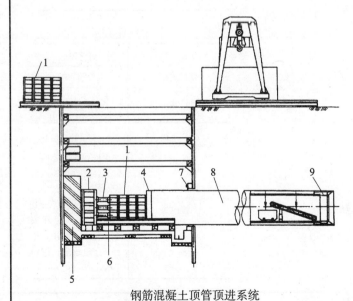

钢筋混凝土顶管顶进系统

1—顶铁；2—油缸架；3—油缸；4—环形顶铁；5—后背；6—导轨；
7—穿墙止水；8—管道；9—工具管

定额项目说明

计量单位	10m
已包括的内容	下管；固定胀圈；安装、拆除、换顶铁；挖、运、吊土；顶进、纠偏
未包括的内容	工具管，风管，进水管，排泥管，照明设备
未计价材料	加强钢筋混凝土管
相关工程	

清单项目说明

项目名称	混凝土管道顶进
项目编码	040505001
项目特征	土壤类别，管径，深度，规格
计量单位	m
工程内容	顶进后座及坑内工作平台搭拆；顶进设备安装、拆除；中继间安装、拆除、触变泥浆减阻；套环安装、防腐涂刷；挖土、管道顶进；洞口止水处理、余方弃置

第六册：排水工程		
分部工程	顶管工程	定额编号
分项工程	混凝土管顶进	6-744~6-754

203

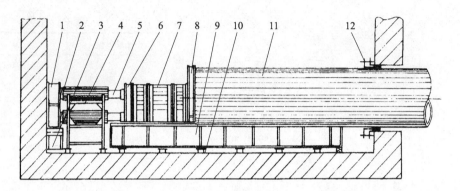

钢管顶管顶进系统

1—后座；2—油缸调整垫；3—后座支架；4—油缸支架；5—主油缸；6—刚性顶铁；
7—U形顶铁；8—环形顶铁；9—导轨；10—预埋板；11—管道；12—穿墙止水

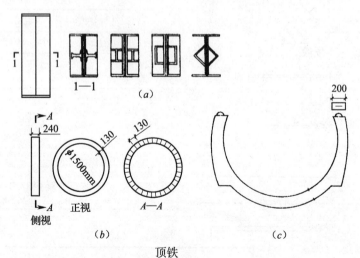

顶铁

（a）矩形顶铁；（b）圆形顶铁；（c）U形顶铁

204

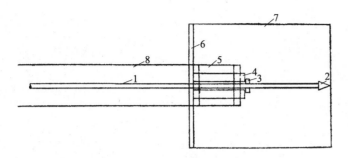

挤压土层顶管的工作坑布置

1—管子；2—管尖；3—夹持器；4—千斤顶；5—千斤顶架；6—钢板后背；7—工作坑；8—工作尾坑

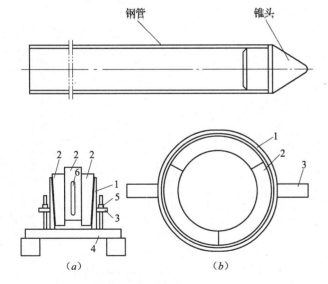

夹持器

（a）立面；（b）顶沉

1—瓦楞筒；2—瓦楞铁；3—螺杆；4—夹持器架；5—固定螺母；6—滑槽

定额项目说明

计量单位	10m
已包括的内容	安装、拆除顶管设备；下管，切口、焊接；安装、拆除、换顶铁；挖、运、吊土；顶进、纠偏
未包括的内容	
未计价材料	焊接钢管
相关工程	

清单项目说明

项目名称	钢管顶进
项目编码	040505002
项目特征	土壤类别，管径，深度，规格
计量单位	m
工程内容	顶进后座及坑内工作平台搭拆；顶进设备安装、拆除；中继间安装、拆除；触变泥浆减阻；套环安装；防腐涂刷；挖土、管道顶进；洞口止水处理；余方弃置

第六册：排 水 工 程		
分部工程	顶管工程	定额编号
分项工程	挤压顶进（钢管）	6-766~6-771

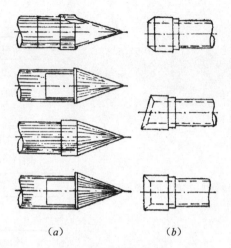

管尖和管帽

（a）管尖；（b）管帽

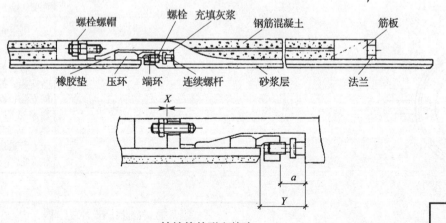

铸铁管外形和接头

计量单位	10m
已包括的内容	安装、拆除顶管设备；下管、切口、焊接；安装、拆除、换顶铁；挖、运、吊土；顶进、纠偏
未包括的内容	
未计价材料	铸铁管
相关工程	

清单项目说明

项目名称	铸铁管顶进
项目编码	040505003
项目特征	土壤类别，管径，深度，规格
计量单位	m
工程内容	顶进后座及坑内工作平台搭拆；顶进设备安装、拆除；中继间安装、拆除；触变泥浆减阻；套环安装；防腐涂刷；挖土、管道顶进；洞口止水处理；余方弃置

第六册：排水工程		
分部工程	顶管工程	定额编号
分项工程	挤压顶进（铸铁管）	6-772~6-777

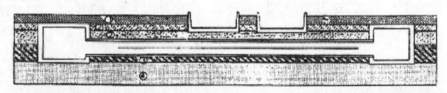

定额项目说明	
计量单位	10m（10m²）
已包括的内容	安装、拆除顶管设备；下方（拱）涵；安装、拆除、换顶铁；挖、运、吊土；顶进、纠偏；制作接口材料、接口
未包括的内容	
未计价材料	混凝土方（拱）涵
相关工程	

第六册：排水工程		
分部工程	顶管工程	定额编号
分项工程	方（拱）涵顶进（接口）	6-778~6-780

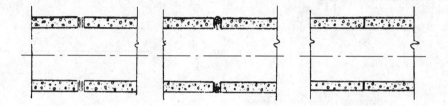

钢筋混凝土管平接口

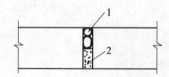

平口钢筋混凝土管
油麻石棉水泥内接口
1—麻辫或塑料圈或绑扎绳；
2—石棉水泥

定额项目说明	
计量单位	10个口
已包括的内容	接口填料配制；填、抹（打）管口；材料运输
未包括的内容	
未计价材料	
相关工程	

第六册：排水工程		
分部工程	顶管工程	定额编号
分项工程	混凝土管顶管平口管接口	6-781~6-802

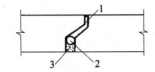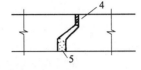

企口钢筋混凝土管内接口

1—油毡；2—油麻；3—石棉水泥或膨胀水泥砂浆；
4—聚氯乙烯胶泥；5—膨胀水泥砂浆

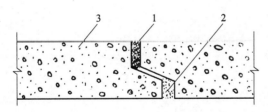

1—油麻；2—膨胀水泥；3—钢筋混凝土管

定额项目说明

计量单位	10个口
已包括的内容	接口填料、嵌缝及粘接材料配制，填、抹（打）管口；材料运输
未包括的内容	
未计价材料	
相关工程	

第六册：排水工程		
分部工程	顶管工程	定额编号
分项工程	混凝土管顶管企口管接口	6-803~6-838

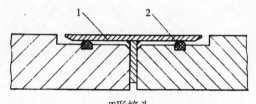

T形接头

1—T形套管；2—密封圈

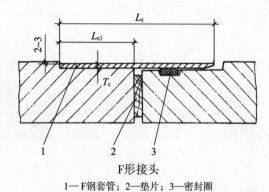

F形接头

1—F钢套管；2—垫片；3—密封圈

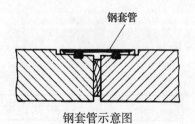

钢套管示意图

定额项目说明

计量单位	10个口
已包括的内容	安放橡胶圈；安放钢制外套环；刷环氧沥青漆
未包括的内容	外套环制作；垫片
未计价材料	钢板外套环
相关工程	

清单项目说明

项目名称	
项目编码	
项目特征	属于顶管项目的工程内容
计量单位	
工程内容	

第六册：排水工程		
分部工程	顶管工程	定额编号
分项工程	顶管接口外套环	6-839~6-846

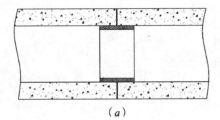

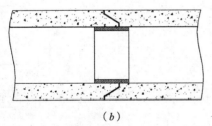

（a）

（b）

（a）顶管接口内套环（平口）；
（b）顶管接口内套环（企口）

定额项目说明

计量单位	10个口
已包括的内容	接口填料配制；安装内套环；填、抹（打）管口；材料运输
未包括的内容	套环制作
未计价材料	钢板内套环
相关工程	

清单项目说明

项目名称	
项目编码	属于顶管项目的工程内容
项目特征	
计量单位	
工程内容	

第六册：排水工程		
分部工程	顶管工程	定额编号
分项工程	顶管接口内套环	6-847~6-865

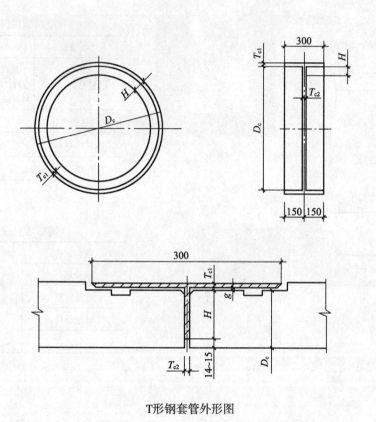

T形钢套管外形图

计量单位	t
已包括的内容	材料准备；下料、焊接；除锈、刷油；场内运输
未包括的内容	
未计价材料	
相关工程	

清单项目说明

项目名称	
项目编码	
项目特征	属于顶管项目的工程内容
计量单位	
工程内容	

第六册：排水工程		
分部工程	顶管工程	定额编号
分项工程	顶管钢板套环制作	6-866~6-869

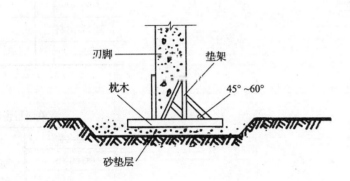

当最先下沉的那一节沉井井筒的重量较大，且土基允许承载力小于井筒自重时，常在井筒的刃脚下铺设垫木，以扩大支承面积。

定额项目说明

计量单位	100m
已包括的内容	人工挖槽弃土；铺砂、洒水、夯实；铺设和抽除垫木；回填砂
未包括的内容	
未计价材料	
相关工程	

清单项目说明

项目名称	
项目编码	该项目为现浇混凝土沉井井壁及隔墙项目的工程内容
项目特征	
计量单位	
工程内容	

第六册：排水工程		
分部工程	给水排水构筑物	定额编号
分项工程	沉井垫木	6-870

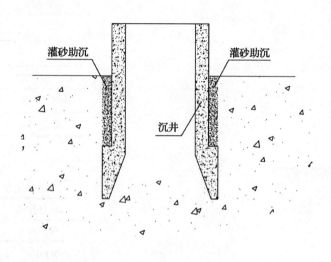

灌砂助沉

灌砂助沉

沉井

沉井灌砂是指沉井下沉困难时用灌砂来助沉。砂填在刃脚外侧台阶以上至地面的空间内。

定额项目说明

计量单位	10m³
已包括的内容	人工装、运、卸砂；人工灌、捣砂
未包括的内容	
未计价材料	
相关工程	

清单项目说明

项目名称	
项目编码	该项目为沉井混凝土底板项目的工程内容
项目特征	
计量单位	
工程内容	

第六册：排水工程		
分部工程	给水排水构筑物	定额编号
分项工程	沉井灌砂	6-871

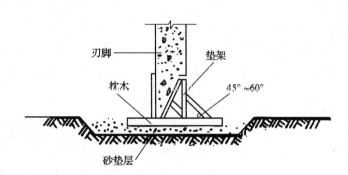

刃脚

垫架

枕木

45°~60°

砂垫层

为确保垫木下的土面平整，也便于在井筒下沉时抽除垫木，常在垫木下铺设砂垫层。

定额项目说明

计量单位	10m³
已包括的内容	平整基坑；运砂、分层铺平；浇水、振实
未包括的内容	
未计价材料	
相关工程	

清单项目说明

项目名称	
项目编码	该项目为现浇混凝土沉井井壁及隔墙项目的工程内容
项目特征	
计量单位	
工程内容	

第六册：排水工程		
分部工程	给水排水构筑物	定额编号
分项工程	沉井砂垫层	6-872

定额项目说明

计量单位	10m³
已包括的内容	浇捣、养生；凿除混凝土垫层
未包括的内容	
未计价材料	
相关工程	

清单项目说明

项目名称	
项目编码	该项目为现浇混凝土沉井井壁及隔墙项目的工程内容
项目特征	
计量单位	
工程内容	

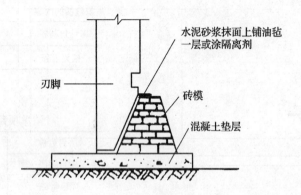

水泥砂浆抹面上铺油毡一层或涂隔离剂

刃脚

砖模

混凝土垫层

当沉井自重较大、垫木强度不能满足时，为扩大沉井刃脚的支承面积，减小对土基或砂垫层的压力，常在土基或砂垫层上浇筑混凝土垫层，经过养护达到要求强度后，在其上安装刃脚及井筒模板。

第六册：排水工程		
分部工程	给水排水构筑物	定额编号
分项工程	沉井混凝土垫层	6-873

216

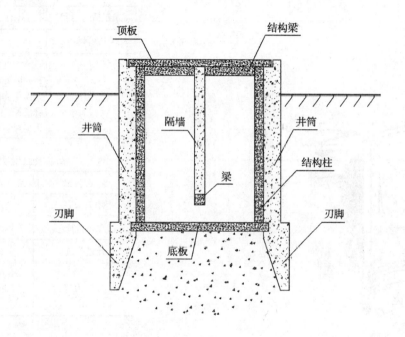

顶板　　　　　结构梁

井筒　　　隔墙　　　井筒

梁

结构柱

刃脚　　　　　　　　刃脚

底板

定额项目说明	
计量单位	10m³
已包括的内容	浇捣、养生；场内材料运输
未包括的内容	外渗剂
未计价材料	混凝土
相关工程	

清单项目说明

项目名称	现浇混凝土沉井井壁及隔墙、沉井混凝土底板沉井内地下混凝土结构、沉井混凝土顶板
项目编码	040506002、040506004、040506005、040506006
项目特征	混凝土强度、抗渗要求；规格尺寸；垫层厚度、强度、材料等
计量单位	m³
工程内容	垫层铺筑、垫木铺设；混凝土浇筑、养生；预留孔封口等

第六册：排水工程		
分部工程	给水排水构筑物	定额编号
分项工程	沉井制作	6-874~6-882

217

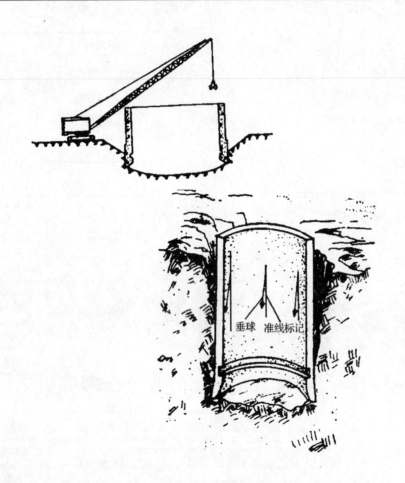

垂球　准线标记

定额项目说明	
计量单位	10m³
已包括的内容	搭拆平台及起吊设备；挖土、吊土、装车；沉井下沉的纠偏
未包括的内容	沉井时压重助沉措施
未计价材料	
相关工程	水中沉井、陆上水冲法沉井以及离河岸边近的沉井需要采取地基加固等特殊措施的执行第四册隧道工程相应项目

清单项目说明	
项目名称	沉井下沉
项目编码	040506003
项目特征	土壤类别；深度
计量单位	m³
工程内容	垫木拆除；沉井挖土下沉；填充；余方弃置

　　沉井下沉的方法一般有排水挖土下沉、不排水挖土下沉、配重下沉、振动下沉、中心岛下沉，其下沉纠偏的方法主要有挖土纠偏、射水纠偏、局部增加荷载纠偏。

第六册：排水工程		
分部工程	给水排水构筑物	定额编号
分项工程	沉井下沉	6-883~6-887

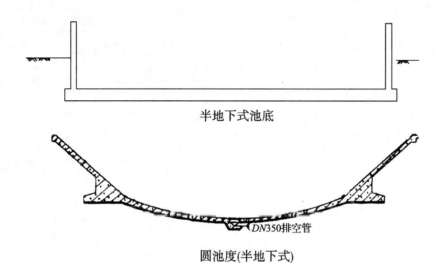

半地下式池底

圆池度(半地下式)

DN350排空管

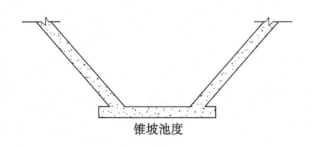

锥坡池度

给水排水工程中的氧化沟、二沉池、清水池等池底一般是半地下式平池底；机械搅拌澄清池等一般是半地下式圆池底；污泥浓缩池、平流沉砂池等一般是半地下式锥坡池底。

定额项目说明

计量单位	10m³
已包括的内容	混凝土浇捣、养护；场内材料运输
未包括的内容	
未计价材料	混凝土
相关工程	

清单项目说明

项目名称	现浇混凝土池底
项目编码	040506007
项目特征	混凝土强度、抗渗要求；池底形式、规格尺寸；垫层厚度、强度、材料等
计量单位	m³
工程内容	垫层铺筑；混凝土浇筑、养生

第六册：排水工程		
分部工程	给水排水构筑物	定额编号
分项工程	现浇钢筋混凝土半地下室池底	6-888~6-893

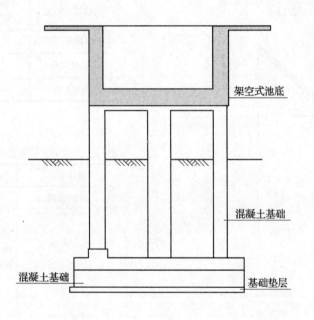

架空式池底

混凝土基础

混凝土基础

基础垫层

定额项目说明

计量单位	10m³
已包括的内容	混凝土浇捣、养护；场内材料运输
未包括的内容	
未计价材料	混凝土
相关工程	

清单项目说明

项目名称	现浇混凝土池底
项目编码	040506007
项目特征	混凝土强度等级、石料最大粒径、抗渗要求；池底形式、规格尺寸；垫层厚度、材料品种、强度
计量单位	m³
工程内容	垫层铺筑；混凝土浇筑、养生

第六册：排水工程		
分部工程	给水排水构筑物	定额编号
分项工程	现浇钢筋混凝土架空式池底	6-894~6-897

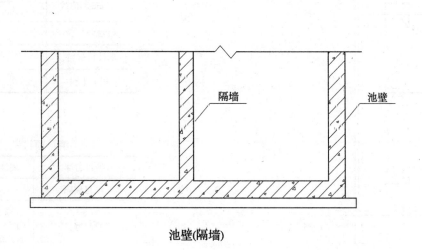

池壁(隔墙)

定额项目说明

计量单位	10m³
已包括的内容	混凝土浇捣、养护；场内材料运输
未包括的内容	
未计价材料	混凝土
相关工程	

清单项目说明

项目名称	现浇混凝土池壁（隔墙）
项目编码	040506008
项目特征	混凝土强度等级、石料最大粒径、抗渗要求
计量单位	m³
工程内容	混凝土浇筑、养生

第六册：排水工程

分部工程	给水排水构筑物	定额编号
分项工程	现浇钢筋混凝土池壁（隔墙）	6-898~6-908

221

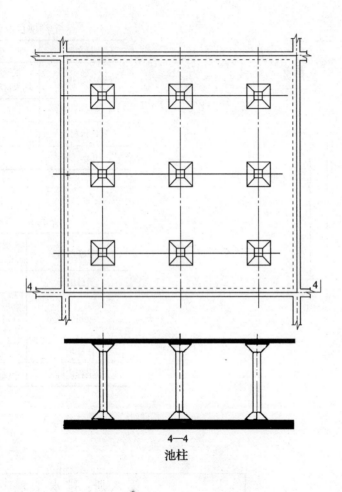

4—4
池柱

定额项目说明

计量单位	10m³
已包括的内容	混凝土浇捣、养护；场内材料运输
未包括的内容	
未计价材料	混凝土
相关工程	

清单项目说明

项目名称	现浇混凝土池柱
项目编码	040506009
项目特征	混凝土强度等级、石料最大粒径；规格
计量单位	m³
工程内容	混凝土浇筑、养生

第六册：排水工程		
分部工程	给水排水构筑物	定额编号
分项工程	现浇钢筋混凝土池柱	6-909~6-911

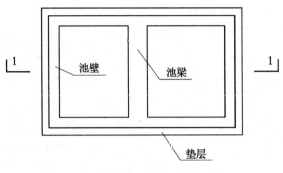

现浇混凝土池平面图

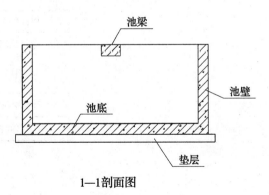

1—1剖面图

定额项目说明

计量单位	10m³
已包括的内容	混凝土浇捣、养护；场内材料运输
未包括的内容	
未计价材料	混凝土
相关工程	

清单项目说明

项目名称	现浇混凝土池梁
项目编码	040506010
项目特征	混凝土强度等级、石料最大粒径；规格
计量单位	m³
工程内容	混凝土浇筑、养生

第六册：排水工程		
分部工程	给水排水构筑物	定额编号
分项工程	现浇钢筋混凝土池梁	6-912~6-915

223

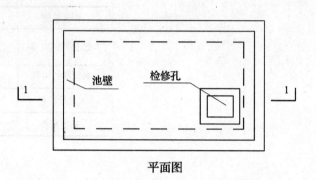

平面图

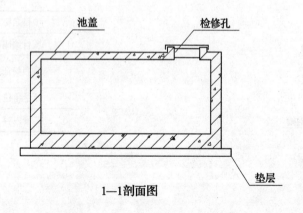

1—1剖面图

定额项目说明

计量单位	10m³
已包括的内容	混凝土浇捣、养护；场内材料运输
未包括的内容	池盖的进人孔
未计价材料	混凝土
相关工程	池盖的进人孔按《全国统一安装工程预算定额》相应定额执行

清单项目说明

项目名称	现浇混凝土池盖
项目编码	040506011
项目特征	混凝土强度等级、石料最大粒径；规格
计量单位	m³
工程内容	混凝土浇筑、养生

第六册：排水工程		
分部工程	给水排水构筑物	定额编号
分项工程	现浇钢筋混凝土池盖	6-916~6-919

走道板　　　　　　　　　　　　　走道板

氧化沟转碟　　挡水板

悬空板

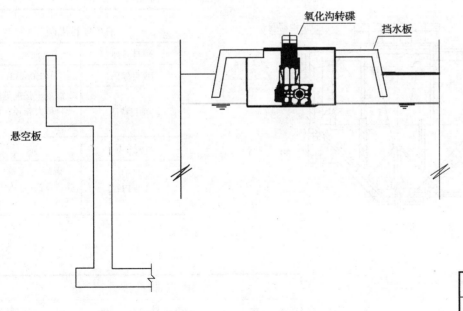

定额项目说明

计量单位	10m³
已包括的内容	混凝土浇捣、养护；场内材料运输
未包括的内容	
未计价材料	混凝土
相关工程	

清单项目说明

项目名称	现浇混凝土板
项目编码	040506012
项目特征	名称、规格；混凝土强度等级、石料最大粒径
计量单位	m³
工程内容	混凝土浇筑、养生

第六册：排水工程

分部工程	给水排水构筑物	定额编号
分项工程	现浇钢筋混凝土池板	6-920~6-925

225

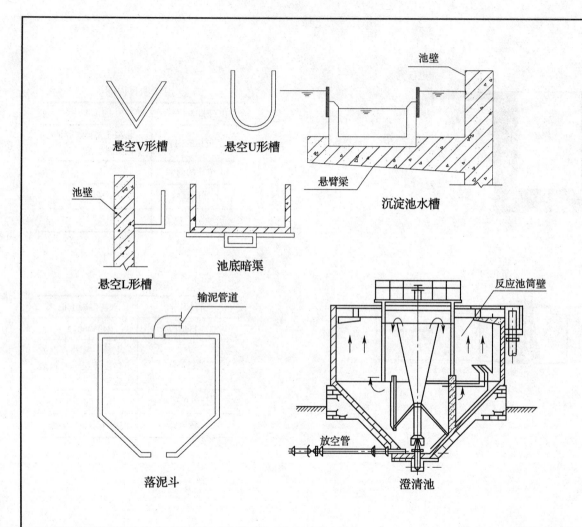

悬空V形槽　　　悬空U形槽

池壁

悬空L形槽　　　池底暗渠

沉淀池水槽

池壁

悬臂梁

输泥管道

落泥斗

反应池筒壁

放空管

澄清池

定额项目说明

计量单位	10m³
已包括的内容	混凝土浇捣、养护；场内材料运输
未包括的内容	
未计价材料	混凝土
相关工程	

清单项目说明

项目名称	池槽
项目编码	040506013
项目特征	混凝土强度等级、石料最大粒径；池槽断面
计量单位	m³
工程内容	混凝土浇筑、养生；盖板；其他材料铺设

第六册：排 水 工 程		
分部工程	给水排水构筑物	定额编号
分项工程	现浇钢筋混凝土池槽	6-926~6-936

2池交替工作氧化沟
1—沉砂池；2—曝气转刷；3—出水堰；
4—排泥管；5—污泥井；6—氧化沟

氧化沟导流墙

定额项目说明

计量单位	10m³
已包括的内容	混凝土浇捣、养护；场内材料运输
未包括的内容	
未计价材料	混凝土
相关工程	

清单项目说明

项目名称	砌筑导流壁、筒；混凝土导流壁、筒
项目编码	040506014、040506015
项目特征	混凝土强度等级、石料最大粒径；块体材料；断面；砂浆强度等级
计量单位	m³
工程内容	砌筑、抹面；混凝土浇筑、养生

第六册：排水工程		
分部工程	给水排水构筑物	定额编号
分项工程	砖、混凝土导流墙	6-937~6-941

227

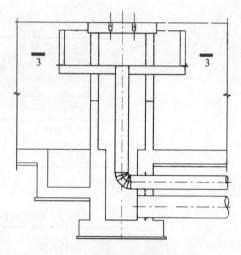

中心筒结构布置图

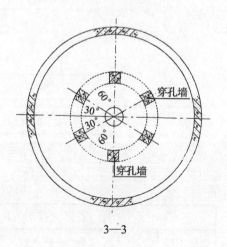

3—3

计量单位	10m³
已包括的内容	混凝土浇捣、养护；场内材料运输
未包括的内容	
未计价材料	混凝土
相关工程	

清单项目说明

项目名称	现浇混凝土池壁（隔墙）
项目编码	040506008
项目特征	混凝土强度等级、石料最大粒径、抗渗要求
计量单位	m³
工程内容	混凝土浇筑、养生

第六册：排水工程		
分部工程	给水排水构筑物	定额编号
分项工程	现浇钢筋混凝土块穿孔墙	6—942

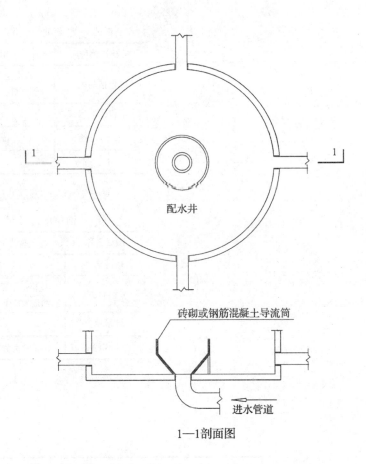

配水井

砖砌或钢筋混凝土导流筒

进水管道

1—1剖面图

计量单位	10m³
已包括的内容	混凝土浇捣、养护；场内材料运输
未包括的内容	
未计价材料	混凝土
相关工程	

清单项目说明

项目名称	砌筑导流壁、筒；混凝土导流壁、筒
项目编码	040506014、040506015
项目特征	混凝土强度等级、石料最大粒径；块体材料；断面；砂浆强度等级
计量单位	m³
工程内容	砌筑、抹面；混凝土浇筑、养生

第六册：排水工程		
分部工程	给水排水构筑物	定额编号
分项工程	砖、钢筋混凝土导流筒	6-943~6-945

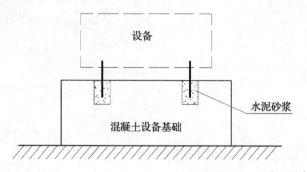

独立设备基础

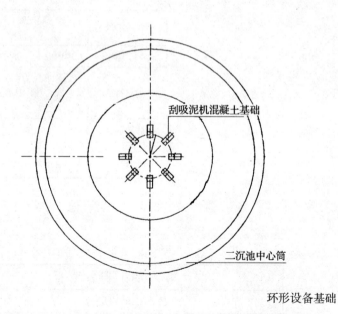

环形设备基础

定额项目说明

计量单位	10m³
已包括的内容	混凝土浇捣、养护；场内材料运输
未包括的内容	
未计价材料	混凝土
相关工程	

清单项目说明

项目名称	其他现浇混凝土构件
项目编码	040506018
项目特征	规格；混凝土强度等级、石料最大粒径
计量单位	m³
工程内容	混凝土浇筑、养生

第六册：排水工程		
分部工程	给水排水构筑物	定额编号
分项工程	现浇钢筋混凝土设备基础	6-946~6-950

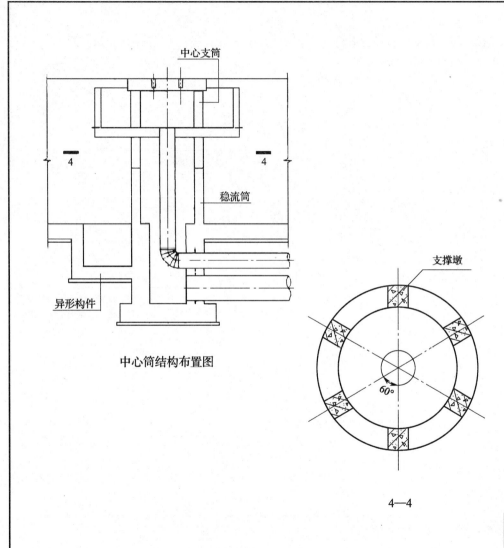

中心支筒

稳流筒

异形构件

中心筒结构布置图

支撑墩

60°

4—4

定额项目说明

计量单位	10m³
已包括的内容	混凝土浇捣、养护；场内材料运输
未包括的内容	
未计价材料	混凝土
相关工程	

清单项目说明

项目名称	其他现浇混凝土构件
项目编码	040506018
项目特征	规格；混凝土强度等级、石料最大粒径
计量单位	m³
工程内容	混凝土浇筑、养生

第六册：排水工程		
分部工程	给水排水构筑物	定额编号
分项工程	其他现浇钢筋混凝土构件	6-951~6-954

231

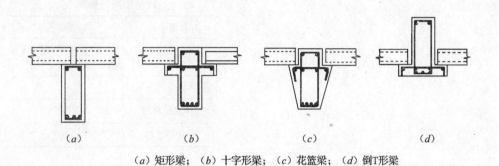

（a）矩形梁；（b）十字形梁；（c）花篮梁；（d）倒T形梁

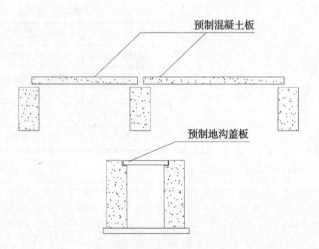

给水排水工程中的装配式混凝土常用于构筑物的壁板、柱、梁、顶盖以及管道工程的基础、管座、沟盖板、检查井中。

定额项目说明

计量单位	10m³
已包括的内容	混凝土浇捣、养护；场内材料运输；预制混凝土滤板中设置预埋件ABS塑料滤头
未包括的内容	集水槽留孔
未计价材料	
相关工程	

清单项目说明

项目名称	预制混凝土板、预制混凝土槽、预制混凝土支墩、预制混凝土异形构件
项目编码	040506019、040506020、040506021、040506022
项目特征	名称、部位、规格；混凝土强度等级、石料最大粒径
计量单位	m³
工程内容	混凝土浇筑；养生；构件移动及堆放；构件安装

第六册：排水工程		
分部工程	给水排水构筑物	定额编号
分项工程	预制混凝土构件制作	6-955~6-966

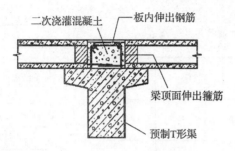

二次浇灌混凝土 —— 板内伸出钢筋

梁顶面伸出箍筋

预制T形渠

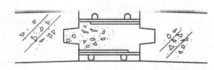

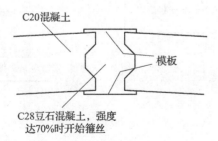

C20混凝土

模板

C28豆石混凝土，强度
达70%时开始箍丝

安装新的构件，必须校正后，方可焊接或浇筑接头混凝土。

定额项目说明	
计量单位	100m²（m³）
已包括的内容	安装就位；找正、找平；清理、场内材料运输
未包括的内容	
未计价材料	
相关工程	

清单项目说明

项目名称	预制混凝土板、预制混凝土槽、预制混凝土支墩、预制混凝土异形构件
项目编码	040506019、040506020、040506021、040506022
项目特征	名称、部位、规格；混凝土强度等级、石料最大粒径
计量单位	m³
工程内容	混凝土浇筑；养生；构件移动及堆放；构件安装

第六册：排水工程		
分部工程	给水排水构筑物	定额编号
分项工程	预制混凝土构件安装	6-967~6-970

233

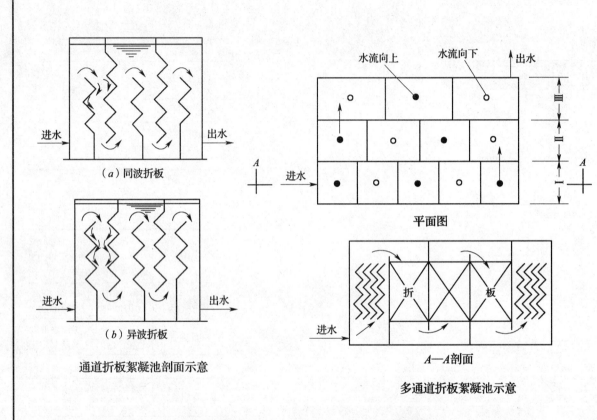

（a）同波折板

（b）异波折板

通道折板絮凝池剖面示意

平面图

水流向上　水流向下

进水

A—A剖面

多通道折板絮凝池示意

定额项目说明

计量单位	100m²
已包括的内容	找平、找正；安装、固定；清理、场内材料运输
未包括的内容	
未计价材料	
相关工程	

清单项目说明

项目名称	折板
项目编码	040506024
项目特征	折板材料；折板形式；折板部位
计量单位	m²
工程内容	制作；安装

　　折板絮凝池是在隔板絮凝池基础上发展起来的。折板可以波峰对波谷平行安装，称"同波折板"；也可波峰相对安装，称"异波折板"。也可按水流通过折板间隙数，分为"单通道"和"多通道"。

第六册：排水工程		
分部工程	给水排水构筑物	定额编号
分项工程	折板安装	6-971~6-973

234

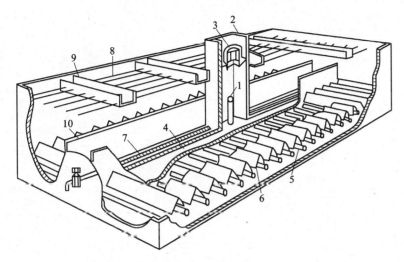

钟罩式脉冲澄清池

1—中央进水管；2—真空室；3—脉冲阀；
4—配水干渠；5—多孔配水管；6—稳流板；7—穿孔排泥管；
8—多孔集水管；9—集水槽；10—泥渣浓缩室

稳流板工作示意图

1—穿孔配水管；2—稳流板；3—配水缝隙

稳流板多用于脉冲澄清池内，安装于穿孔配水管的上部。

定额项目说明

计量单位	100m²（100m）
已包括的内容	壁板制作；接装、拼装及各种铁件安装
未包括的内容	
未计价材料	
相关工程	

清单项目说明

项目名称	壁板
项目编码	040506025
项目特征	壁板材料；壁板部位
计量单位	m²
工程内容	制作；安装

第 六 册：排 水 工 程		
分部工程	给水排水构筑物	定额编号
分项工程	稳流板制作安装	6-975、6-977

235

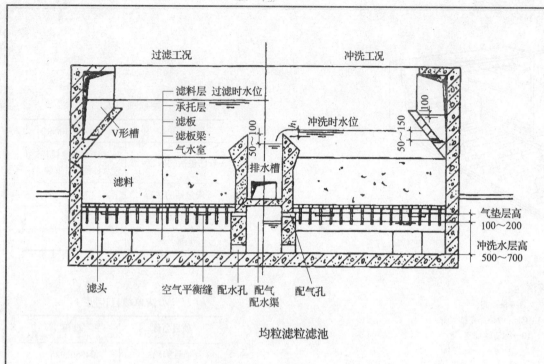

过滤工况　　　　　　冲洗工况

滤料层 过滤时水位
承托层
滤板
滤板梁
气水室

V形槽

冲洗时水位

滤料

排水槽

h_1

气垫层高
100～200

冲洗水层高
500～700

滤头　　空气平衡缝　配水孔　配气
　　　　　　　　　　　　配气孔
　　　　　　　　　　配水渠

均粒滤粒滤池

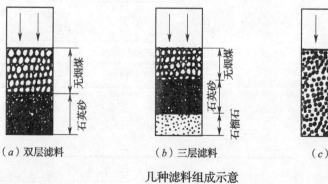

（a）双层滤料　　　（b）三层滤料　　　（c）均质滤料

几种滤料组成示意

定额项目说明

计量单位	10m³（10t、10m³）
已包括的内容	筛、运、洗砂石；清底层；铺设砂石、整形找平
未包括的内容	
未计价材料	
相关工程	

清单项目说明

项目名称	滤料铺设
项目编码	040506026
项目特征	滤料品种；滤料规格
计量单位	m³
工程内容	铺设

第 六 册：排 水 工 程		
分部工程	给水排水构筑物	定额编号
分项工程	滤料铺设	6-978~6-985

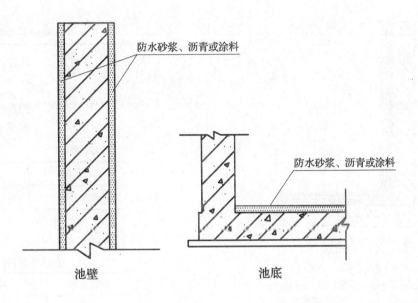

池壁　　　　　　　　　　　池底

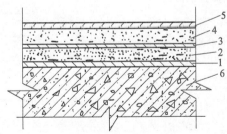

五层做法水泥砂浆防水层
1、3—水泥浆层，厚2mm；2、4—水泥砂浆层，厚4～5mm；
5—水泥浆层，厚1mm；6—结构基层

定额项目说明

计量单位	100m²
已包括的内容	清扫及烘干基层；清扫基层；抹灰找平、压光压实；场内材料运输
未包括的内容	
未计价材料	
相关工程	

清单项目说明

项目名称	刚性防水、柔性防水
项目编码	040506028、040506029
项目特征	工艺要求；材料品种
计量单位	m²
工程内容	配料、铺筑；涂、贴、粘、刷防水材料

第六册：排水工程		
分部工程	给水排水构筑物	定额编号
分项工程	防水砂浆、五层防水、涂沥青工程	6-986～6-998

237

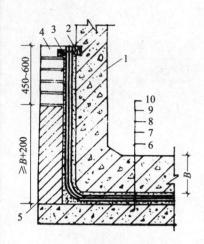

外防外贴法

1—需防水结构墙体；2—永久性木条；
3—临时性木条；4—临时保护墙；
5—永久性保护墙；6—垫层；7—找平层；
8—油毡防水层；9—保护层；10—底板

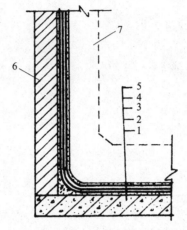

外防内贴法

1—垫层；2—找平层；
3—油毡防水层；4—保护层；5—底板；
6—保护墙；7—需防水结构墙体

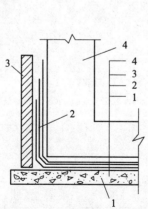

卷材外贴法

1—垫层；2—卷材防水层；3—保护墙；4—已建构筑物

定额项目说明

计量单位	100m²
已包括的内容	清扫及烘干基层；清扫基层；抹灰找平、压光压实；场内材料运输；冷底子油
未包括的内容	
未计价材料	
相关工程	

清单项目说明

项目名称	柔性防水
项目编码	040506029
项目特征	工艺要求；材料品种
计量单位	m²
工程内容	配料、铺筑；涂、贴、粘、刷防水材料

第六册：排水工程		
分部工程	给水排水构筑物	定额编号
分项工程	油毡防水层	6-999~6-1002

238

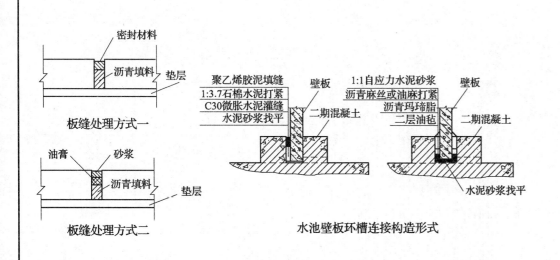

板缝处理方式一

板缝处理方式二

水池壁板环槽连接构造形式

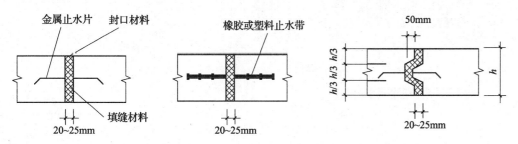

伸缩缝的一般做法

施工缝的填缝材料一般有油浸麻丝、油浸木丝板、玛瑞脂、建筑油膏、沥青砂浆等，封口材料多用石棉水泥、浸沥青木条、铁皮盖缝等，止水带常用氯丁橡胶、紫铜板、聚氯乙烯等。

定额项目说明

计量单位	100m
已包括的内容	准备填缝材料；填塞、嵌缝、灌缝；场内材料运输；止水带
未包括的内容	
未计价材料	
相关工程	

清单项目说明

项目名称	沉降缝
项目编码	040506030
项目特征	材料品种；沉降缝规格；沉降缝部位
计量单位	m
工程内容	铺、嵌沉降缝

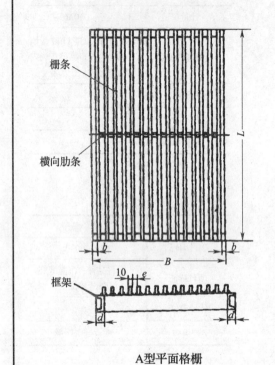

A型平面格栅

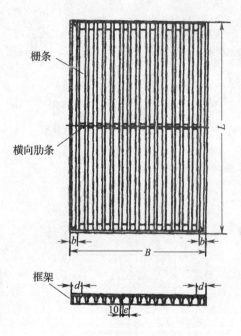

B型平面格栅

定额项目说明

计量单位	t
已包括的内容	制作；除锈刷油
未包括的内容	安装
未计价材料	型钢
相关工程	

清单项目说明

项目名称	隔栅制作
项目编码	040507002
项目特征	材质；规格、型号
计量单位	kg
工程内容	制作；安装

第六册：排水工程		
分部工程	给水排水机械设备安装	定额编号
分项工程	格栅制作	6-1022~6-1025

定额项目说明

计量单位	t
已包括的内容	安装；调整、试验、无负荷试运转
未包括的内容	预埋槽钢的制作、安装
未计价材料	
相关工程	

清单项目说明

项目名称	隔栅制作
项目编码	040507002
项目特征	材质；规格、型号
计量单位	kg
工程内容	制作、安装

第六册：排水工程

分部工程	给排水机械设备安装	定额编号
分项工程	格栅安装	6-1026~6-1027

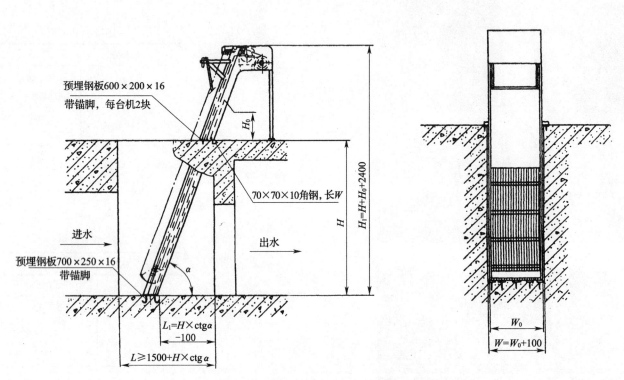

预埋钢板600×200×16
带锚脚，每台机2块

H_0

70×70×10角钢，长W

$H_1=H+H_0+2400$

H

进水

出水

预埋钢板700×250×16
带锚脚

α

$L_1=H×ctg\alpha$
-100

$L≥1500+H×ctg\alpha$

W_0

$W=W_0+100$

一体三索式格栅除污机示意图（单位：mm）

第六册：排水工程		
分部工程	给水排水机械设备安装	定额编号
分项工程	格栅除污机安装（1）	6-1028~6-1033

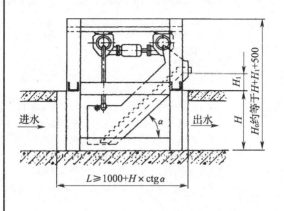
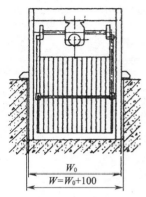

阶梯式格栅除污机示意图（单位：mm）

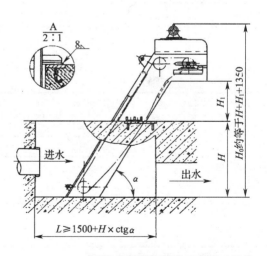
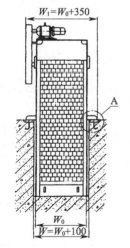

回旋式格栅除污机示意图（单位：mm）

定额项目说明	
计量单位	台
已包括的内容	设备就位安装；附件组装；调整、试验、无负荷试运转
未包括的内容	基础地脚螺栓孔、预埋件的修整及调整；因施工场地所引起的二次搬运、装拆；供货设备及附件的处理、修改、加工等；与设备本体不相连的附属设备或构件的安装等；设备变速箱、齿轮箱的用油和设备试运转所用的油、水、电等；专用、特殊垫铁、地脚螺栓等标准件和紧固件；负荷试运转、生产准备试运转；设备、构件等自安装现场指定堆放地点外的运输；制作
未计价材料	
相关工程	

清单项目说明	
项目名称	隔栅除污机
项目编码	040507003
项目特征	规格、型号
计量单位	台
工程内容	安装；无负荷试运转

第六册：排水工程		
分部工程	给水排水机械设备安装	定额编号
分项工程	格栅除污机安装（2）	6-1028~6-1033

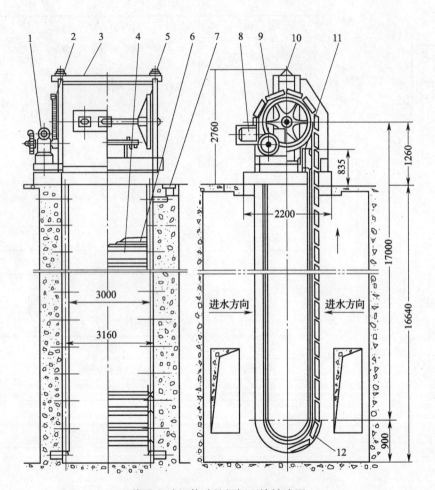

普通电动机传动的板框型旋转滤网

1—蜗轮蜗杆减速器；2—齿轮传动副；3—座架；4—滤网；5—传动大链轮；6—板框；
7—排渣槽；8—电动机；9—链板；10—调节杆；11—冲洗水干管；12—导轨

定额项目说明

计量单位	台
已包括的内容	设备就位安装；附件组装；调整、试验、无负荷试运转
未包括的内容	基础地脚螺栓孔、预埋件的修整及调整；因施工场地所引起的二次搬运、装拆；供货设备及附件的处理、修改、加工等；与设备本体不相连的附属设备或构件的安装等；设备变速箱、齿轮箱的用油和设备试运转所用的油、水、电等；专用、特殊垫铁、地脚螺栓等标准件和紧固件；负荷试运转、生产准备试运转；设备、构件等自安装现场指定堆放地点外的运输
未计价材料	
相关工程	

清单项目说明

项目名称	滤网清污机
项目编码	040507004
项目特征	规格、型号
计量单位	台
工程内容	安装；无负荷试运转

第六册：排水工程		
分部工程	给水排水机械设备安装	定额编号
分项工程	滤网清污机安装	6-1034~6-1038

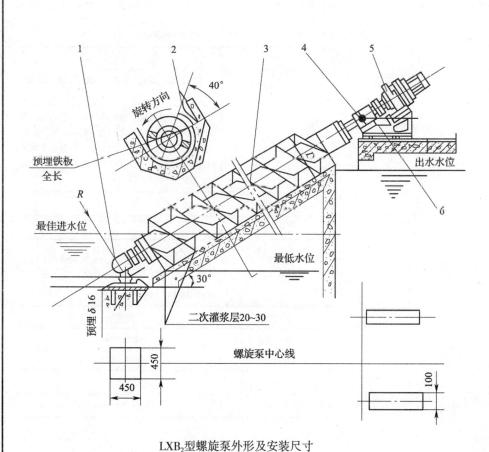

旋转方向

40°

埋铁铁板
全长

R

最佳进水位

预埋δ16

30°

二次灌浆层20~30

螺旋泵中心线

450

450

100

最低水位

出水水位

LXB$_2$型螺旋泵外形及安装尺寸

1—下支座；2—挡水板；3—泵体；4—上支座；5—传动机构；6—机座

定额项目说明

计量单位	台
已包括的内容	设备就位安装；附件组装；调整、试验、无负荷试运转
未包括的内容	基础地脚螺栓孔、预埋件的修整及调整；因施工场地所引起的二次搬运、装拆；供货设备及附件的处理、修改、加工等；与设备本体不相连的附属设备或构件的安装等；设备变速箱、齿轮箱的用油和设备试运转所用的油、水、电等；专用、特殊垫铁、地脚螺栓等标准件和紧固件，负荷试运转、生产准备试运转、设备、构件等自安装现场指定堆放地点外的运输
未计价材料	
相关工程	

清单项目说明

项目名称	螺旋泵
项目编码	040507005
项目特征	规格、型号
计量单位	台
工程内容	安装；无负荷试运转

第六册：排水工程		
分部工程	给水排水机械设备安装	定额编号
分项工程	螺旋泵安装	6-1039~6-1042

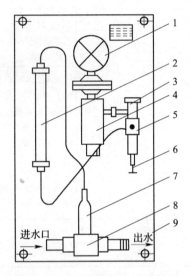

1—氯压表；2—流量计；3—定压调节旋钮；4—过滤器；5—定压调节阀；
6—定压阀拉杆；7—单向阀；8—水射器；9—整机底板

定额项目说明

计量单位	台
已包括的内容	场内运输；固定、安装；调整、试验、无负荷试运转
未包括的内容	基础地脚螺栓孔、预埋件的修整及调整；因施工场地所引起的二次搬运、装拆；供货设备及附件的处理、修改、加工等；与设备本体不相连的附属设备或构件的安装等；负荷试运转、生产准备试运转
未计价材料	
相关工程	

清单项目说明

项目名称	加氯机
项目编码	040507006
项目特征	规格、型号
计量单位	套
工程内容	安装；无负荷试运转

第六册：排水工程		
分部工程	给水排水机械设备安装	定额编号
分项工程	柜式加氯机安装	6-1043

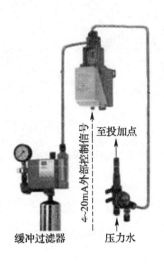

缓冲过滤器

至投加点

4~20mA外部控制信号

压力水

至投加点

排污口

压力水

定额项目说明

计量单位	套
已包括的内容	场内运输；固定、安装；调整、试验、无负荷试运转
未包括的内容	基础地脚螺栓孔、预埋件的修整及调整；因施工场地所引起的二次搬运、装拆；供货设备及附件的处理、修改、加工等；与设备本体不相连的附属设备或构件的安装等；负荷试运转、生产准备试运转
未计价材料	
相关工程	

清单项目说明

项目名称	加氯机
项目编码	040507006
项目特征	规格、型号
计量单位	套
工程内容	安装；无负荷试运转

第六册：排水工程		
分部工程	给水排水机械设备安装	定额编号
分项工程	挂式加氯机安装	6-1044

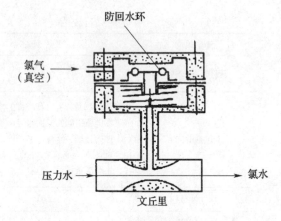

水射器工作原理

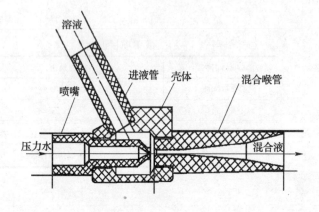

S324型水射器

计量单位	个
已包括的内容	场内运输；制垫、安装；调整、试验、无负荷试运转
未包括的内容	基础地脚螺栓孔、预埋件的修整及调整；供货设备及附件的处理、修改、加工等；与设备本体不相连的附属设备或构件的安装等；负荷试运转、生产准备试运转
未计价材料	
相关工程	

清单项目说明

项目名称	水射器
项目编码	040507007
项目特征	公称直径
计量单位	个
工程内容	安装；无负荷试运转

第六册：排水工程		
分部工程	给水排水机械设备安装	定额编号
分项工程	水射器安装	6-1045~6-1050

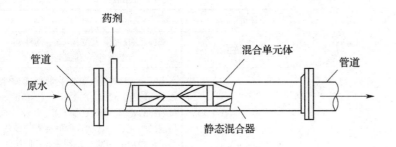

管式静态混合器

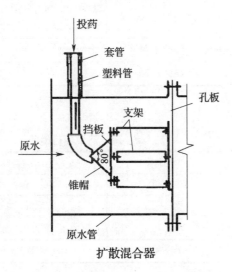

扩散混合器

管式混合器的原理是将药剂直接投入泵压水管中以借助管中流速进行混合。管式混合器一般分为管式静态混合器和扩散混合器。

定额项目说明

计量单位	个
已包括的内容	场内运输；制垫、安装；调整、试验、无负荷试运转
未包括的内容	基础地脚螺栓孔、预埋件的修整及调整；因施工场地所引起的二次搬运、装拆；供货设备及附件的处理、修改、加工等；与设备本体不相连的附属设备或构件的安装等；负荷试运转、生产准备试运转
未计价材料	
相关工程	

清单项目说明

项目名称	管式混合器
项目编码	040507008
项目特征	公称直径
计量单位	个
工程内容	安装；无负荷试运转

第六册：排水工程		
分部工程	给水排水机械设备安装	定额编号
分项工程	管式混合器安装	6-1051~6-1056

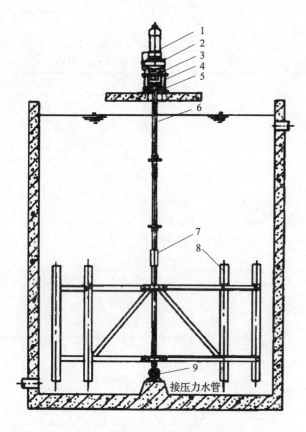

立式搅拌机

1—电动机；2—摆线针轮减速机；3—十字滑块联轴器；4—机座；
5—上轴承；6—轴；7—夹壳联轴器；8—框式搅拌器；9—水下底轴承

搅拌机适用于给水排水处理中混凝过程的絮凝阶段。

定额项目说明

计量单位	台
已包括的内容	场内运输；设备就位、安装；附件组装；调整、加油、试验、无负荷试运转
未包括的内容	基础地脚螺栓孔、预埋件的修整及调整；因施工场地所引起的二次搬运、装拆；供货设备及附件的处理、修改、加工等；与设备本体不相连的附属设备或构件的安装等；设备变速箱、齿轮箱的用油和设备试运转所用的油、水、电等；专用、特殊垫铁、地脚螺栓等标准件和紧固件；负荷试运转、生产准备试运转；设备、构件等自安装现场指定堆放地点外的运输
未计价材料	
相关工程	

清单项目说明

项目名称	搅拌机械
项目编码	040507009
项目特征	规格、型号；重量
计量单位	台
工程内容	安装；无负荷试运转

第六册：排水工程

分部工程	给水排水机械设备安装	定额编号
分项工程	立式搅拌机械安装	6-1057~6-1060

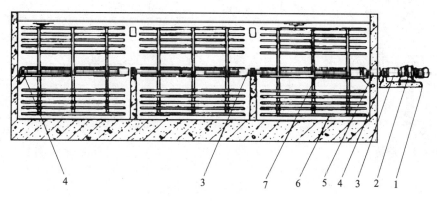

卧式搅拌机

1—电动机；2—摆线针轮减速机；3—联轴器；4—轴承座；
5—水平穿壁装置；6—框式搅拌器；7—搅拌轴

搅拌机适用于给水排水处理中混凝过程的絮凝阶段。

定额项目说明

计量单位	台
已包括的内容	场内运输；设备就位、安装；附件组装；调整、加油、试验、无负荷试运转
未包括的内容	基础地脚螺栓孔、预埋件的修整及调整；因施工场地所引起的二次搬运、装拆；供货设备及附件的处理、修改、加工等；与设备本体不相连的附属设备或构件的安装等；设备变速箱、齿轮箱的用油和设备试运转所用的油、水、电等；专用、特殊垫铁、地脚螺栓等标准件和紧固件；负荷试运转、生产准备试运转；设备、构件等自安装现场指定堆放地点外的运输
未计价材料	
相关工程	

清单项目说明

项目名称	搅拌机械
项目编码	040507009
项目特征	规格、型号；重量
计量单位	台
工程内容	安装；无负荷试运转

第六册：排水工程		
分部工程	给水排水机械设备安装	定额编号
分项工程	卧式搅拌机械安装	6-1061~6-1062

251

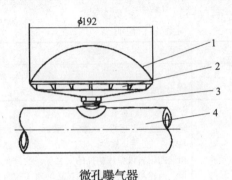

微孔曝气器

1—橡胶膜；2—支承托盘；3—接头；4—进气管

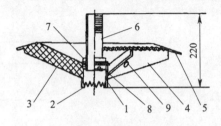

散流曝气器外形尺寸

1—锯齿形布气头；2—布气头锯齿；3—散流罩；
4—导流隔板；5—散流罩锯齿；6—进气管；
7—锁紧螺母；8—密封垫片；9—出气孔

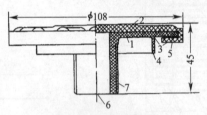

振动曝气器外形尺寸

1—底盘；2—隔膜；3—出气孔；4—折流板；
5—锁定唇；6—进气孔；7—3/4″ 螺纹

旋混曝气器外形

1—半球形散流罩；2—条状缝；3—散流罩定位平台；
4—定位螺栓；5—旋混筒；6—旋混发生器；7—旋架叶片；
8—套接头横档；9—中心连接螺栓；10—顺旋导流口；
11—反旋导流口；12—套接头；13—橡皮垫圈；
14—两端固定螺栓；15—套接头固定耳；16—管卡；
17—配气管；18—定位销；19—进气口钻孔

定额项目说明

计量单位	（10）个
已包括的内容	场内运输；设备就位、安装；调整、加油、试验、无负荷试运转
未包括的内容	布气管
未计价材料	
相关工程	

清单项目说明

项目名称	曝气器
项目编码	040507010
项目特征	规格、型号
计量单位	个
工程内容	安装；无负荷试运转

　　曝气器系指污水好氧生物处理鼓风曝气池中的空气扩散装置。其主要种类有微孔曝气器、可变孔曝气软管、旋混曝气器、振动曝气器、散流曝气器等。适用于城市污水、工业废水好氧生物处理的曝气供氧及混合。

第六册：排水工程		
分部工程	给水排水机械设备安装	定额编号
分项工程	曝气器安装	6-1063~6-1066

定额项目说明

计量单位	10m
已包括的内容	切管、对口、挖眼接管；管道、盲板制作安装；水压试验、场内运输
未包括的内容	基础地脚螺栓孔、预埋件的修整及调整；因施工场地所引起的二次搬运、装拆；供货设备及附件的处理、修改、加工等；与设备本体不相连的附属设备或构件的安装等；专用、特殊垫铁、地脚螺栓等标准件和紧固件；负荷试运转、生产准备试运转；设备、构件等自安装现场指定堆放地点外的运输；钢制支承平台制作安装
未计价材料	
相关工程	

清单项目说明

项目名称	布气器
项目编码	040507011
项目特征	材料品种；直径
计量单位	m
工程内容	钻孔；安装

第六册：排水工程		
分部工程	给水排水机械设备安装	定额编号
分项工程	布气管安装	6–1067~6–1072

电动机　联轴器　　减速箱　升降器

650

基础面

150

底板

1150±140

倒伞型叶轮

φ2250

DS（倒伞）型表面曝气机

定额项目说明

计量单位	台
已包括的内容	场内运输；设备就位、安装；附件组装；调整、加油、试验、无负荷试运转
未包括的内容	基础地脚螺栓孔、预埋件的修整及调整；因施工场地所引起的二次搬运、装拆；供货设备及附件的处理、修改、加工等；与设备本体不相连的附属设备或构件的安装等；设备变速箱、齿轮箱的用油和设备试运转所用的油、水、电等；专用、特殊垫铁、地脚螺栓等标准件和紧固件；负荷试运转、生产准备试运转；设备、构件等自安装现场指定堆放地点外的运输；钢制支承平台制作、安装
未计价材料	
相关工程	

清单项目说明

项目名称	曝气机
项目编码	040507012
项目特征	规格、型号
计量单位	台
工程内容	安装；无负荷试运转

第六册：排水工程		
分部工程	给水排水机械设备安装	定额编号
分项工程	表面曝气机安装	6-1073~6-1078

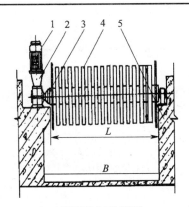

转刷曝气机外形
1—电动机；2—减速装置；3—柔性联轴器；
4—转刷主体；5—氧化沟池壁

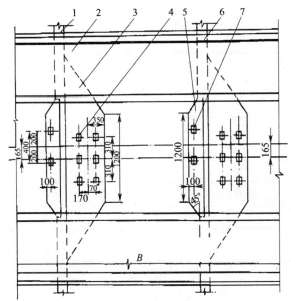

1—氧化沟池壁；
2—走道；
3—大牛腿；
4—减速箱底座预留孔；
5—小牛腿；
6—栏杆；
7—轴承座预留孔

1000/(6.0~9.0)型转刷曝气机安装基础

定额项目说明

计量单位	台
已包括的内容	场内运输；设备就位、安装；附件组装；调整、加油、试验、无负荷试运转
未包括的内容	基础地脚螺栓孔、预埋件的修整及调整；因施工场地所引起的二次搬运、装拆；供货设备及附件的处理、修改、加工等；与设备本体不相连的附属设备或构件的安装等；设备变速箱、齿轮箱的用油和设备试运转所用的油、水、电等；专用、特殊垫铁、地脚螺栓等标准件和紧固件；负荷试运转、生产准备试运转；设备、构件等自安装现场指定堆放地点外的运输；钢制支承平台制作、安装
未计价材料	
相关工程	

清单项目说明

项目名称	曝气机
项目编码	040507012
项目特征	规格、型号
计量单位	台
工程内容	安装；无负荷试运转

第六册：排水工程

分部工程	给水排水机械设备安装	定额编号
分项工程	转刷曝气机安装	6-1079~6-1084

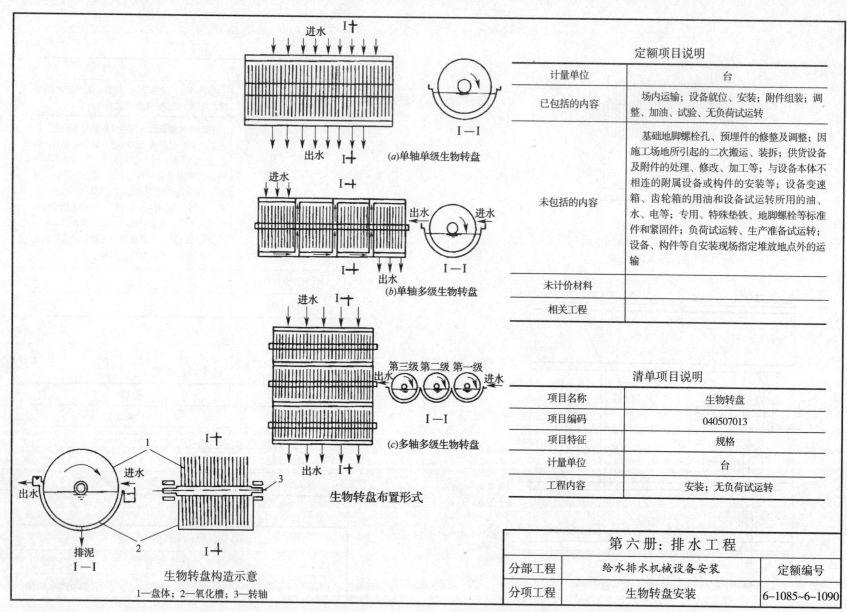

进水 I↑

出水 I↑

(a)单轴单级生物转盘

I—I

进水

出水 进水

出水 I↑

(b)单轴多级生物转盘

I—I

进水 I↑

第三级 第二级 第一级

出水 进水

出水 I↑

(c)多轴多级生物转盘

I—I

生物转盘布置形式

1

进水

出水

排泥 2

I—I

生物转盘构造示意

1—盘体；2—氧化槽；3—转轴

3

I↑

I↑

定额项目说明

计量单位	台
已包括的内容	场内运输；设备就位、安装；附件组装；调整、加油、试验、无负荷试运转
未包括的内容	基础地脚螺栓孔、预埋件的修整及调整；因施工场地所引起的二次搬运、装拆；供货设备及附件的处理、修改、加工等；与设备本体不相连的附属设备或构件的安装等；设备变速箱、齿轮箱的用油和设备试运转所用的油、水、电等；专用、特殊垫铁、地脚螺栓等标准件和紧固件；负荷试运转、生产准备试运转；设备、构件等自安装现场指定堆放地点外的运输
未计价材料	
相关工程	

清单项目说明

项目名称	生物转盘
项目编码	040507013
项目特征	规格
计量单位	台
工程内容	安装；无负荷试运转

第六册：排水工程		
分部工程	给水排水机械设备安装	定额编号
分项工程	生物转盘安装	6-1085~6-1090

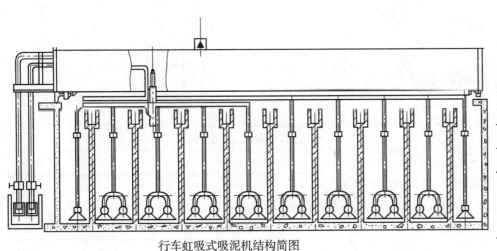

行车虹吸式吸泥机结构简图

计量单位	台
已包括的内容	场内运输；组对、吊装、组件安装；调整、试验、无负荷试运转
未包括的内容	·基础地脚螺栓孔、预埋件的修整及调整；因施工场地所引起的二次搬运、装拆；供货设备及附件的处理、修改、加工等；与设备本体不相连的附属设备或构件的安装等；设备变速箱、齿轮箱的用油和设备试运转所用的油、水、电等；专用、特殊垫铁、地脚螺栓等标准件和紧固件；负荷试运转、生产准备试运转；设备、构件等自安装现场指定堆放地点外的运输；池底找平
未计价材料	
相关工程	

清单项目说明

项目名称	吸泥机
项目编码	040507014
项目特征	规格、型号
计量单位	台
工程内容	安装；无负荷试运转

行车式吸泥机按吸泥的形式有泵吸式、虹吸式和泵/虹吸式等的方式。泵吸式、泵/虹吸式一般适用于二次沉淀池的机械排泥；虹吸式一般适用于平流式沉淀池的机械排泥。

第六册：排水工程		
分部工程	给水排水机械设备安装	定额编号
分项工程	行车式吸泥机安装	6-1091~6-1097

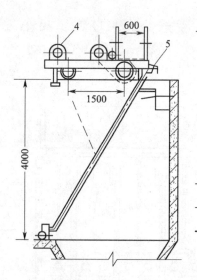

行车式提板刮泥机总体

1—栏杆；2—驱动机构；3—行车架；4—卷扬提板机构；
5—行程开关；6—导向靠轮；7—刮板

定额项目说明

计量单位	台
已包括的内容	场内运输；组对、吊装、组件安装；调整、试验、无负荷试运转
未包括的内容	基础地脚螺栓孔、预埋件的修整及调整；因施工场地所引起的二次搬运、装拆；供货设备及附件的处理、修改、加工等；与设备本体不相连的附属设备或构件的安装等；设备变速箱、齿轮箱的用油和设备试运转所用的油、水、电等；专用、特殊垫铁、地脚螺栓等标准件和紧固件；负荷试运转、生产准备试运转；设备、构件等自安装现场指定堆放地点外的运输；池底找平
未计价材料	
相关工程	

清单项目说明

项目名称	刮泥机
项目编码	040507015
项目特征	规格、型号
计量单位	台
工程内容	安装；无负荷试运转

行车式提板刮泥机主要适用于给水平流沉淀池和排水初次沉淀池。

第六册：排水工程		
分部工程	给水排水机械设备安装	定额编号
分项工程	行车式提板刮泥撇渣机安装	6-1098~6-1103

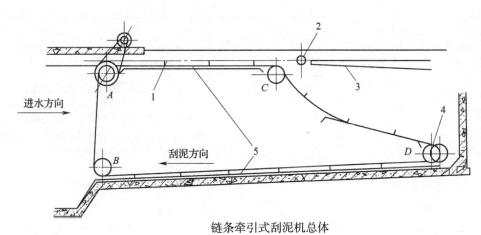

进水方向 →

刮泥方向 ←

链条牵引式刮泥机总体

1—刮板；2—集渣管；3—溢流堰；4—张紧装置；5—导轨

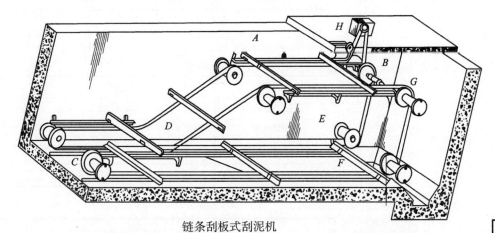

链条刮板式刮泥机

A—刮板；*B*、*G*—主动链轮；*E*、*C*—导向链轮；*D*—链条；*F*—链条导轨；*H*—驱动装置

定额项目说明

计量单位	台
已包括的内容	场内运输；组对、吊装、组件安装；调整、加油、试验、无负荷试运转
未包括的内容	基础地脚螺栓孔、预埋件的修整及调整；因施工场地所引起的二次搬运、装拆；供货设备及附件的处理、修改、加工等；与设备本体不相连的附属设备或构件的安装等；设备变速箱、齿轮箱的用油和设备试运转所用的油、水、电等；专用、特殊垫铁、地脚螺栓等标准件和紧固件；负荷试运转、生产准备试运转；设备、构件等自安装现场指定堆放地点外的运输；池底找平
未计价材料	
相关工程	

清单项目说明

项目名称	刮泥机
项目编码	040507015
项目特征	规格、型号
计量单位	台
工程内容	安装；无负荷试运转

第六册：排水工程		
分部工程	给水排水机械设备安装	定额编号
分项工程	链条牵引式刮泥机安装	6-1104~6-1109

悬挂式中心传动刮泥机总体

1—驱动机构；2—传动立轴；3—刮臂；4—刮板；5—水下轴承；6—集泥槽刮板

悬挂式中心传动刮泥机主要适用于给水辐流式沉淀池、排水初沉池、排水二次沉淀池刮泥、排水二次沉淀池吸泥、污泥浓缩池。

定额项目说明

计量单位	台
已包括的内容	场内运输；组对、吊装、精平组装；附件安装；调整、加油、试验、无负荷试运转
未包括的内容	基础地脚螺栓孔、预埋件的修整及调整；因施工场地所引起的二次搬运、装拆；供货设备及附件的处理、修改、加工等；与设备本体不相连的附属设备或构件的安装等；设备变速箱、齿轮箱的用油和设备试运转所用的油、水、电等；专用、特殊垫铁、地脚螺栓等标准件和紧固件；负荷试运转、生产准备试运转；设备、构件等自安装现场指定堆放地点外的运输；池底找平
未计价材料	
相关工程	

清单项目说明

项目名称	刮泥机
项目编码	040507015
项目特征	规格、型号
计量单位	台
工程内容	安装；无负荷试运转

<table>
<tr><td colspan="3">第六册：排水工程</td></tr>
<tr><td>分部工程</td><td>给水排水机械设备安装</td><td>定额编号</td></tr>
<tr><td>分项工程</td><td>悬挂式中心传动刮泥机安装</td><td>6-1110~6-1115</td></tr>
</table>

垂架式中心传动吸泥机总体

1—工作桥；2—刮臂；3—刮板；4—吸泥管；5—导流筒；6—中心进水柱管；
7—中心集泥槽；8—摆线减速机；9—蜗轮减速器；10—旋转支承；
11—扩散筒；12—转动竖架；13—水下轴承；14—撇渣板；15—排渣斗

垂架式中心传动刮、吸泥机主要适用于给水辐流式沉淀池、排水初沉池、排水二次沉淀池刮泥、排水二次沉淀池吸泥、污泥浓缩池。

定额项目说明

计量单位	台
已包括的内容	场内运输、脚手架搭设；设备组装；附件安装；调整、加油、试验、无负荷试运转
未包括的内容	基础地脚螺栓孔、预埋件的修整及调整；因施工场地所引起的二次搬运、装拆；供货设备及附件的处理、修改、加工等；与设备本体不相连的附属设备或构件的安装等；设备变速箱、齿轮箱的用油和设备试运转所用的油、水、电等；专用、特殊垫铁、地脚螺栓等标准件和紧固件；负荷试运转、生产准备试运转；设备、构件等自安装现场指定堆放地点外的运输；池底找平
未计价材料	
相关工程	

清单项目说明

项目名称	吸泥机、刮泥机
项目编码	040507014、040507015
项目特征	规格、型号
计量单位	台
工程内容	安装；无负荷试运转

第六册：排水工程		
分部工程	给水排水机械设备安装	定额编号
分项工程	垂架式中心传动刮、吸泥机安装	6-1116~6-1121

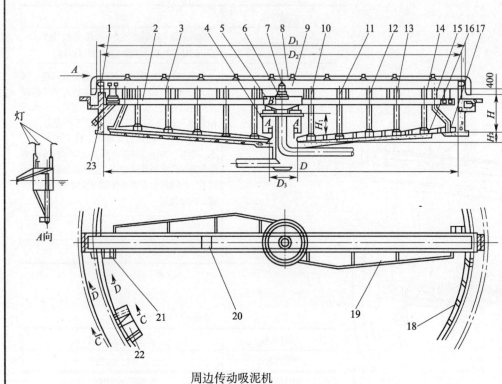

周边传动吸泥机

1—传动装置；2—排泥槽；3—锥阀；4—稳流筒；5—中心泥缸；6—中心筒；
7—中心支座；8—输电气管；9—钢梁；10~15—吸泥装置；16、17—刮板；
18—溢流堰；19—排渣装置；20—走道板；21—浮渣耙板；22—渣斗；23—触阀

周边传动吸泥机主要适用于给水辐流式沉淀池、排水初沉池、排水二次沉淀池刮泥、排水二次沉淀池吸泥、污泥浓缩池。

定额项目说明

计量单位	台
已包括的内容	场内运输、脚手架搭设；设备组装；附件安装；调整、加油、试验、无负荷运转
未包括的内容	基础地脚螺栓孔、预埋件的修整及调整；因施工场地所引起的二次搬运、装拆；供货设备及附件的处理、修改、加工等；与设备本体不相连的附属设备或构件的安装等；设备变速箱、齿轮箱的用油和设备试运转所用的油、水、电等；专用、特殊垫铁、地脚螺栓等标准件和紧固件；负荷试运转、生产准备试运转；设备、构件等自安装现场指定堆放地点外的运输；池底找平
未计价材料	
相关工程	

清单项目说明

项目名称	吸泥机
项目编码	040507014
项目特征	规格、型号
计量单位	台
工程内容	安装；无负荷试运转

第六册：排水工程		
分部工程	给水排水机械设备安装	定额编号
分项工程	周边传动吸泥机安装	6-1122~6-1127

套轴式中心传动刮泥机

1—驱动装置；2—传动主轴；3—斜拉杆；4—水平拉杆；5—刮臂；
6—刮板；7—水下轴承；8—集泥槽刮板

澄清池机械搅拌刮泥机主要适用于澄清池。按传动方式的不同，可分为套轴式中心传动刮泥机和销齿传动刮泥机。

定额项目说明

计量单位	台
已包括的内容	场内运输；设备吊装、精平组装；附件安装；调整、加油、试验、无负荷试运转
未包括的内容	基础地脚螺栓孔、预埋件的修整及调整；因施工场地所引起的二次搬运、装拆；供货设备及附件的处理、修改、加工等；与设备本体不相连的附属设备或构件的安装等；设备变速箱、齿轮箱的用油和设备试运转所用的油、水、电等；专用、特殊垫铁、地脚螺栓等标准件和紧固件；负荷试运转、生产准备试运转；设备、构件等自安装现场指定堆放地点外的运输；池底找平
未计价材料	
相关工程	

清单项目说明

项目名称	刮泥机
项目编码	040507015
项目特征	规格、型号
计量单位	台
工程内容	安装；无负荷试运转

第六册：排水工程

分部工程	给水排水机械设备安装	定额编号
分项工程	澄清池机械搅拌刮泥机安装	6-1128~6-1131

263

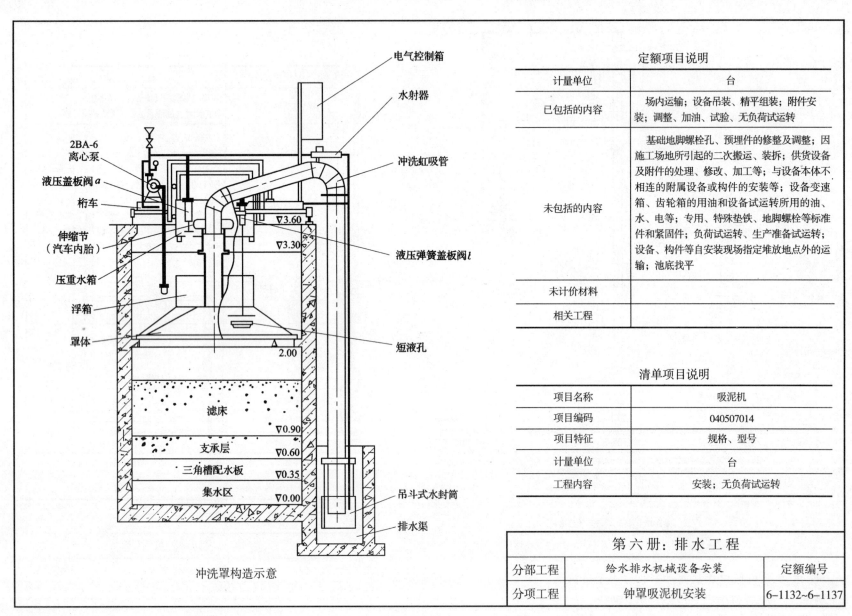

冲洗罩构造示意

电气控制箱
水射器
2BA-6 离心泵
冲洗虹吸管
液压盖板阀 a
桁车
液压弹簧盖板阀 l
伸缩节（汽车内胎）
压重水箱
浮箱
罩体
短液孔
滤床
支承层
三角槽配水板
集水区
吊斗式水封筒
排水渠

▽3.60
▽3.30
2.00
▽0.90
▽0.60
▽0.35
▽0.00

定额项目说明

计量单位	台
已包括的内容	场内运输；设备吊装、精平组装；附件安装；调整、加油、试验、无负荷试运转
未包括的内容	基础地脚螺栓孔、预埋件的修整及调整；因施工场地所引起的二次搬运、装拆；供货设备及附件的处理、修改、加工等；与设备本体不相连的附属设备或构件的安装等；设备变速箱、齿轮箱的用油和设备试运转所用的油、水、电等；专用、特殊垫铁、地脚螺栓等标准件和紧固件；负荷试运转、生产准备试运转；设备、构件等自安装现场指定堆放地点外的运输；池底找平
未计价材料	
相关工程	

清单项目说明

项目名称	吸泥机
项目编码	040507014
项目特征	规格、型号
计量单位	台
工程内容	安装；无负荷试运转

第六册：排水工程		
分部工程	给水排水机械设备安装	定额编号
分项工程	钟罩吸泥机安装	6-1132~6-1137

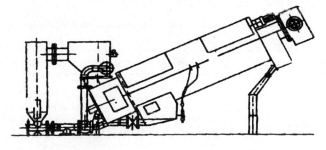

脱水机污泥处理工艺流程

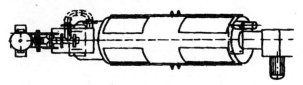

脱水机外形

辊压转鼓式污泥脱水机是一种对稀泥浆进行浓缩和脱水的设备，适用于给水排水、环保、化工、造纸、冶金、食品等行业的各类污泥的浓缩和脱水处理。

定额项目说明

计量单位	台
已包括的内容	场内运输；设备吊装、精平组装；附件安装；调整、加油、试验、无负荷试运转
未包括的内容	基础地脚螺栓孔、预埋件的修整及调整；因施工场地所引起的二次搬运、装拆；供货设备及附件的处理、修改、加工等；与设备本体不相连的附属设备或构件的安装等；设备变速箱、齿轮箱的用油和设备试运转所用的油、水、电等；专用、特殊垫铁、地脚螺栓等标准件和紧固件；负荷试运转、生产准备试运转；设备、构件等自安装现场指定堆放地点外的运输
未计价材料	
相关工程	

清单项目说明

项目名称	辊压转鼓式污泥脱水机
项目编码	040507016
项目特征	规格、型号
计量单位	台
工程内容	安装；无负荷试运转

第六册：排水工程		
分部工程	给水排水机械设备安装	定额编号
分项工程	辊压转鼓式污泥脱水机安装	6-1138~6-1139

265

絮凝剂入口φ25　　給料管　　　排料辊

加压区五种结构型式

电源接线盒　　　清洗水出口接内径φ51软胶管

污液出口　　压缩空气入口　　卸料点　　冲洗水入口接内径φ64软胶管

CPF型带式压滤机外形

带式压滤机是一种高效固液分离设备，适用于煤炭、冶金、化工、医药、轻纺、造纸和城市废水等各行业污水的处理。

定额项目说明

计量单位	台
已包括的内容	场内运输；设备吊装；精平组装；附件安装；调整、加油、试验、无负荷试运转
未包括的内容	基础地脚螺栓孔、预埋件的修整及调整；因施工场地所引起的二次搬运、装拆；供货设备及附件的处理、修改、加工等；与设备本体不相连的附属设备或构件的安装等；设备变速箱、齿轮箱的用油和设备试运转所用的油、水、电等；专用、特殊垫铁、地脚螺栓等标准件和紧固件；负荷试运转、生产准备试运转；设备、构件等自安装现场指定堆放地点外的运输
未计价材料	
相关工程	

清单项目说明

项目名称	带式压滤机
项目编码	040507017
项目特征	设备质量
计量单位	台
工程内容	安装；无负荷试运转

第六册：排水工程		
分部工程	给水排水机械设备安装	定额编号
分项工程	带式压滤机安装	6-1140~6-1144

高效率离心脱水机

高效率离心脱水机工作原理示意

离心脱水机适用于城市污水处理厂及工业废水处理中剩余污泥的脱水工艺。若配合投加高分子絮凝剂，则脱水效果更佳。

定额项目说明

计量单位	台
已包括的内容	场内运输；设备吊装、精平组装；附件安装；调整、加油、试验、无负荷试运转
未包括的内容	基础地脚螺栓孔、预埋件的修整及调整；因施工场地所引起的二次搬运、装拆；供货设备及附件的处理、修改、加工等；与设备本体不相连的附属设备或构件的安装等；设备变速箱、齿轮箱的用油和设备试运转所用的油、水、电等；专用、特殊垫铁、地脚螺栓等标准件和紧固件；负荷试运转、生产准备试运转；设备、构件等自安装现场指定堆放地点外的运输
未计价材料	
相关工程	

清单项目说明

项目名称	污泥造粒脱水机
项目编码	040507018
项目特征	转鼓直径
计量单位	台
工程内容	安装；无负荷试运转

第六册：排水工程		
分部工程	给水排水机械设备安装	定额编号
分项工程	污泥造粒脱水机安装	6-1145~6-1148

DN 2000明杆式圆形闸门布置

1—手电两用启闭机；2—螺杆；3—夹壳联轴器；
4—轴导架；5—联接杆；6—闸门；7—吊块；
8—青铜密封圈；9—楔块

定额项目说明

计量单位	座
已包括的内容	场内运输；闸门安装；找正、试漏；试验、无负荷试运转
未包括的内容	基础地脚螺栓孔、预埋件的修整及调整；因施工场地所引起的二次搬运、装拆；供货设备及附件的处理、修改、加工等；与设备本体不相连的附属设备或构件的安装等；设备变速箱、齿轮箱的用油和设备试运转所用的油、水、电等；专用、特殊垫铁、地脚螺栓等标准件和紧固件；负荷试运转、生产准备试运转；设备、构件等自安装现场指定堆放地点外的运输
未计价材料	
相关工程	

清单项目说明

项目名称	闸 门
项目编码	040507019
项目特征	闸门材质；闸门形式；闸门规格、型号
计量单位	座
工程内容	安装

第六册：排水工程		
分部工程	给水排水机械设备安装	定额编号
分项工程	铸铁圆闸门及驱动装置安装	6–1149~6–1160

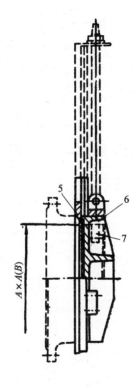

方形及矩形闸门基本形式

1—楔紧装置；2—门框（含导轨）；3—传动螺杆；4—吊耳；
5—密封座；6—门板；7—吊块螺母

定额项目说明

计量单位	座
已包括的内容	场内运输；闸门安装；找正、试漏；试验、无负荷试运转
未包括的内容	基础地脚螺栓孔、预埋件的修整及调整；因施工场地所引起的二次搬运、装拆；供货设备及附件的处理、修改、加工等；与设备本体不相连的附属设备或构件的安装等；设备变速箱、齿轮箱的用油和设备试运转所用的油、水、申等；专用、特殊垫铁、地脚螺栓等标准件和紧固件；负荷试运转、生产准备试运转；设备、构件等自安装现场指定堆放地点外的运输
未计价材料	
相关工程	

清单项目说明

项目名称	闸 门
项目编码	040507019
项目特征	闸门材质；闸门形式；闸门规格、型号
计量单位	座
工程内容	安装

第六册：排水工程		
分部工程	给水排水机械设备安装	定额编号
分项工程	铸铁方闸门及驱动装置安装	6-1161~6-1171

1100×900平面钢闸门
1—吊环；2—闸门；3—止水橡皮；4—闸门楔块；
5—门槽楔块；6—门槽

定额项目说明

计量单位	座
已包括的内容	场内运输；闸门安装；找正、试漏；试验、无负荷试运转
未包括的内容	基础地脚螺栓孔、预埋件的修整及调整；因施工场地所引起的二次搬运、装拆；供货设备及附件的处理、修改、加工等；与设备本体不相连的附属设备或构件的安装等；设备变速箱、齿轮箱的用油和设备试运转所用的油、水、电等；专用、特殊垫铁、地脚螺栓等标准件和紧固件；负荷试运转、生产准备试运转；设备、构件等自安装现场指定堆放地点外的运输
未计价材料	
相关工程	

清单项目说明

项目名称	闸门
项目编码	040507019
项目特征	闸门材质；闸门形式；闸门规格、型号
计量单位	座
工程内容	安装

第六册：排水工程		
分部工程	给水排水机械设备安装	定额编号
分项工程	钢制闸门及驱动装置安装	6-1172~6-1181

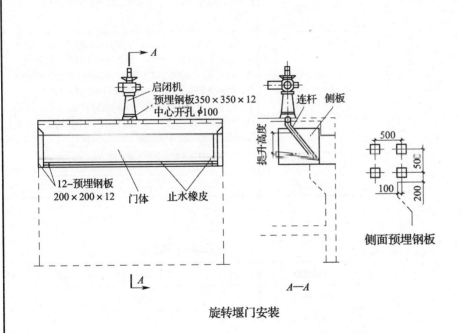

启闭机
预埋钢板350×350×12
中心开孔 φ100

连杆 侧板

提升高度

12-预埋钢板
200×200×12
门体 止水橡皮

500

50

100

200

侧面预埋钢板

A—A

旋转堰门安装

定额项目说明

计量单位	座
已包括的内容	场内运输；闸门安装；找正、试漏；试验、无负荷试运转
未包括的内容	基础地脚螺栓孔、预埋件的修整及调整；因施工场地所引起的二次搬运、装拆；供货设备及附件的处理、修改、加工等；与设备本体不相连的附属设备或构件的安装等；设备变速箱、齿轮箱的用油和设备试运转所用的油、水、电等；专用、特殊垫铁、地脚螺栓等标准件和紧固件；负荷试运转、生产准备试运转；设备、构件等自安装现场指定堆放地点外的运输
未计价材料	
相关工程	

清单项目说明

项目名称	旋转门
项目编码	040507020
项目特征	材质；规格、型号
计量单位	座
工程内容	安装

第六册：排水工程

分部工程	给水排水机械设备安装	定额编号
分项工程	旋转门及驱动装置安装	6-1182~6-1183

271

单吊点可调式堰门

双吊点可调式堰门

定额项目说明

计量单位	座
已包括的内容	场内运输；闸门安装；找正、试漏；试验、无负荷试运转
未包括的内容	基础地脚螺栓孔、预埋件的修整及调整；因施工场地所引起的二次搬运、装拆；供货设备及附件的处理、修改、加工等；与设备本体不相连的附属设备或构件的安装等；设备变速箱、齿轮箱的用油和设备试运转所用的油、水、电等；专用、特殊垫铁、地脚螺栓等标准件和紧固件；负荷试运转、生产准备试运转；设备、构件等自安装现场指定堆放地点外的运输
未计价材料	
相关工程	

清单项目说明

项目名称	堰 门
项目编码	040507021
项目特征	材质；规格
计量单位	座
工程内容	安装

堰门适用于调节水池水位，计量流过堰门的流量，堰门的材料一般为铸铁和钢，也可采用木材或塑料。可调式堰门按开启方式可分为直行程堰门和旋转堰门。常用于污水处理厂的配水井、氧化沟等构筑物，能与其他污水处理装置配合使用，适用于自动化控制的工艺要求。

第六册：排水工程		
分部工程	给水排水机械设备安装	定额编号
分项工程	铸铁堰门及驱动装置安装	6-1184~6-1188

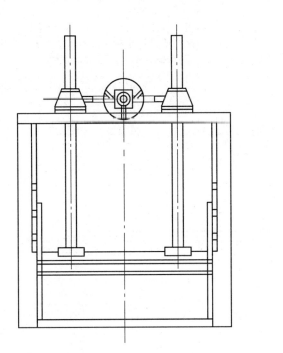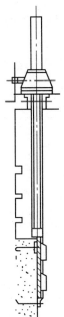

定额项目说明

计量单位	座
已包括的内容	场内运输；闸门安装；找正、试漏、试验、无负荷试运转
未包括的内容	基础地脚螺栓孔、预埋件的修整及调整；因施工场地所引起的二次搬运、装拆；供货设备及附件的处理、修改、加工等；与设备本体不相连的附属设备或构件的安装等；设备变速箱、齿轮箱的用油和设备试运转所用的油、水、电等；专用、特殊垫铁、地脚螺栓等标准件和紧固件；负荷试运转、生产准备试运转；设备、构件等自安装现场指定堆放地点外的运输
禾计价材料	
相关工程	

清单项目说明

项目名称	堰 门
项目编码	040507021
项目特征	材质；规格
计量单位	座
工程内容	安装

第六册：排水工程

分部工程	给水排水机械设备安装	定额编号
分项工程	钢制调节堰门及驱动装置安装	6-1189~6-1192

1—闸框；2—闸板；3—螺纹销；4—导轨板；5—闸板；6—启闭机

定额项目说明

计量单位	座
已包括的内容	场内运输；闸门安装；找正、试漏；试验、无负荷试运转
未包括的内容	基础地脚螺栓孔、预埋件的修整及调整；因施工场地所引起的二次搬运、装拆；供货设备及附件的处理、修改、加工等；与设备本体不相连的附属设备或构件的安装等；设备变速箱、齿轮箱的用油和设备试运转所用的油、水、电等；专用、特殊垫铁、地脚螺栓等标准件和紧固件；负荷试运转、生产准备试运转；设备、构件等自安装现场指定堆放地点外的运输
未计价材料	
相关工程	

清单项目说明

项目名称	升杆式铸铁泥阀
项目编码	040507022
项目特征	公称直径
计量单位	座
工程内容	安装

第六册：排水工程		
分部工程	给水排水机械设备安装	定额编号
分项工程	升杆式铸铁泥阀及驱动装置安装	6-1193~6-1197

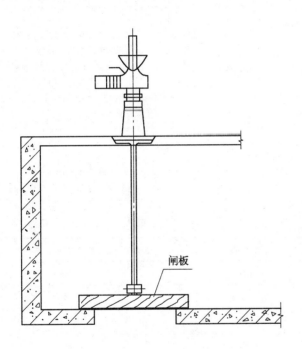

闸板

定额项目说明

计量单位	座
已包括的内容	场内运输；闸门安装；找正、试漏；试验、无负荷试运转
未包括的内容	基础地脚螺栓孔、预埋件的修整及调整；因施工场地所引起的二次搬运、装拆；供货设备及附件的处理、修改、加工等；与设备本体不相连的附属设备或构件的安装等；设备变速箱、齿轮箱的用油和设备试运转所用的油、水、电等；专用、特殊垫铁、地脚螺栓等标准件和紧固件；负荷试运转、生产准备试运转；设备、构件等自安装现场指定堆放地点外的运输
未计价材料	
相关工程	

清单项目说明

项目名称	平底盖闸
项目编码	040507023
项目特征	公称直径
计量单位	座
工程内容	安装

第六册：排水工程

分部工程	给水排水机械设备安装	定额编号
分项工程	平底盖闸及驱动装置安装	6-1198~6-1202

275

手动启闭机

电动启闭机

定额项目说明

计量单位	台
已包括的内容	场内运输；安装就位；找正、试漏；检查、加油、试验、无负荷试运转
未包括的内容	基础地脚螺栓孔、预埋件的修整及调整；因施工场地所引起的二次搬运、装拆；供货设备及附件的处理、修改、加工等；与设备本体不相连的附属设备或构件的安装等；设备变速箱、齿轮箱的用油和设备试运转所用的油、水、电等；专用、特殊垫铁、地脚螺栓等标准件和紧固件；负荷试运转、生产准备试运转；设备、构件等自安装现场指定堆放地点外的运输
未计价材料	
相关工程	

清单项目说明

项目名称	启闭机械
项目编码	040507024
项目特征	规格、型号
计量单位	台
工程内容	安装

第六册：排水工程		
分部工程	给水排水机械设备安装	定额编号
分项工程	启闭机械及驱动装置安装	6-1203~6-1206

孔形集水槽

齿形集水槽

定额项目说明

计量单位	10m²
已包括的内容	集水槽、法兰制作；组对、焊接；酸洗、检查、试验；材料场内运输；钻孔和铣孔；除锈；刷一遍防锈漆、两遍调和漆
未包括的内容	因施工场地所引起的二次搬运、装拆；专用、特殊垫铁、地脚螺栓等标准件和紧固件；负荷试运转、生产准备试运转；设备、构件等自安装现场指定堆放地点外的运输
未计价材料	钢板
相关工程	

清单项目说明

项目名称	集水槽制作
项目编码	040507025
项目特征	材质；厚度
计量单位	m²
工程内容	制作；安装

第六册：排水工程		
分部工程	给水排水机械设备安装	定额编号
分项工程	集水槽制作	6-1207~6-1212

孔形集水槽

齿形集水槽

定额项目说明

计量单位	10m²
已包括的内容	场内运输；安装、固定；除锈；刷一遍防锈漆、两遍调和漆；检查、试验、无负荷试运转
未包括的内容	基础地脚螺栓孔、预埋件的修整及调整；因施工场地所引起的二次搬运、装拆；供货设备及附件的处理、修改、加工等；与设备本体不相连的附属设备或构件的安装等；专用、特殊垫铁、地脚螺栓等标准件和紧固件；设备、构件等自安装现场指定堆放地点外的运输
未计价材料	
相关工程	

清单项目说明

项目名称	集水槽制作
项目编码	040507025
项目特征	材质；厚度
计量单位	m²
工程内容	制作；安装

第六册：排水工程		
分部工程	给水排水机械设备安装	定额编号
分项工程	集水槽安装	6-1213~6-1218

不锈钢堰板

定额项目说明

计量单位	10m²
已包括的内容	集水槽、法兰制作;组对、焊接;酸洗、检查、试验;材料场内运输
未包括的内容	因施工场地所引起的二次搬运、装拆;专用、特殊垫铁、地脚螺栓等标准件和紧固件;负荷试运转、生产准备试运转;设备、构件等自安装现场指定堆放地点外的运输
未计价材料	钢板(不锈钢板)
相关工程	

清单项目说明

项目名称	堰板制作
项目编码	040507026
项目特征	堰板材质;堰板厚度;堰板形式
计量单位	m²
工程内容	制作;安装

第六册:排水工程

分部工程	给水排水机械设备安装	定额编号
分项工程	齿形堰板制作	6-1219~6-1224

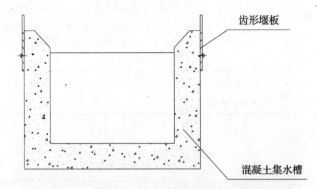

齿形堰板

混凝土集水槽

不锈钢堰板

定额项目说明

计量单位	10m²
已包括的内容	场内运输；安装、固定；焊接或粘接；检查、试验、无负荷试运转
未包括的内容	基础地脚螺栓孔、预埋件的修整及调整；因施工场地所引起的二次搬运、装拆
未计价材料	
相关工程	

清单项目说明

项目名称	堰板制作
项目编码	040507026
项目特征	堰板材质；堰板厚度；堰板形式
计量单位	m²
工程内容	制作；安装

第六册：排水工程		
分部工程	给水排水机械设备安装	定额编号
分项工程	齿形堰板安装	6-1225~6-1230

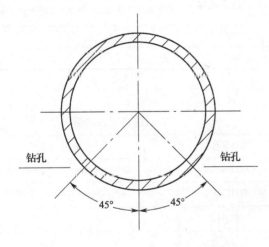

计量单位	100个
已包括的内容	场内运输；切管、钻孔
未包括的内容	因施工场地所引起的二次搬运、装拆；供货设备及附件的处理、修改、加工等；负荷试运转、生产准备试运转；设备、构件等自安装现场指定堆放地点外的运输；穿孔管的对接、安装
未计价材料	
相关工程	

穿孔管钻孔适用于水厂的穿孔配水管、穿孔排泥管等各种材质管的钻孔。

第六册：排水工程		
分部工程	给水排水机械设备安装	定额编号
分项工程	穿孔管钻孔	6-1231~6-1238

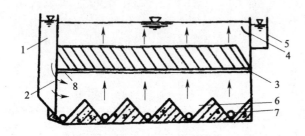

斜板（管）沉淀池

1—配水槽；2—穿孔墙；3—斜板或斜管；4—淹没孔口；
5—集水槽；6—集泥斗；7—排泥管；8—阻流板

斜管平面

斜管

斜管立面

定额项目说明

计量单位	10m²
已包括的内容	场内运输；斜板、斜管铺装；固定、螺栓连接；检查、试验、无负荷试运转
未包括的内容	基础地脚螺栓孔、预埋件的修整及调整；因施工场地所引起的二次搬运、装拆；斜板的加工制作
未计价材料	
相关工程	

清单项目说明

项目名称	斜板、斜管
项目编码	040507027、040507028
项目特征	材料品种；斜板厚度；斜管规格
计量单位	m²、m
工程内容	安装

第六册：排水工程		
分部工程	给水排水机械设备安装	定额编号
分项工程	斜板、斜管安装	6-1239~6-1240

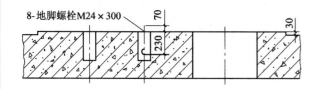

8-地脚螺栓M24×300

8-地脚孔150×150底板外轮廓

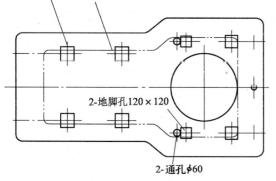

2-地脚孔120×120

2-通孔φ60

基础尺寸

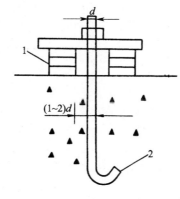

垫铁示意图
1—垫铁；2—地脚螺丝

注：1. 地脚板厚度可根据设备重量由土建决定。
　　2. 地脚孔也可做成通孔，但须配用双头螺栓、垫板固定。

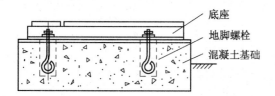

底座
地脚螺栓
混凝土基础

定额项目说明	
计量单位	m³
已包括的内容	清扫、冲洗；制作、安装、拆除模板；筛洗砂石；浇捣、养护
未包括的内容	基础地脚螺栓孔、预埋件的修整及调整；因施工场地所引起的二次搬运、装拆；专用、特殊垫铁、地脚螺栓等标准件和紧固件
未计价材料	
相关工程	

第六册：排水工程		
分部工程	给水排水机械设备安装	定额编号
分项工程	地脚螺栓孔、设备底座与基础间灌浆	6-1241~6-1250

第六部分
燃气与集中供热工程

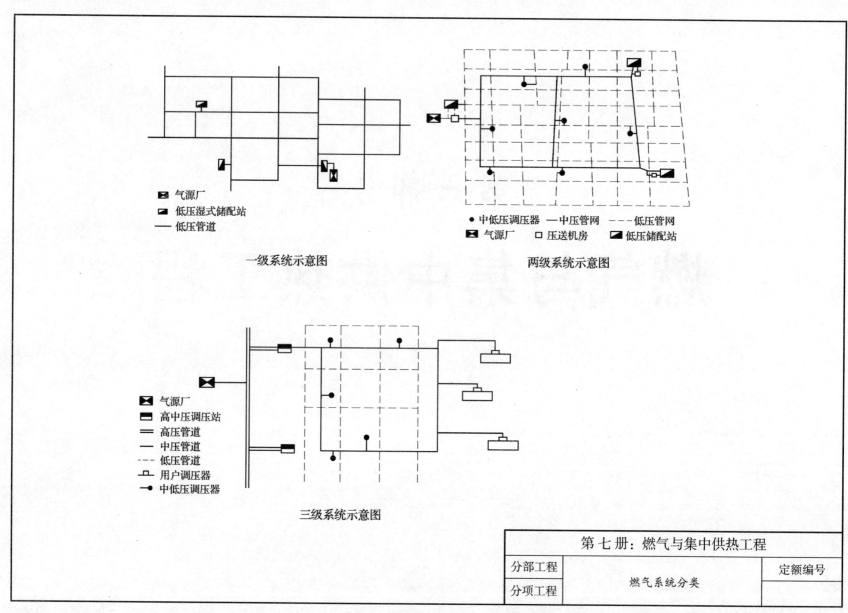

一级系统示意图

- ⊠ 气源厂
- ◩ 低压湿式储配站
- — 低压管道

两级系统示意图

- ● 中低压调压器　— 中压管网　--- 低压管网
- ⊠ 气源厂　　□ 压送机房　◩ 低压储配站

三级系统示意图

- ⊠ 气源厂
- ▬ 高中压调压站
- ═ 高压管道
- — 中压管道
- --- 低压管道
- 🗆 用户调压器
- ● 中低压调压器

第七册：燃气与集中供热工程		
分部工程	燃气系统分类	定额编号
分项工程		

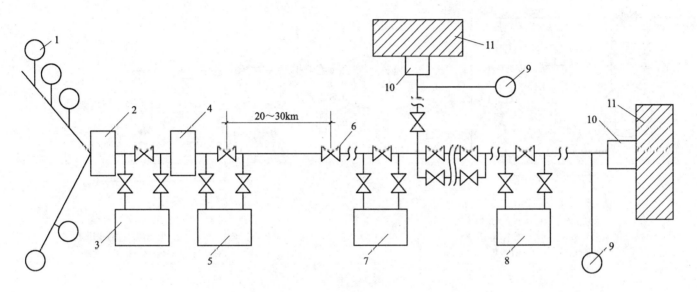

20～30km

1—井场装置；2—集气站；3—矿场压气站；4—天然气处理厂；
5—起点站或起点区气站；6—管线上阀门；7—中间压气站；
8—终点压气站；9—储气设备；10—燃气分配站；11—城镇或工业区

第七册：燃气与集中供热工程		
分部工程	燃气长距离输送系统	定额编号
分项工程		

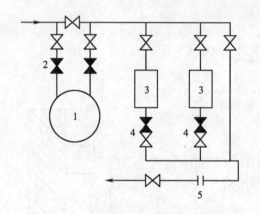

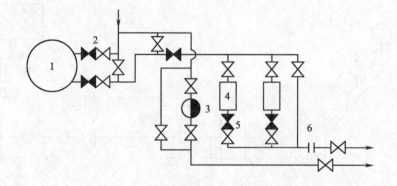

（a）低压储存，中压输送工艺流程

1—低压湿式储气柜；2—电动阀门；3—压送机；

4—止回阀；5—出口计量器

（b）低压储存，中低压分路输送工艺流程

1—低压湿式储气柜；2—电动阀门；3—调压器；

4—压送机；5—止回阀；6—出口计量器

燃气压送储存系统

第七册：燃气与集中供热工程		
分部工程	燃气压送储存系统	定额编号
分项工程		

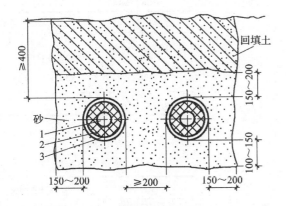

预制保温管直埋敷设
1—钢管；2—聚氨酯硬质泡沫塑料保温层；3—高密度聚乙烯保护外壳

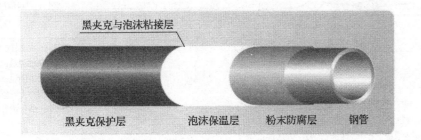

黑夹克与泡沫粘接层

黑夹克保护层　　泡沫保温层　　粉末防腐层　　钢管

定额项目说明	
计量单位	100m
已包括的内容	钢管焊接，人工发泡，保护管连接，防毒
未包括的内容	管件安装，压力试验，砂垫层
未计价材料	预制管，高密度聚乙烯连接套管，防毒罩
相关工程	

清单项目说明		
项目名称	钢管铺设	
项目编码	040501005	
项目特征	管材材质；管材规格；埋设深度；防腐、保温要求；压力等级；垫层厚度、材料品种、强度；基础断面形式、混凝土强度、石料最大粒径	
计量单位	m	
工程内容	垫层铺筑；混凝土基础浇筑；混凝土管座浇筑；管道防腐；管道铺设；管道接口；检测及试验；冲洗消毒或吹扫	

第七册：燃气与集中供热工程		
分部工程	管道安装	定额编号
分项工程	直埋式预制保温管安装	7-13~7-25

289

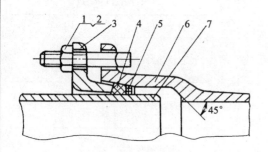

N1型胶圈机械接口

1—螺母；2—螺栓；3—压兰；4—胶圈；5—支承圈；
6—管体承口；7—管体插口

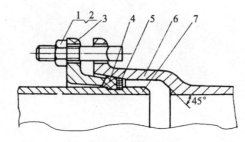

N型胶圈机械接口

1—螺母；2—螺栓；3—压兰；4—胶圈；
5—支承圈；6—管体承口；7—管体插口

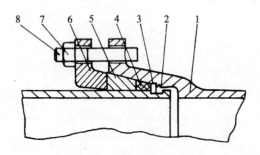

S型机械接口铸铁管接口连接

1—承口；2—插口；3—钢制支撑圈；4—隔离胶圈；
5—密封胶圈；6—压兰；7—螺母；8—螺栓

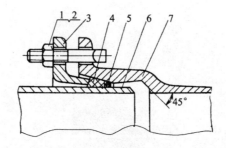

X型胶圈机械接口

1—螺母；2—螺栓；3—压兰；4—胶圈；
5—支承圈；6—管体插口；7—管体承口

定额项目说明

计量单位	10m
已包括的内容	上法兰，压力试验
未包括的内容	土方，防腐，通气前的置换费用
未计价材料	铸铁管、活动法兰
相关工程	

清单项目说明

项目名称	铸铁管铺设
项目编码	040501004
项目特征	管材材质；管材规格；埋设深度；接口形式；防腐、保温要求；垫层厚度、材料品种、强度；基础断面形式、混凝土强度、石料最大粒径
计量单位	m
工程内容	垫层铺筑；混凝土基础浇筑；管道防腐；管道铺设；管道接口；混凝土管座浇筑；井壁（墙）凿洞；检测及试验；冲洗消毒或吹扫

第七册：燃气与集中供热工程

分部工程	管道安装	定额编号
分项工程	活动法兰承插铸铁管安装（机械接口）	7-92~7-102

290

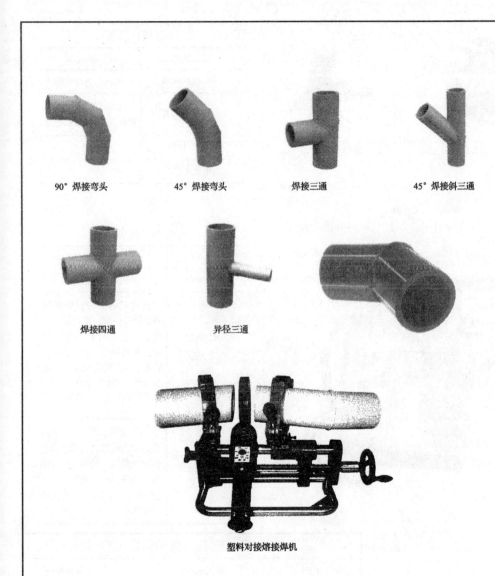

90° 焊接弯头　　　45° 焊接弯头　　　焊接三通　　　45° 焊接斜三通

焊接四通　　　异径三通

塑料对接熔接焊机

计量单位	100m
已包括的内容	熔接
未包括的内容	管件安装，压力试验，通气前的置换费用，探测线敷设
未计价材料	管道
相关工程	

清单项目说明

项目名称	塑料管道铺设
项目编码	040501006
项目特征	管道材料名称；管材规格；埋设深度；接口形式；垫层厚度、材料品种、强度；基础断面形式、混凝土强度、石料最大粒径；探测线要求
计量单位	m
工程内容	垫层铺筑；混凝土基础浇筑；管道防腐；管道铺设；探测线敷设；管道接口；混凝土管座浇筑；井壁（墙）凿洞；检测及试验；冲洗消毒或吹扫

第七册：燃气与集中供热工程

分部工程	管道安装	定额编号
分项工程	塑料管安装（对接熔接）	7-103~7-109

电熔三通

电熔异径三通

电熔异径套管

电熔旁通鞍型

电熔封堵鞍型

电熔直通鞍型

电熔套管

定额项目说明

计量单位	100m
已包括的内容	熔接，管件安装
未包括的内容	压力试验，通气前的置换费用，探测线敷设
未计价材料	管道
相关工程	

清单项目说明

项目名称	塑料管道铺设
项目编码	040501006
项目特征	管道材料名称；管材规格；埋设深度；接口形式；垫层厚度、材料品种、强度；基础断面形式、混凝土强度、石料最大粒径；探测线要求
计量单位	m
工程内容	垫层铺筑；混凝土基础浇筑；管道防腐；管道铺设；探测线敷设；管道接口；混凝土管座浇筑；井壁（墙）凿洞；检测及试验；冲洗消毒或次扫

第七册：燃气与集中供热工程

分部工程	管道安装	定额编号
分项工程	塑料管安装（电熔管件熔接）	7-110~7-116

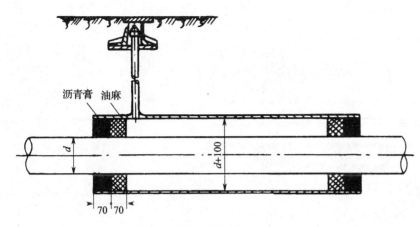

沥青膏　油麻

d

$d+100$

70 70

在套管中煤气管道的敷设

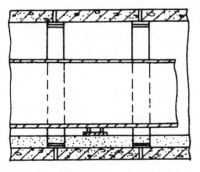

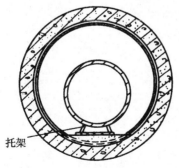

托架

套管内管道安装示意

定额项目说明

计量单位	10m
已包括的内容	直管安装
未包括的内容	套管铺设，管件安装，压力试验，防腐，通气前的置换费用
未计价材料	管道、滚轮、垫圈、封堵材料
相关工程	

清单项目说明

项目名称	套管内铺设管道
项目编码	040501009
项目特征	管材材质；管径、壁厚；接口形式；防腐要求；保温要求；压力等级
计量单位	m
工程内容	基础铺筑（支架制作安装）；管道防腐；穿管铺设；接口；检测及试验；冲洗消毒或吹扫；管道保温；防护

第七册：燃气与集中供热工程

分部工程	管道安装	定额编号
分项工程	套管内铺设钢板卷管	7-117~7-128

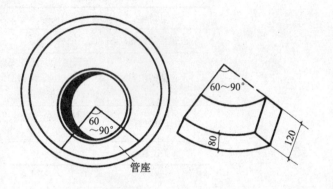

滑动管座

套管末端封口作法示意

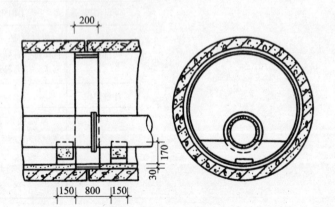

底部设置排水口的管座

第七册：燃气与集中供热工程		
分部工程	管道安装	定额编号
分项工程	套管内铺设铸铁管（机械接口）	7-129~7-138

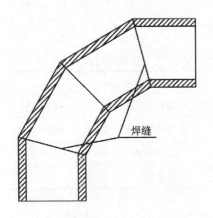

90° 弯头

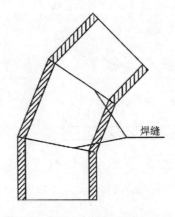

45° 弯头

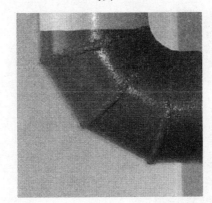

定额项目说明

计量单位	个
已包括的内容	下料、焊接成型
未包括的内容	安装
未计价材料	钢板卷管
相关工程	

清单项目说明

项目名称	钢管件安装
项目编码	040502003
项目特征	管件类型；管径、壁厚；压力等级
计量单位	个
工程内容	制作；安装

第 七 册：燃气与集中供热工程		
分部工程	管件制作、安装	定额编号
分项工程	焊接弯头制作	7-139~7-291

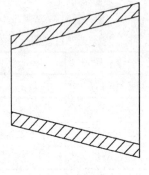

同心异径管

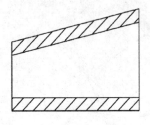

偏心异径管

定额项目说明

计量单位	个
已包括的内容	安装
未包括的内容	制作
未计价材料	弯头（异径管）
相关工程	

清单项目说明

项目名称	钢管件安装
项目编码	040502003
项目特征	管件类型；管径、壁厚；压力等级
计量单位	个
工程内容	制作；安装

第 七 册：燃气与集中供热工程		
分部工程	管件制作、安装	定额编号
分项工程	弯头（异径管）安装	7-292~7-348

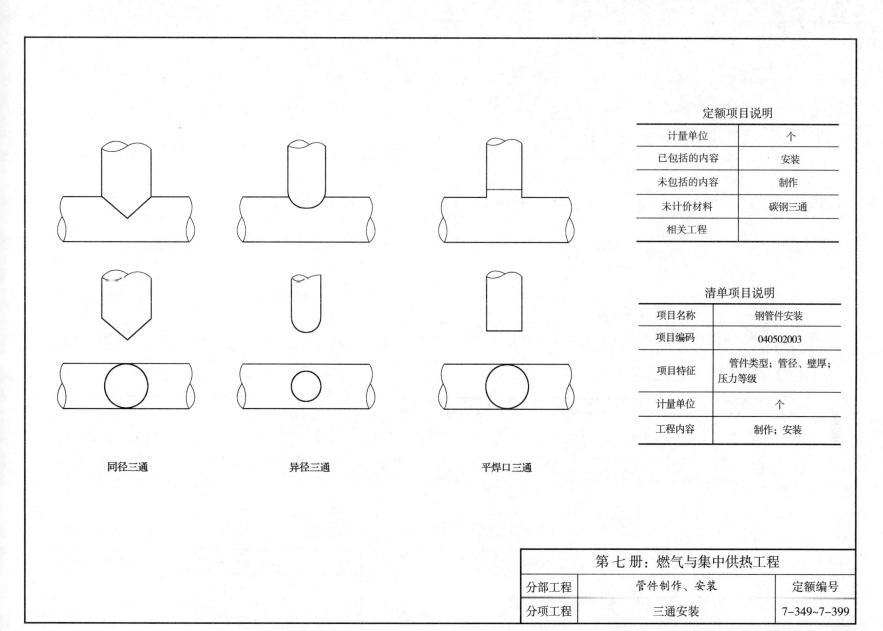

定额项目说明

计量单位	个
已包括的内容	安装
未包括的内容	制作
未计价材料	碳钢三通
相关工程	

清单项目说明

项目名称	钢管件安装
项目编码	040502003
项目特征	管件类型；管径、壁厚；压力等级
计量单位	个
工程内容	制作；安装

同径三通　　　　　　　　异径三通　　　　　　　平焊口三通

第七册：燃气与集中供热工程

分部工程	管件制作、安装	定额编号
分项工程	三通安装	7-349~7-399

297

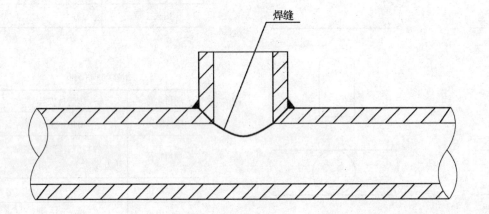

焊缝

计量单位	个
已包括的内容	组 对，加强筋焊接、油渗试验
未包括的内容	管道安装
未计价材料	
相关工程	

第 七 册：燃气与集中供热工程		
分部工程	管件制作、安装	定额编号
分项工程	挖眼接管	7-400~7-435

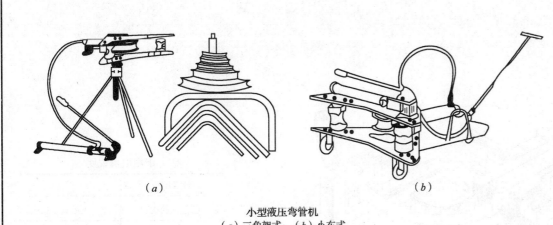

小型液压弯管机
（a）三角架式；（b）小车式

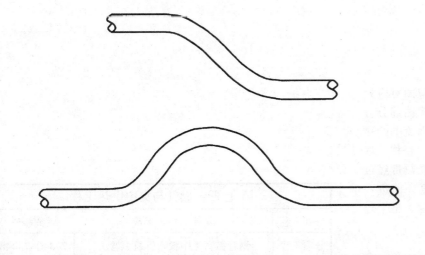

定额项目说明

计量单位	个
已包括的内容	修整
未包括的内容	管道安装
未计价材料	
相关工程	

第七册：燃气与集中供热工程		
分部工程	管件制作、安装	定额编号
分项工程	钢管揻弯（机械揻弯）	7-436~7-439

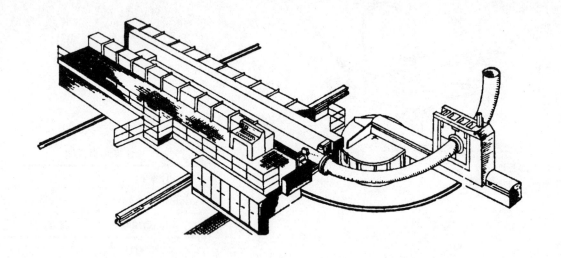

中频弯管机

定额项目说明

计量单位	个
已包括的内容	上、下胎具,加热
未包括的内容	管道安装
未计价材料	
相关工程	

　　中频弯管机是采用电感应圈,通过感应圈的电流交变,感应圈对应处的管壁中就相应产生感应涡流,使电能转变为热能,对管子的弯曲部分分段加热,采取边加热边揻弯,直至达到所需要的角度。管子在涡流电的热效应作用下,加热宽度一般为15～20mm,形成一个红色的环带,俗称"红带",当"红带"温度达到900℃时,就对红带进行微揻弯,受热带经过揻弯后立刻喷水冷却,使揻弯总是控制在红带以内,如此反复,前进一段,加热一段,微揻弯一段,冷却一段,即可弯成所需要的弯管,整个过程通过自控系统连续进行。

第七册:燃气与集中供热工程		
分部工程	管件制作、安装	定额编号
分项工程	钢管揻弯(中频弯管机揻弯)	7-440~7-448

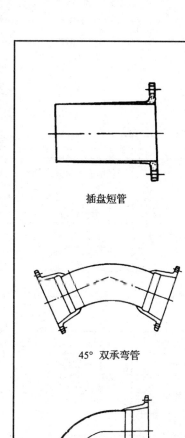

插盘短管

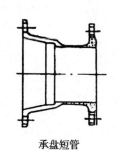

承盘短管

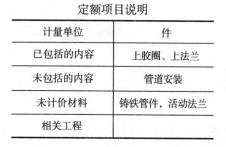

套管

定额项目说明

计量单位	件
已包括的内容	上胶圈、上法兰
未包括的内容	管道安装
未计价材料	铸铁管件，活动法兰
相关工程	

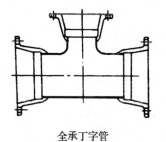

45° 双承弯管

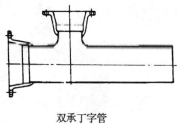

全承丁字管

双承丁字管

清单项目说明

项目名称	铸铁管件安装
项目编码	040502002
项目特征	类型；材质；规格；接口形式
计量单位	个
工程内容	安装

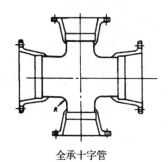

90° 双承弯管

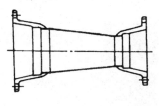

全承十字管

双承渐缩管

第七册：燃气与集中供热工程		
分部工程	管件制作、安装	定额编号
分项工程	铸铁管件安装（机械接口）	7-449～7-459

301

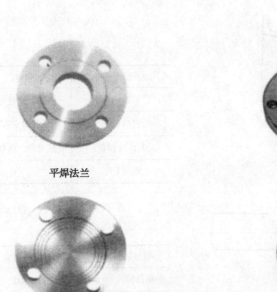

平焊法兰

法兰盖

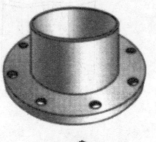

盲板

定额项目说明	
计量单位	组
已包括的内容	加垫、上法兰，压力试验
未包括的内容	管道安装
未计价材料	盲板，法兰
相关工程	

清单项目说明	
项目名称	盲（堵）板安装
项目编码	040502009
项目特征	盲板规格；盲板材料
计量单位	个
工程内容	法兰片焊接；安装

第 七 册：燃气与集中供热工程		
分部工程	管件制作、安装	定额编号
分项工程	盲（堵）板安装	7-460~7-469

内螺纹三通

外螺纹三通

内螺纹直接头

外螺纹直接头

内螺纹弯头

外螺纹弯头

定额项目说明

计量单位	个
已包括的内容	
未包括的内容	管道安装
未计价材料	钢塑过渡接头
相关工程	

清单项目说明

项目名称	钢塑转换件安装
项目编码	040502006
项目特征	转换件规格
计量单位	个
工程内容	安装

第七册：燃气与集中供热工程

分部工程	管件制作、安装	定额编号
分项工程	钢塑过渡接头安装	7-470~7-475

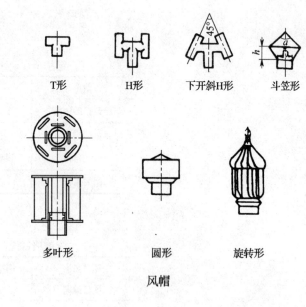

T形　　　H形　　　下开斜H形　　　斗笠形

多叶形　　　圆形　　　旋转形

风帽

定额项目说明	
计量单位	100kg
已包括的内容	制作、安装
未包括的内容	管道安装
未计价材料	
相关工程	制作、安装分别计算

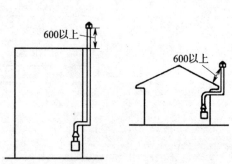

风帽安装位置示意图

第七册：燃气与集中供热工程		
分部工程	管件制作、安装	定额编号
分项工程	防雨环帽制作、安装	7-476~7-480

弯头管件

用于直埋热力管道改变方向时的管件。分为标准及非标准弯头、机制与热揻弯头

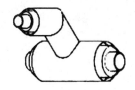

跨越三通

用于直埋热力管道分支管处的管件，且分支管与母管轴线处于不同平面

平面三通

具有使直埋热力管道外护管在土壤中位置固定并能承受土壤摩擦力的管件。通用在排潮、井壁密封处

排潮（气）管件

用于排出直埋蒸汽管道高温隔热层内的潮气或直埋热水管道中空气的管件

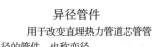

异径管件

用于改变直埋热力管道芯管管径的管件，也称变径

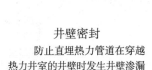

井壁密封

防止直埋热力管道在穿越热力井室的井壁时发生井壁渗漏的管件，它由滑动密封组件及密封防腐波纹管组成

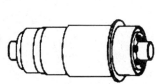

定额项目说明	
计量单位	100kg
已包括的内容	制作、安装
未包括的内容	管道安装
未计价材料	
相关工程	制作、安装分别计算

清单项目说明	
项目名称	钢管件安装
项目编码	040502003
项目特征	管件类型；管径、壁厚；压力等级
计量单位	个
工程内容	制作；安装

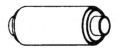

全定位节

内定位节

外定位节

第七册：燃气与集中供热工程		
分部工程	管件制作、安装	定额编号
分项工程	直埋式预制保温管管件安装	7-481~7-493

305

平焊

带颈平焊

对夹式蝶阀专用

环连接面对焊

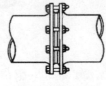

法兰连接

平焊法兰(电弧焊)

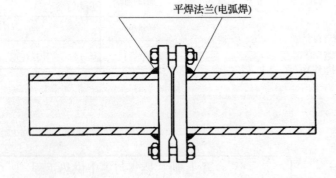

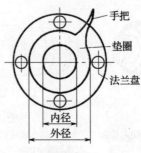

手把
垫圈
法兰盘
内径
外径

法兰垫片

定额项目说明

计量单位	副
已包括的内容	一个法兰垫片
未包括的内容	
未计价材料	法兰
相关工程	

清单项目说明

项目名称	钢管道间法兰连接
项目编码	040502007
项目特征	平焊法兰；公称直径；压力等级
计量单位	处
工程内容	法兰片焊接；法兰连接

第七册：燃气与集中供热工程

分部工程	法兰阀门安装	定额编号
分项工程	平焊法兰安装	7-494～7-521

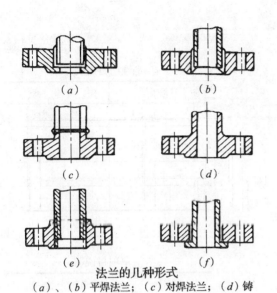

(a)   (b)

(c)   (d)

(e)   (f)

法兰的几种形式

（a）、（b）平焊法兰；（c）对焊法兰；（d）铸
钢法兰；（e）铸铁螺纹法兰；（f）翻边松套法兰

平焊

带颈平焊

对夹式蝶阀专用

环连接面对焊

对焊焊接

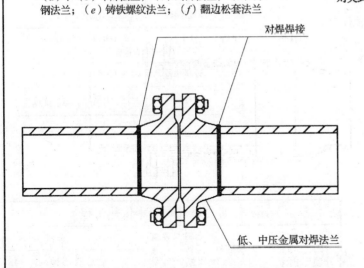

低、中压金属对焊法兰

定额项目说明

计量单位	副
已包括的内容	一个法兰垫片
未包括的内容	
未计价材料	法兰
相关工程	

清单项目说明

项目名称	钢管道间法兰连接
项目编码	040502007
项目特征	对焊法兰；公称直径；压力等级
计量单位	处
工程内容	法兰片焊接；法兰连接

第七册：燃气与集中供热工程

分部工程	法兰阀门安装	定额编号
分项工程	对焊法兰安装	7-522～7-538

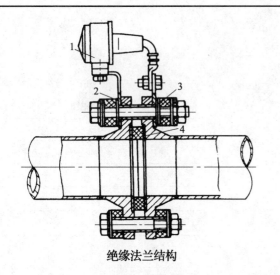

绝缘法兰结构

1—避雷器；2—绝缘套筒；3—绝缘垫片；4—法兰绝缘垫

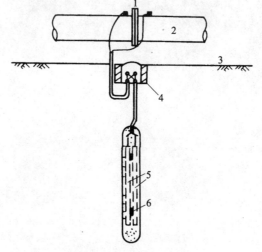

绝缘法兰处锌接地电池保护

1—绝缘法兰；2—管道；3—地表面；4—接线箱
5—锌阳板；6—绝缘垫块

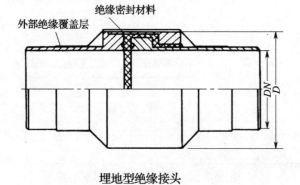

埋地型绝缘接头

外部绝缘覆盖层
绝缘密封材料

定额项目说明

计量单位	副
已包括的内容	绝缘套管
未包括的内容	管道安装；避雷器；锌接地电池保护
未计价材料	法兰
相关工程	

清单项目说明

项目名称	钢管道间法兰连接
项目编码	040502007
项目特征	绝缘法兰；公称直径；压力等级
计量单位	处
工程内容	法兰片焊接；法兰连接

第七册：燃气与集中供热工程		
分部工程	法兰阀门安装	定额编号
分项工程	绝缘法兰安装	7-539～7-548

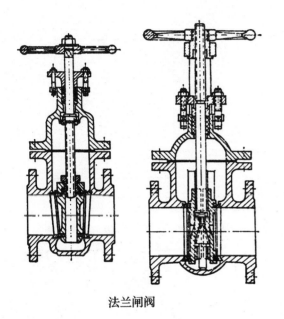

法兰闸阀

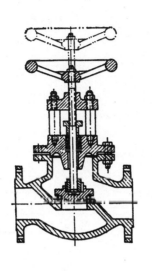

法兰截止阀

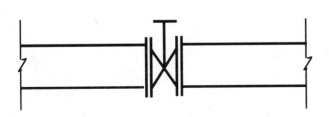

定额项目说明

计量单位	个
已包括的内容	一个法兰垫片
未包括的内容	法兰安装
未计价材料	法兰阀门
相关工程	

清单项日说明

项目名称	阀门安装
项目编码	040503001
项目特征	公称直径；压力要求；阀门类型
计量单位	个
工程内容	阀门解体、检查、清洗研磨、法兰片焊接；操纵装置安装；阀门安装；阀门压力试验

第七册：燃气与集中供热工程		
分部工程	法兰阀门安装	定额编号
分项工程	焊接法兰阀门安装	7-549～7-573

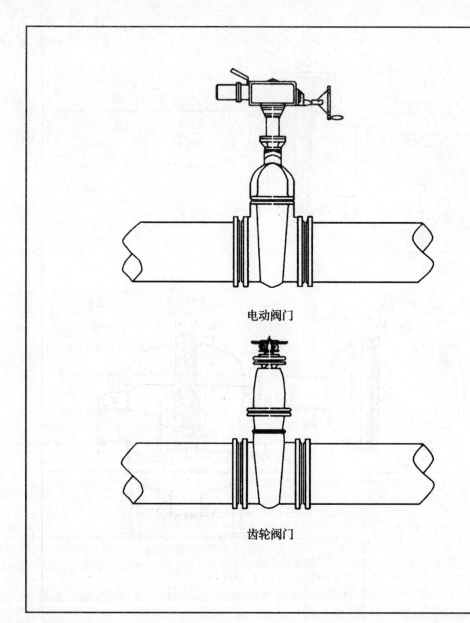

电动阀门

齿轮阀门

定额项目说明

计量单位	个
已包括的内容	一个法兰垫片
未包括的内容	法兰安装，电动机安装
未计价材料	阀门
相关工程	

清单项目说明

项目名称	阀门安装
项目编码	040503001
项目特征	公称直径；压力要求；阀门类型
计量单位	个
工程内容	阀门解体、检查、清洗研磨；法兰片焊接；操纵装置安装；阀门安装；阀门压力试验

第七册：燃气与集中供热工程		
分部工程	法兰阀门安装	定额编号
分项工程	低（中）压齿轮、电动传动阀门安装	7-574~7-588

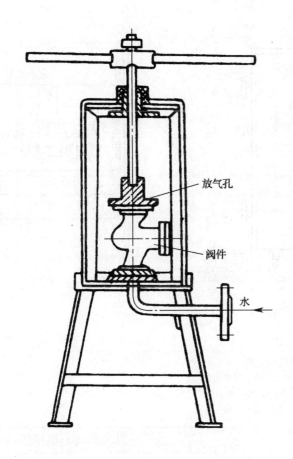

放气孔

阀件

水

计量单位	个
已包括的内容	压力试验；水
未包括的内容	安装
未计价材料	
相关工程	

第 七 册：燃气与集中供热工程		
分部工程	法兰阀门安装	定额编号
分项工程	阀门水压试验	7-589~7-598

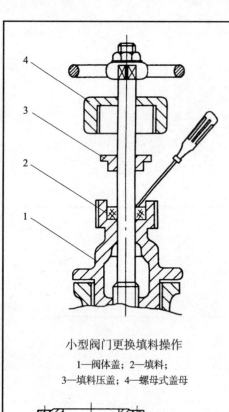

小型阀门更换填料操作

1—阀体盖；2—填料；
3—填料压盖；4—螺母式盖母

制备填料圈及装填排列法

（a）在木棍上缠绕填料圈；
（b）填料圈接口位置；
（c）填料圈在填料函内的排列
1—阀杆；2—填料函盖；
3—填料圈；4—填料函套

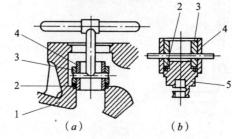

研磨截止阀

（a）研磨阀座；（b）研磨阀盘
1—阀座；2—密封圈；3—研磨器；
4—可更换套；5—阀瓣

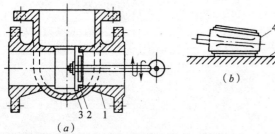
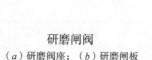

研磨闸阀

（a）研磨阀座；（b）研磨闸板
1—阀座；2—密封圈；3—研磨盘；4—闸板；5—研磨平台

定额项目说明	
计量单位	个
已包括的内容	清洗、研磨，压力试验
未包括的内容	安装
未计价材料	
相关工程	

第七册：燃气与集中供热工程		
分部工程	法兰阀门安装	定额编号
分项工程	低(中)压阀门解体、检查、清洗、研磨	7-599~7-639

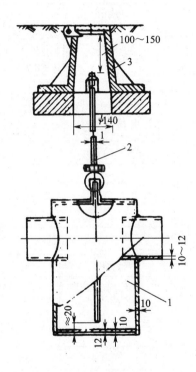

低压排水器

1—集水缸；2—吸水管；3—护盖

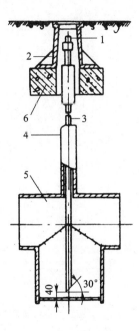

低压排水器

1—丝堵；2—防护罩；3—抽水管；
4—套管；5—集水器；6—底座

定额项目说明

计量单位	组
已包括的内容	排水立管、配管，防护罩，底座制作安装，压力试验
未包括的内容	凝水缸制作
未计价材料	碳钢凝水缸，混凝土，头部装置，井盖
相关工程	

清单项目说明

项目名称	凝水缸
项目编码	040507029
项目特征	材料品种；压力要求；型号、规格；接口
计量单位	组
工程内容	制作，安装

第 七 册：燃气与集中供热工程		
分部工程	燃气用设备安装	定额编号
分项工程	低压碳钢凝水缸安装	7-658~7-671

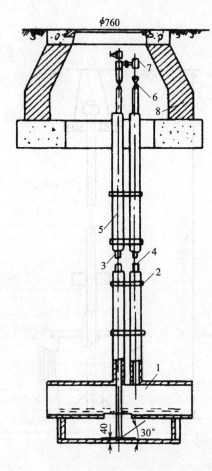

φ760

高、中压排水器

1—集水器；2—管卡；3—排水管；
4—循环管；5—套管；6—旋塞；7—丝堵；8—井圈

定额项目说明

计量单位	组
已包括的内容	排水立管、配管，小井砌筑，防护罩，底座制作安装，压力试验
未包括的内容	凝水缸制作
未计价材料	碳钢凝水缸，混凝土，头部装置，井盖
相关工程	

清单项目说明

项目名称	凝水缸
项目编码	040507029
项目特征	材料品种；压力要求；型号、规格；接口
计量单位	组
工程内容	制作，安装

第七册：燃气与集中供热工程		
分部工程	燃气用设备安装	定额编号
分项工程	中压碳钢凝水缸安装	7-672~7-685

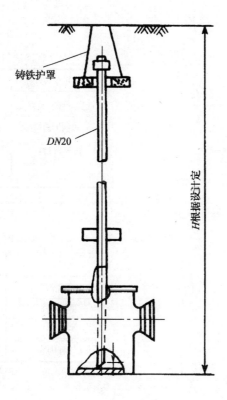

铸铁护罩

*DN*20

*H*根据设计定

定额项目说明

计量单位	组
已包括的内容	抽水立管安装，头部安装，小井砌筑，防护罩，井座、井盖安装
未包括的内容	
未计价材料	凝水器、法兰、混凝土、头部装置
相关工程	

清单项目说明

项目名称	凝水缸
项目编码	040507029
项目特征	材料品种；压力要求；型号、规格；接口
计量单位	组
工程内容	制作，安装

第七册：燃气与集中供热工程		
分部工程	燃气用设备安装	定额编号
分项工程	铸铁凝水缸安装	7-686~7-713

315

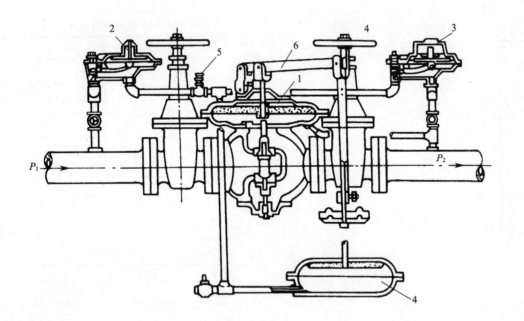

雷诺式调压器

1—主调压器；2—中压辅助调压器；3—低压辅助调压器；
4—压力平衡器；5—针形阀；6—杠杆
P_1—进口压力；P_2—出口压力

定额项目说明	
计量单位	组
已包括的内容	调试
未包括的内容	
未计价材料	调压器、法兰
相关工程	

清单项目说明

项目名称	调压器
项目编码	040507030
项目特征	型号、规格
计量单位	组
工程内容	安装

　　雷诺式调压器比其他类型的调压器结构复杂，占地面积较大，但通过流量大，调节性能好，无论进口压力和管网负荷在允许范围内如何变化，均能保持规定的出口压力，是国内应用较广泛的一种间接作用式中低压调压器。它主要用于区域调压及大用户专用调压。雷诺式调压器由主调压器、中压辅助调压器、低压辅助调压器、压力平衡器及针形阀组成。

第七册：燃气与集中供热工程		
分部工程	燃气用设备安装	定额编号
分项工程	雷诺式调压器	7-714~7-717

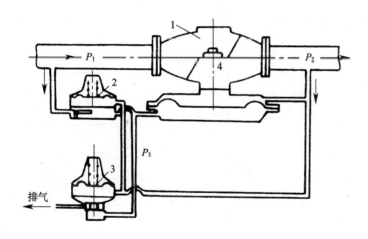

定额项目说明

计量单位	组
已包括的内容	调试
未包括的内容	
未计价材料	调压器、法兰
相关工程	

清单项目说明

项目名称	调压器
项目编码	040507030
项目特征	型号、规格
计量单位	组
工程内容	安装

T形调压器
1—主调压器；2—指挥器；3—排气阀；4—阀门

第七册：燃气与集中供热工程		
分部工程	燃气用设备安装	定额编号
分项工程	T形调压器	7-718~7-721

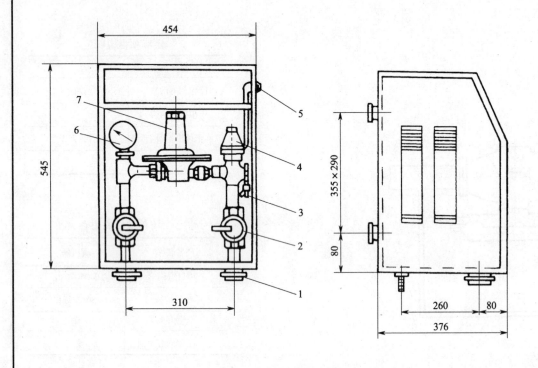

箱式调压器的构造

1—法兰；2—球阀；3—测压旋塞；4—安全阀；
5—安全阀放散口；6—压力表；7—调压器

定额项目说明

计量单位	组
已包括的内容	调压箱体安装，调试
未包括的内容	
未计价材料	调压器、调压箱罩
相关工程	

清单项目说明

项目名称	调压器
项目编码	040507030
项目特征	型号、规格
计量单位	组
工程内容	安装

第七册：燃气与集中供热工程		
分部工程	燃气用设备安装	定额编号
分项工程	箱式调压器	7-722~7-724

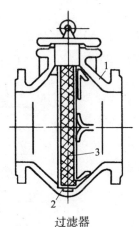

过滤器

1—外壳；2—夹圈；3—填料

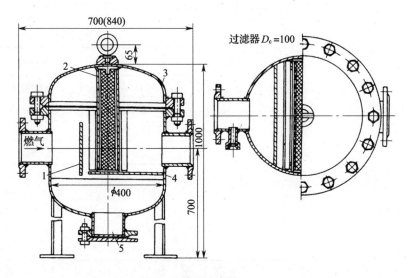

鬃毛过滤器

1—挡板；2—内装过滤材料的滤芯；
3—上盖；4—外壳；5—清扫孔

定额项目说明

计量单位	组
已包括的内容	调试，与设备连接的管道侧的法兰安装
未包括的内容	
未计价材料	鬃毛过滤器，法兰片
相关工程	

清单项目说明

项目名称	过滤器
项目编码	040507031
项目特征	型号、规格
计量单位	组
工程内容	安装

第七册：燃气与集中供热工程		
分部工程	燃气用设备安装	定额编号
分项工程	鬃毛过滤器安装	7-725~7-729

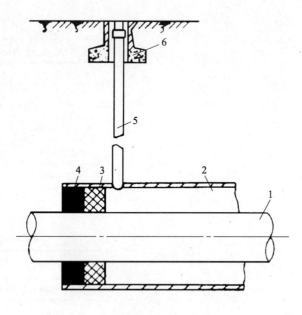

检漏管安装

1—燃气管道；2—套管；3—油麻填料；
4—沥青密封层；5—检漏管；6—防护罩

<table>
<tr><td colspan="2">定额项目说明</td></tr>
<tr><td>计量单位</td><td>组</td></tr>
<tr><td>已包括的内容</td><td>防护罩及底座</td></tr>
<tr><td>未包括的内容</td><td>套管安装</td></tr>
<tr><td>未计价材料</td><td>防护罩</td></tr>
<tr><td>相关工程</td><td></td></tr>
</table>

清单项目说明

项目名称	检漏管
项目编码	040507034
项目特征	规格
计量单位	组
工程内容	安装

　　检查检漏管内有无燃气，即可鉴定套管内的燃气管道的严密程度。一般根据套管的长度安装在套管的一端或在套管两端各装1个。

第七册：燃气与集中供热工程		
分部工程	燃气用设备安装	定额编号
分项工程	检漏管安装	7-736

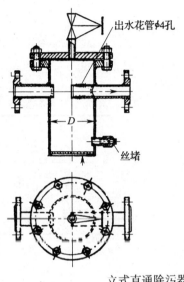

出水花管φ4孔

丝堵

立式直通除污器

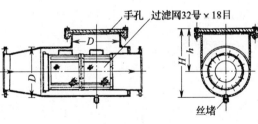

出水花管φ4孔

丝堵

50

手孔

镀锌钢丝网
32号×18目

丝堵

卧式角通除污器

手孔 过滤网32号×18目

丝堵

卧式直通除污器

定额项目说明

计量单位	组
已包括的内容	放风管，阀门安装，压力试验，法兰安装
未包括的内容	
未计价材料	除污器、法兰
相关工程	

清单项目说明

项目名称	过滤器
计量单位	组
项目编码	040507031
项目特征	型号，规格
工程内容	安装

除污器的作用是用来清除、过滤管路中的杂质和污垢，以保证系统内水质的清洁，减少阻力和防止堵塞调压板孔口和管路。除污器一般应设置于供暖系统的入口调压装置前。锅炉房循环水泵的吸入口和热交换设备前、其他小孔口阀（如自动排气阀等）也应装设除污器或过滤器。

第七册：燃气与集中供热工程		
分部工程	集中供热用容器具安装	定额编号
分项工程	除污器安装	7-760~7-764

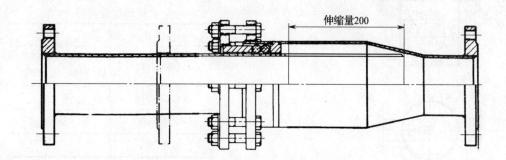

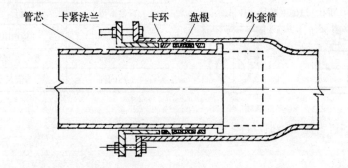

管芯　卡紧法兰　卡环　盘根　外套筒

定额项目说明	
计量单位	个
已包括的内容	压力试验
未包括的内容	法兰安装
未计价材料	法兰套管补偿器
相关工程	

清单项目说明	
项目名称	调长器
项目编码	040507035
项目特征	公称直径
计量单位	个
工程内容	安装

第七册：燃气与集中供热工程		
分部工程	集中供热用容器具安装	定额编号
分项工程	焊接钢套筒补偿器安装	7-765~7-775

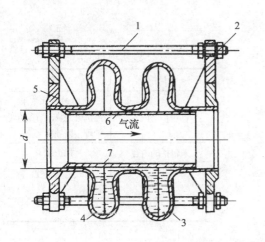

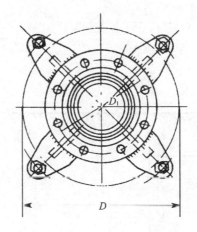

波形补偿器

1—螺杆；2—螺母；3—波节；4—石油沥青；5—法兰盘；6—套管；7—注入孔

定额项目说明

计量单位	个
已包括的内容	压力试验
未包括的内容	
未计价材料	法兰波纹补偿器
相关工程	

清单项目说明

项目名称	调长器
项目编码	040507035
项目特征	公称直径
计量单位	个
工程内容	安装

第七册：燃气与集中供热工程		
分部工程	集中供热用容器具安装	定额编号
分项工程	焊接法兰式波纹补偿器安装	7-776~7-782

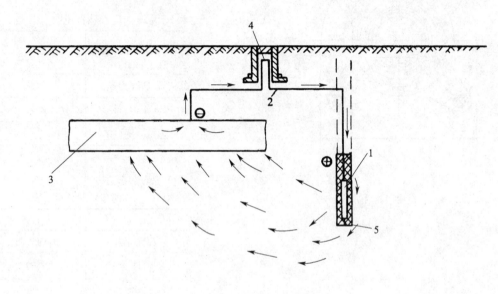

定额项目说明

计量单位	组
已包括的内容	阳极包制作安装，测试桩安装，沥青防腐处理，铜导线
未包括的内容	保护罩
未计价材料	混凝土测试桩，牺牲阳极棒
相关工程	

牺牲阳极保护原理
1—牺牲阳极；2—导线；
3—管道；4—检测柱；5—填料包

清单项目说明

项目名称	牺牲阳极、测试桩
项目编码	040507036
项目特征	牺牲阳极安装，测试桩安装，组合及要求
计量单位	组
工程内容	安装、测试

第 七 册：燃气与集中供热工程		
分部工程	管道检验	定额编号
分项工程	牺牲阳极、测试桩安装（1）	7-837

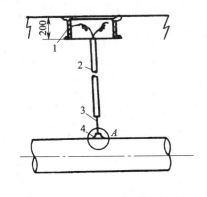

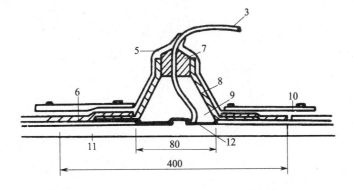

拉线板密封结构

1—护罩；2—φ42电线管；3—导线；4—外壳；5—胶带包敷；
6—防腐蚀橡胶保护箱；7—橡胶栓；8—橡胶外壳；
9—注入胶粘剂；10—保护板；11—胶粘剂涂布；12—熔接

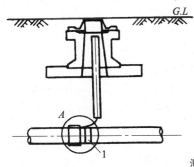

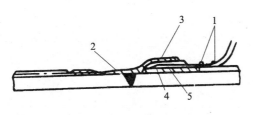

测试桩连接示意

1—固定板；2—收缩套；3—玛琋脂（胶粘剂）；4—接线鼻；5—导线

定额项目说明

计量单位	组
已包括的内容	阳极包制作安装，测试桩安装，沥青防腐处理，铜导线
未包括的内容	护罩
未计价材料	混凝土测试桩，牺牲阳极棒
相关工程	

清单项目说明

项目名称	牺牲阳极、测试桩
项目编码	040507036
项目特征	牺牲阳极安装，测试桩安装，组合及要求
计量单位	组
工程内容	安装、测试

第七册：燃气与集中供热工程		
分部工程	管道检验	定额编号
分项工程	牺牲阳极、测试桩安装（2）	7-827

第七部分

路灯工程

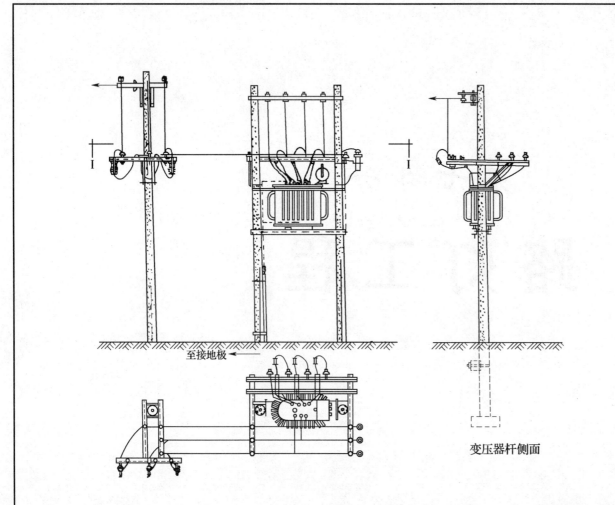

变压器杆侧面

定额项目说明	
计量单位	台
已包括的内容	支架、横担、配线、接线、接地
未包括的内容	变压器干燥、接地装置、检修平台、防护栏杆的安装
未计价材料	台架铁件、连引线、瓷瓶、金具、接线端子、熔断器等
相关工程	立电杆

清单项目说明	
项目名称	油浸电力（干式）变压器
项目编码	030201001（油浸式） 030201002（干式）
项目特征	名称：型号；容量（kV·A）
计量单位	台
工程内容	本体安装；基础型钢制作、安装；（油过滤）；干燥；网门及铁构件制作、安装；刷（喷）油漆

第八册：路灯工程		
分部工程	变配电设备工程	定额编号
分项工程	杆上安装变压器	8-1~8-4

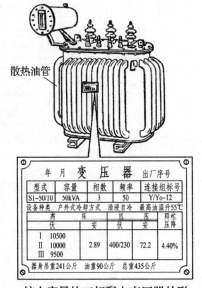

年 月 **变 压 器** 出厂序号				
型式	容量	相数	频率	连接组标号
S1-50/10	50kVA	3	50	Y/Yo-12
设备种类	户外式冷却方式	浸渍自冷	最高油温升55℃	

	高压		低压		阻抗
	伏	安	伏	安	电压降
Ⅰ	10500				
Ⅱ	10000	2.89	400/230	72.2	4.40%
Ⅲ	9500				

器身吊重241公斤 油重90公斤 总重435公斤

较大容量的三相配电变压器外形

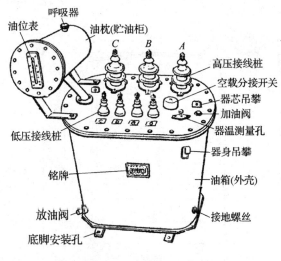

小容量的三相配电变压器外形

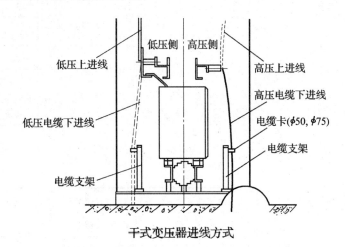

干式变压器进线方式

定额项目说明

计量单位	台
已包括的内容	油柱试验，附件安装，整体密封试验
未包括的内容	变压器干燥、绝缘油处理
未计价材料	
相关工程	

清单项目说明

项目名称	油浸电力（干式）变压器
项目编码	030201001（油浸式）030201002（干式）
项目特征	名称：型号；容量（kV·A）
计量单位	台
工程内容	本体安装；基础型钢制作、安装；（油过滤）；干燥；网门及铁构件制作、安装；刷（喷）油漆

第八册：路灯工程		
分部工程	变配电设备工程	定额编号
分项工程	地上安装变压器	8-5

329

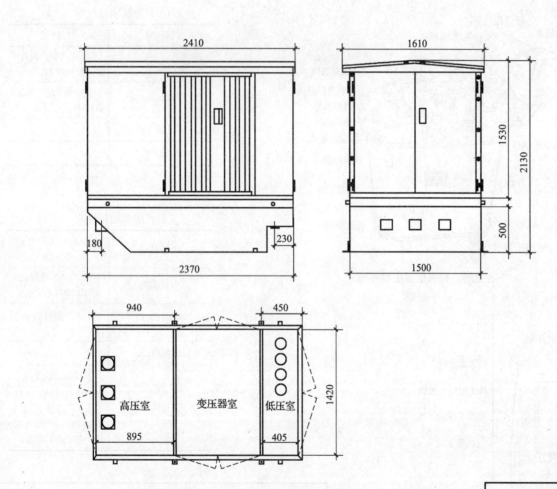

欧式箱变外形图

定额项目说明	
计量单位	台
已包括的内容	接线、接地
未包括的内容	基础槽钢，母线及引下线的配制安装
未计价材料	
相关工程	

清单项目说明	
项目名称	组合型成套箱式变电站
项目编码	030202018
项目特征	名称：型号；容量（kVA）
计量单位	台
工程内容	基础浇筑；箱体安装；进箱母线安装；刷油漆

第八册：路灯工程		
分部工程	变配电设备工程	定额编号
分项工程	组合型成套箱式变电站安装	8-7~8-12

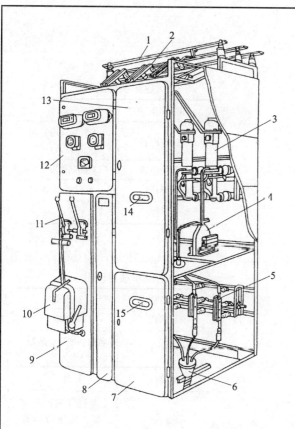

高压开关柜结构

1—母线；2—母线隔离开关；3—少油断路器；4—电流互感器；5—线
路隔离开关；6—电缆头；7—下检修门；8—端子箱门；9—操作板；
10—断路器的手动操作机构；11—隔离开关操动机构手柄；12—仪表
继电器屏；13—上检修门；14、15—观察窗口

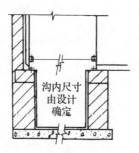

高压开关柜安装方法

沟内尺寸由设计确定

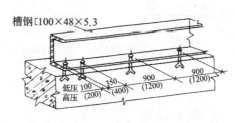

槽钢 [100×48×5.3

低压 (200) 高压

| 100 | 350 | 900 | 900 |
| (200) | (400) | (1200) | (1200) |

开关柜基础安装示意图

定额项目说明

计量单位	台
已包括的内容	附件的拆装、接地
未包括的内容	基础槽钢，母线及引下线的配制安装
未计价材料	
相关工程	

清单项目说明

项目名称	高压成套配电柜
项目编码	030202017
项目特征	名称、型号；规格；母线设置方式；回路
计量单位	台
工程内容	基础槽钢制作、安装；柜体安装；支持绝缘子、穿墙套管耐压试验及安装；穿通板制作安装；母线桥安装；刷油漆

开关柜是金属封闭开关设备的俗称，是按一定的电路方案将有关电气设备组装在一个封闭的金属列壳内的成套配电装置。

第八册：路灯工程		
分部工程	变配电设备工程	定额编号
分项工程	高压成套配电柜安装（单母线柜）	8-17~8-20

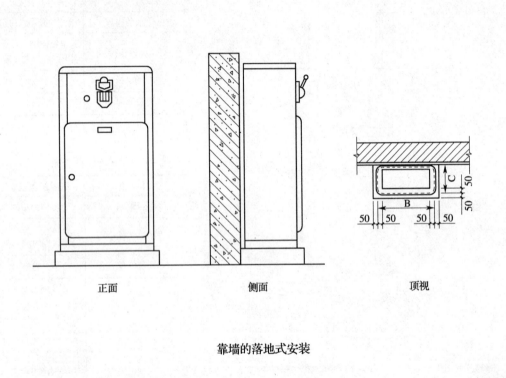

正面   侧面   顶视

靠墙的落地式安装

定额项目说明

计量单位	套
已包括的内容	接线、接地、调试、平衡分路负载
未包括的内容	基础制作安装
未计价材料	路灯控制箱
相关工程	

清单项目说明

项目名称	控制箱
项目编码	030204017
项目特征	名称、型号；容量（kV·A）
计量单位	台
工程内容	基础浇筑；箱体安装；进箱母线安装；刷油漆

第八册：路灯工程

分部工程	变配电设备工程	定额编号
分项工程	落地式控制箱安装	8-26~8-33

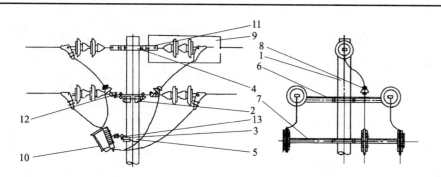

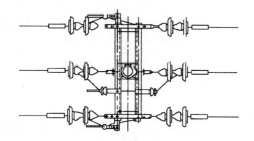

跌落式熔断器杆顶安装图

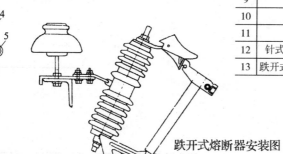

跌开式熔断器安装图

1—上接线端；2—上静触头；3—上动触头；4—管帽；5—操作环；6—熔管；7—熔丝；
8—下动触头；9—下静触头；10—下接线端；11—绝缘瓷瓶；12—固定安装板

明　细　表

序号	名　　称	单位	数量
1	电杆	根	1
2	M形枸铁	个	2
3	M形抱铁	个	1
4	接线及中导线抱箍	副	1
5	U形抱箍	个	1
6	横担		
7	跌开式熔断器固定横担	根	1
8	针式绝缘子	个	2
9	耐张绝缘子串	串	6
10	跌开式熔断器	个	3
11	拉板	块	2
12	针式绝缘子固定支架	付	2
13	跌开式熔断器固定支架	付	3

定额项目说明

计量单位	组
已包括的内容	支架、横担、撑铁安装，配线、接线、接地
未包括的内容	
未计价材料	支架、横担、撑铁
相关工程	

清单项目说明

项目名称	高压（低压）熔断器
项目编码	高压：030202009 低压：030204020
项目特征	名称；型号；规格
计量单位	高压（台）； 低压（个）
工程内容	高压：安装； 低压：安装；焊压接线端子

第八册：路灯工程		
分部工程	变配电设备工程	定额编号
分项工程	杆上跌落式熔断器安装	8-34

333

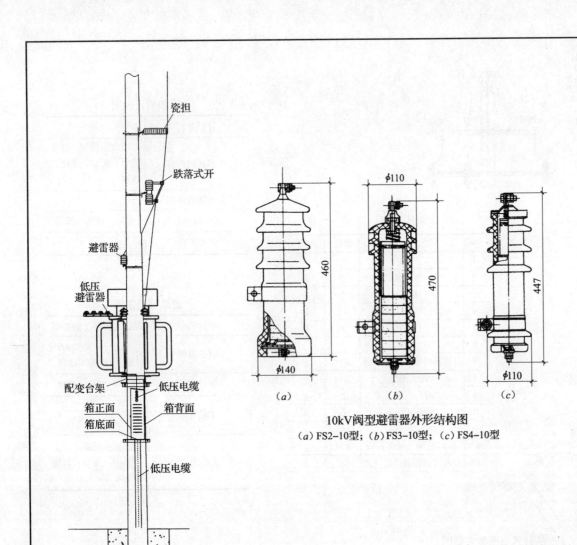

瓷担

跌落式开

避雷器

低压避雷器

配变台架　低压电缆

箱正面　箱背面

箱底面

低压电缆

（a）　（b）　（c）

10kV阀型避雷器外形结构图
（a）FS2–10型；（b）FS3–10型；（c）FS4–10型

定额项目说明

计量单位	组
已包括的内容	支架、横担、撑铁安装，配线、接线、接地
未包括的内容	
未计价材料	支架、横担、撑铁
相关工程	

清单项目说明

项目名称	避雷器
项目编码	030202010
项目特征	名称；型号；规格；电压等级
计量单位	组
工程内容	安装

第八册：路灯工程

分部工程	变配电设备工程	定额编号
分项工程	杆上避雷器安装	8–35

334

双层针式支撑绝缘子　　　　　多伞柱式支撑绝缘子

10kV单极式柱上隔离开关

低压熔断式隔离开关外形图

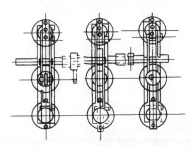
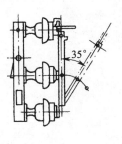

10kV三相联动式柱上隔离开关

定额项目说明

计量单位	组
已包括的内容	支架、横担、撑铁安装，配线、接线、接地
未包括的内容	
未计价材料	支架、横担、撑铁
相关工程	

清单项目说明

项目名称	隔离开关
项目编码	030202006
项目特征	名称；型号；容量（A）
计量单位	组
工程内容	支架制作安装；本体安装；刷油漆

第八册：路灯工程		
分部工程	变配电设备工程	定额编号
分项工程	杆上隔离开关安装	8—36

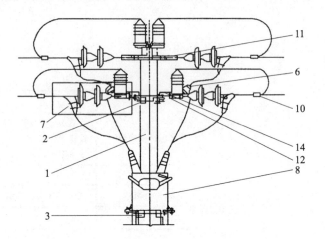

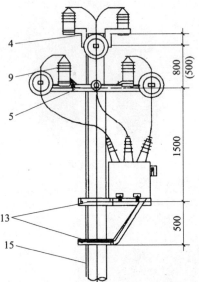

明　细　表

序号	名　称	单位	数量
1	电杆	根	1
2	M形抱铁	个	2
3	M形抱铁	个	2
4	杆顶支座抱箍	副	1
5	横担	副	
6	针式绝缘子	个	2
7	耐用张绝缘子串	串	6
8	柱上油浸式负荷开关 柱上油断路器	台	1
9	避雷器	个	6
10	并沟线夹	个	6
11	拉板	块	2
12	针式绝缘子固定支架	副	2
13	开关安装支架	副	1
14	避雷器固定支架	副	6
15	接地装置	处	1

定额项目说明

计量单位	台
已包括的内容	支架、横担、撑铁安装，配线、接线、接地
未包括的内容	
未计价材料	支架、横担、撑铁
相关工程	

清单项目说明

项目名称	油断路器
项目编码	030202001
项目特征	名称；型号；容量（A）
计量单位	台
工程内容	本体安装；油过滤；支架制作安装或基础槽钢安装；刷油漆

第八册：路灯工程		
分部工程	变配电设备工程	定额编号
分项工程	杆上油开关安装	8-37

定额项目说明

计量单位	台
已包括的内容	接线、接地、支架、横担、撑铁
未包括的内容	
未计价材料	配电箱、支架、横担、撑铁、焊压接线端子
相关工程	

清单项目说明

项目名称	配电箱
项目编码	030204018
项目特征	名称；型号；规格
计量单位	台
工程内容	1. 基础槽钢制作、安装 2. 箱体安装

第八册：路灯工程

分部工程	变配电设备工程	定额编号	
分项工程	杆上配电箱安装		8-38

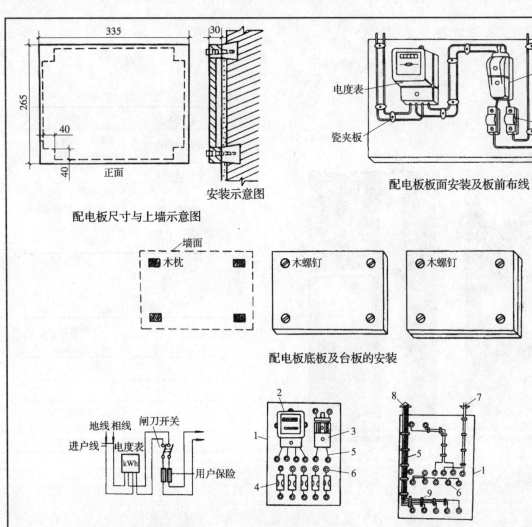

配电板尺寸与上墙示意图

安装示意图

配电板板面安装及板前布线

电度表
瓷夹板
闸刀开关
瓷插保险

配电板底板及台板的安装

墙面
木枕
木螺钉
木螺钉

家用配电盘电路

地线 相线
进户线
闸刀开关
电度表
kWh
用户保险

盘面布置示意图

盘后接线示意图

1—盘面；2—电能表；3—胶盖闸；4—瓷插式保险；5—导线；6—瓷嘴
（或塑料嘴）；7—电源引入线；8—电源引出线；9—导线固定卡尺寸
（单位：cm）照明配电盘

定额项目说明

计量单位	块
已包括的内容	油漆、接线、接地
未包括的内容	
未计价材料	
相关工程	

清单项目说明

项目名称	配电箱
项目编码	030204018
项目特征	名称；材质；规格
计量单位	台
工程内容	支架制作安装；设备元件安装；盘柜配线；端子板外部接线；配电板安装

第八册：路灯工程

分部工程	变配电设备工程	定额编号
分项工程	配电板安装	8-50~8-52

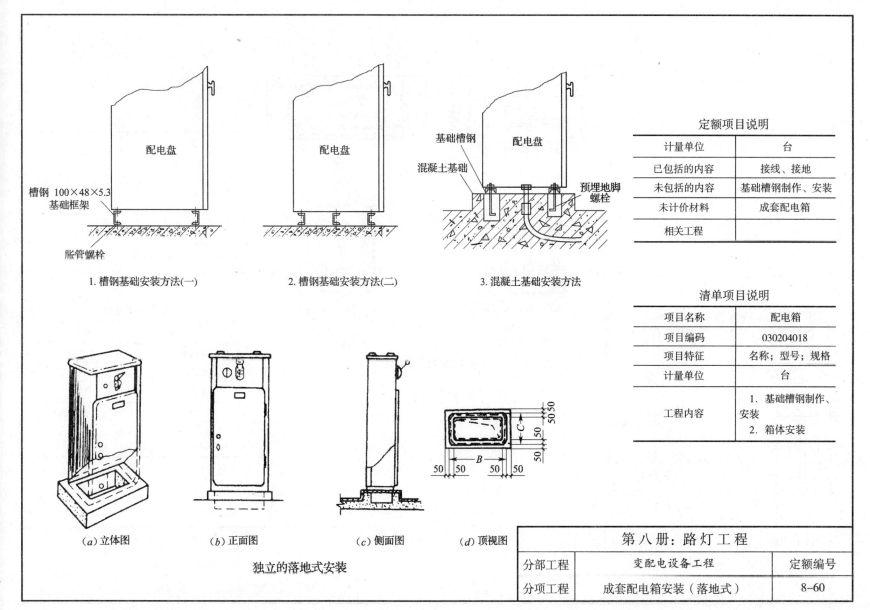

槽钢 100×48×5.3
基础框架

胀管螺栓

1. 槽钢基础安装方法(一)

配电盘

2. 槽钢基础安装方法(二)

基础槽钢

混凝土基础

配电盘

预埋地脚
螺栓

3. 混凝土基础安装方法

定额项目说明

计量单位	台
已包括的内容	接线、接地
未包括的内容	基础槽钢制作、安装
未计价材料	成套配电箱
相关工程	

清单项目说明

项目名称	配电箱
项目编码	030204018
项目特征	名称；型号；规格
计量单位	台
工程内容	1. 基础槽钢制作、安装 2. 箱体安装

(a) 立体图　　(b) 正面图　　(c) 侧面图　　(d) 顶视图

独立的落地式安装

第八册：路灯工程

分部工程	变配电设备工程	定额编号
分项工程	成套配电箱安装（落地式）	8-60

339

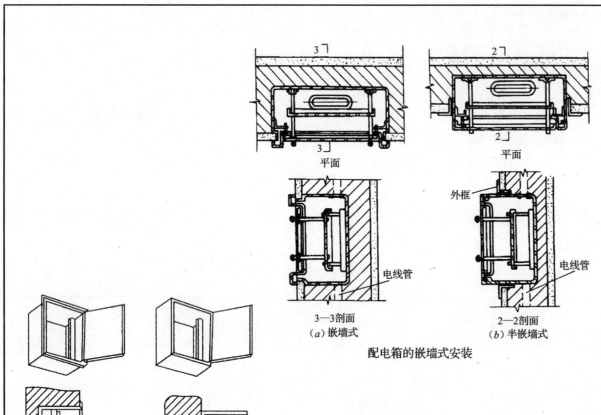

3—3剖面
（a）嵌墙式

2—2剖面
（b）半嵌墙式

外框

电线管

电线管

平面

平面

配电箱的嵌墙式安装

（a）暗装配电箱　　　（b）明装配电箱

配电箱安装示意图

第八册：路灯工程		
分部工程	变配电设备工程	定额编号
分项工程	成套配电箱安装（悬挂嵌入式）	8-61~8-64

340

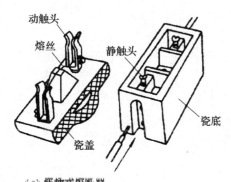

动触头

熔丝

静触头

瓷底

瓷盖

（a）瓷插式熔断器

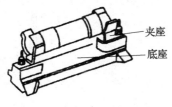

夹座

底座

（c）无填料封闭管式熔断器

熔断管

夹座

定额项目说明

计量单位	个
已包括的内容	接线、接地
未包括的内容	焊压端子
未计价材料	熔断器
相关工程	

清单项目说明

项目名称	低压熔断器
项目编码	030204020
项目特征	名称；型号；规格
计量单位	个
工程内容	1. 安装 2. 焊压端子

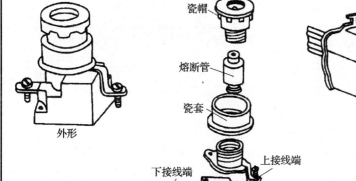

外形

瓷帽

熔断管

瓷套

下接线端

上接线端

底座

（b）螺旋式熔断器

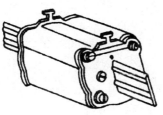

（d）有填料封闭管式熔断器

熔断器的外形

第八册：路灯工程		
分部工程	变配电设备工程	定额编号
分项工程	熔断器安装	8-65~8-66

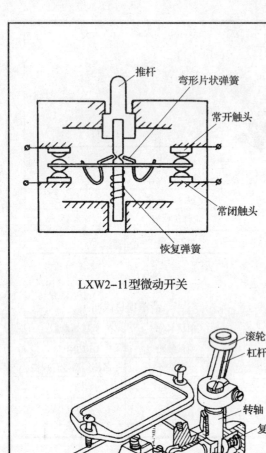

推杆
弯形片状弹簧
常开触头
常闭触头
恢复弹簧

LXW2-11型微动开关

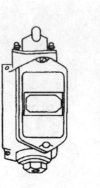
按钮式

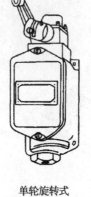
单轮旋转式

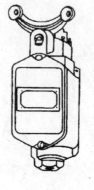
双轮旋转式

JLXK1系列行程开关

定额项目说明

计量单位	个
已包括的内容	接线、接地
未包括的内容	焊压端子
未计价材料	限位开关
相关工程	

清单项目说明

项目名称	限位开关
项目编码	030204021
项目特征	名称；型号；规格
计量单位	个
工程内容	1. 安装 2. 焊压端子

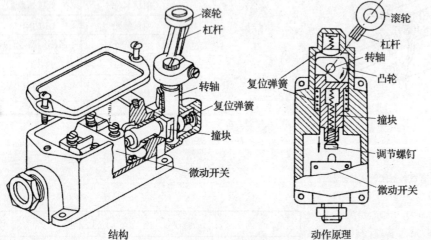

滚轮
杠杆
转轴
复位弹簧
撞块
微动开关

结构

滚轮
杠杆
转轴
凸轮
复位弹簧
撞块
调节螺钉
微动开关

动作原理

JLXK1-111型行程开关

第八册：路灯工程		
分部工程	变配电设备工程	定额编号
分项工程	限位开关安装	8-67

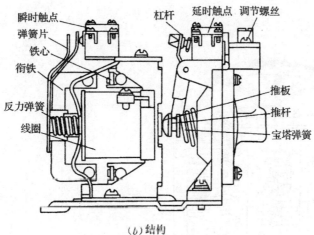

瞬时触点 杠杆 延时触点 调节螺丝
弹簧片
铁心
衔铁
反力弹簧 推板
线圈 推杆
宝塔弹簧

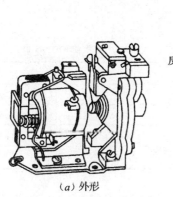

（a）外形

（b）结构

JS7-4A型时间继电器

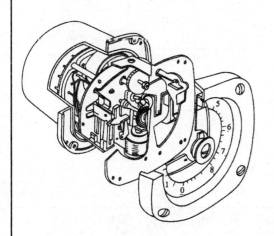

JS11系列电动式时间继电器

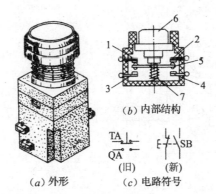

（a）外形

（b）内部结构

（c）电路符号

TA
QA
（旧）

SB
（新）

1,2— 常闭触点；　3,4— 常开触点；

5—动触点桥；6—按钮帽；

7—复位弹簧按钮

定额项目说明

计量单位	台
已包括的内容	注油、接线、接地
未包括的内容	焊压端子
未计价材料	启动器
相关工程	

清单项目说明

项目名称	控制器
项目编码	030204031
项目特征	名称；型号；规格
计量单位	台
工程内容	安装；焊压接线端子

主令电器用以闭合和断开控制电路，以发布命令或信号达到对电力传动系统和电气设备的控制。

第八册：路灯工程		
分部工程	变配电设备工程	定额编号
分项工程	控制器（主令）	8-68

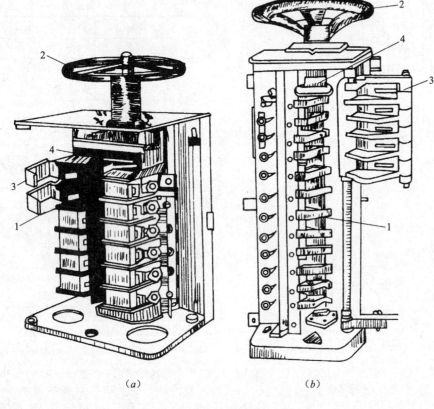

（a）   （b）

交流凸轮控制器构造图

（a）KT10型凸轮控制器；（b）KTJ1型凸轮控制器

1—触头；2—手转；3—灭弧罩；4—轴

定额项目说明

计量单位	台
已包括的内容	注油、接线、接地
未包括的内容	焊压端子
未计价材料	控制器
相关工程	

清单项目说明

项目名称	控制器
项目编码	030204022
项目特征	名称；型号；规格
计量单位	台
工程内容	安装；焊压接线端子

第 八 册：路 灯 工 程		
分部工程	变配电设备工程	定额编号
分项工程	鼓形凸轮控制器	8-69

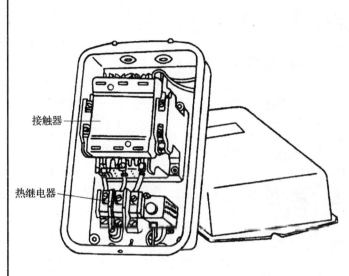

接触器

热继电器

磁力启动器

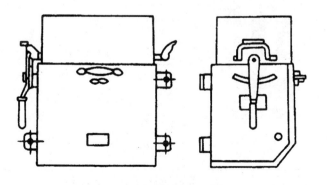

QJ3X系列启动器的外形

自耦变压器

欠压保护装置
停止按钮

热继电器

操纵手柄

启动静触点

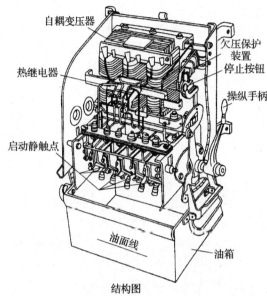

油面线

油箱

结构图

QJ3系列自耦减压启动器结构和接线图

定额项目说明

计量单位	台
已包括的内容	注油、接线、接地
未包括的内容	焊压端子
未计价材料	启动器
相关工程	

清单项目说明

项目名称	磁力启动器
项目编码	030204024
项目特征	名称；型号；规格
计量单位	台
工程内容	安装；焊压接线端子

接触器也称为电磁开关，是用电磁铁带动动触头和静触头闭合和分离，实现对电路的接通和分断。

磁力启动器由接触器、按钮和热继电器组成，供远距离控制电动机的起动、停止和反转，具有过负载、断相和失压保护功能。

第八册：路灯工程		
分部工程	变配电设备工程	定额编号
分项工程	接触器磁力启动器安装	8—70

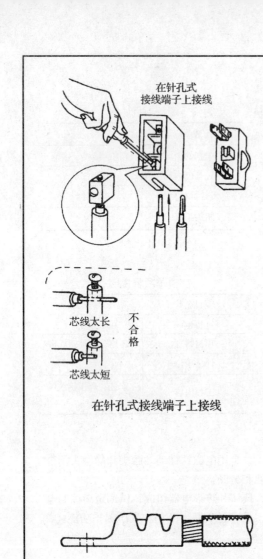

在针孔式
接线端子上接线

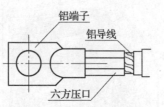

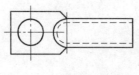

铝端子

铝导线

六方压口

接线端子与多股导线压接图

接线端子

芯线太长　　不
　　　　　　合
　　　　　　格

芯线太短

在针孔式接线端子上接线

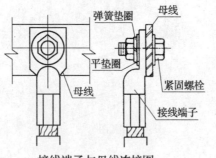

弹簧垫圈　　母线

平垫圈

紧固螺栓

接线端子

母线

接线端子与母线连接图

铜电缆用接线

定额项目说明	
计量单位	10个
已包括的内容	
未包括的内容	
未计价材料	
相关工程	

铝电缆用接线

铝接线端子压接

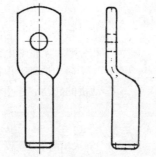

铝鼻子

第八册：路灯工程		
分部工程	变配电设备工程	定额编号
分项工程	接线端子	8-78~8-89

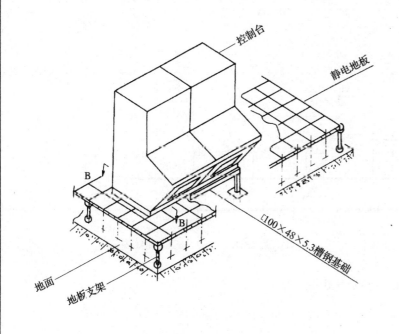

控制台

静电地板

B

B

地面

地板支架

□100×48×5.3槽钢基础

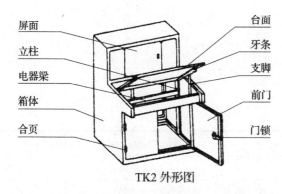

屏面

立柱

电器梁

箱体

合页

台面

牙条

支脚

前门

门锁

TK2 外形图

计量单位	台
已包括的内容	表计及电器等附件的拆装，接线
未包括的内容	基础槽钢
未计价材料	
相关工程	

清单项目说明

项目名称	控制台
项目编码	030204016
项目特征	名称、型号、规格
计量单位	台
工程内容	基础型钢制作、安装；台（箱）安装；端子板安装；焊（压）接线端子；盘柜配线；小母线安装

第八册：路灯工程		
分部工程	变配电设备工程	定额编号
分项工程	控制台安装	8-95~8-97

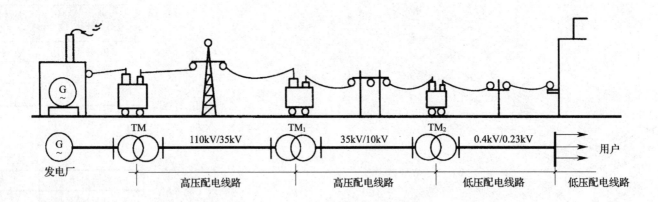

架空输电线路划分示意图

第八册：路灯工程		
分部工程	架空线路工程	定额编号
分项工程	架空输电线路划分示意图	

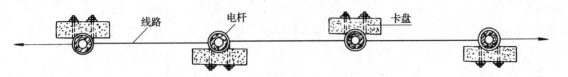

电杆卡盘安装位置示意图

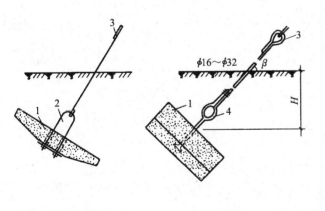

拉线盘埋设示意图

1—拉线盘；2—组装式U形拉环；3—圆钢拉线棒；4—浇制混凝土时埋入式拉环

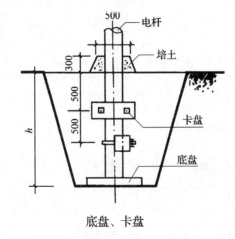

底盘、卡盘

定额项目说明	
计量单位	块
已包括的内容	基坑整理
未包括的内容	拉线，土方
未计价材料	
相关工程	

清单项目说明	
项目名称	
项目编码	
项目特征	属于电杆组立的工程内容
计量单位	
工程内容	

卡盘是用来避免电杆倾斜的。

第八册：路灯工程		
分部工程	架空线路工程	定额编号
分项工程	底盘、卡盘、拉盘安装	8-107~8-109

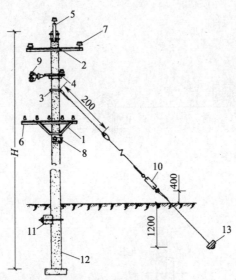

钢筋混凝土电杆装置示意图

1—低压五线横担；2—高压二线横担；3—拉线抱箍；4—双横担；5—高压杆顶；6—低压针式绝缘子；
7—高压针式绝缘子；8—蝶式绝缘子；9—悬式绝缘子及高压蝶式绝缘子；10—花篮螺丝；
11—卡盘；12—底盘；13—拉线盘

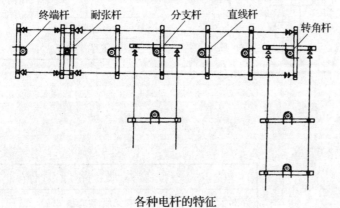

各种电杆的特征

定额项目说明	
计量单位	根
已包括的内容	立杆、根部刷油，绑地横木
未包括的内容	基础，底盘、卡盘、拉盘安装，拉线制作安装
未计价材料	电杆，土方
相关工程	

清单项目说明

项目名称	电杆组立
项目编码	030210001
项目特征	1. 材质；规格；类型 2. 地形
计量单位	根
工程内容	工地运输；土石方挖填；底盘、卡盘、拉盘安装；电杆组立；横担安装；拉线制作安装

第八册：路灯工程		
分部工程	架空线路工程	定额编号
分项工程	立杆	8-112~8-118 8-132~8-138

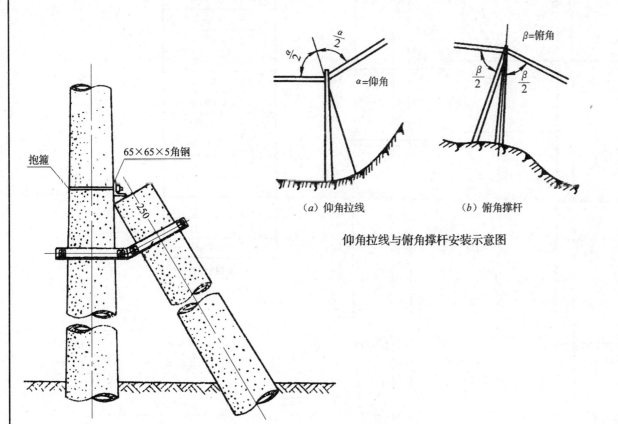

抱箍

65×65×5角钢

~250

（a）仰角拉线

α=仰角

$\frac{\alpha}{2}$

$\frac{\alpha}{2}$

（b）俯角撑杆

β=俯角

$\frac{\beta}{2}$

$\frac{\beta}{2}$

仰角拉线与俯角撑杆安装示意图

当线路建在高低相差悬殊的地方时，一般导线成仰角时用拉线，成俯角时用撑杆；当地形条件受到限制，无法安装拉线时，也可用撑杆代替拉线，作为平衡张力稳定电杆之用。

定额项目说明

计量单位	根
已包括的内容	立杆、根部刷油、填土夯实
未包括的内容	土方
未计价材料	撑杆
相关工程	

清单项目说明

项目名称	电杆组立
项目编码	030210001
项目特征	1. 材质；规格；类型 2. 地形
计量单位	根
工程内容	工地运输；土石方挖填；底盘、卡盘、拉盘安装；电杆组立；横担安装；拉线制作安装

第八册：路灯工程		
分部工程	架空线路工程	定额编号
分项工程	撑杆	8-126~8-131

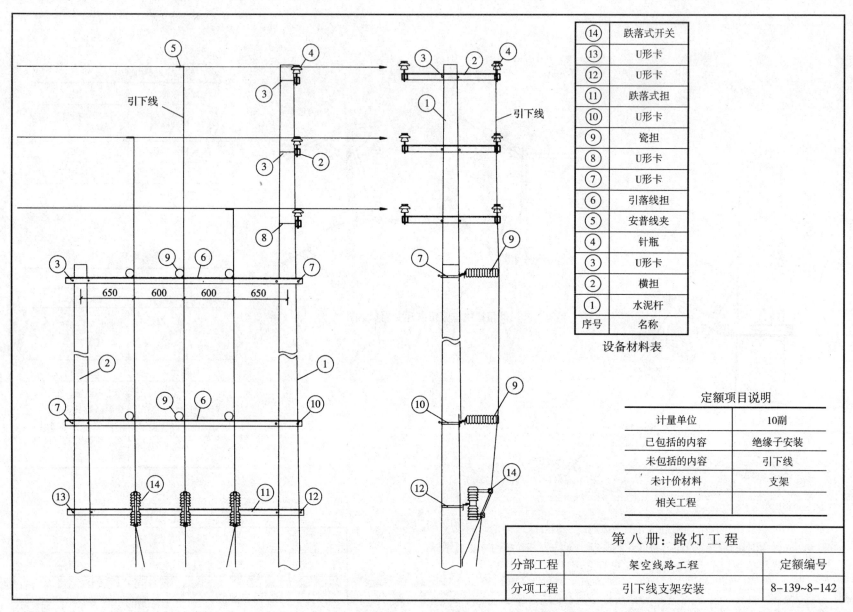

序号	名称
⑭	跌落式开关
⑬	U形卡
⑫	U形卡
⑪	跌落式担
⑩	U形卡
⑨	瓷担
⑧	U形卡
⑦	U形卡
⑥	引落线担
⑤	安普线夹
④	针瓶
③	U形卡
②	横担
①	水泥杆
序号	名称

设备材料表

定额项目说明

计量单位	10副
已包括的内容	绝缘子安装
未包括的内容	引下线
未计价材料	支架
相关工程	

第八册：路灯工程

分部工程	架空线路工程	定额编号
分项工程	引下线支架安装	8-139~8-142

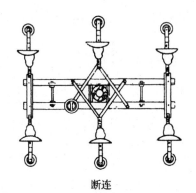

断连

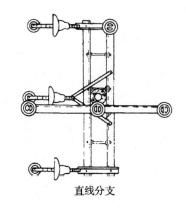

直线分支

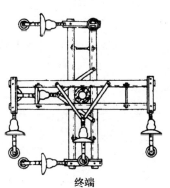

终端

双根铁横担

直线转角

高压10千伏

定额项目说明

计量单位	组
已包括的内容	支撑及杆顶支座、安装绝缘子
未包括的内容	导线架设
未计价材料	横担、绝缘子、连接铁件及螺栓
相关工程	

直线

单根铁横担

第八册：路 灯 工 程		
分部工程	架空线路工程	定额编号
分项工程	10kV以下横担安装（铁、木横担）	8-143~8-144

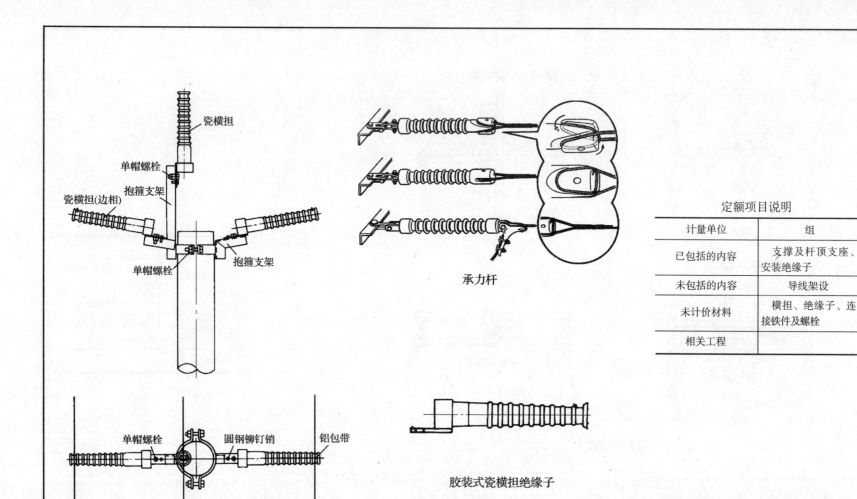

瓷横担

单帽螺栓

抱箍支架

瓷横担(边相)

单帽螺栓　抱箍支架

承力杆

单帽螺栓　圆钢铆钉销　铝包带

A向

直线杆

胶装式瓷横担绝缘子

定额项目说明

计量单位	组
已包括的内容	支撑及杆顶支座、安装绝缘子
未包括的内容	导线架设
未计价材料	横担、绝缘子、连接铁件及螺栓
相关工程	

第八册：路灯工程		
分部工程	架空线路工程	定额编号
分项工程	10kV以下横担安装（瓷横担）	8-145~8-146

直线

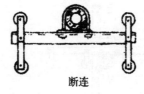

断连

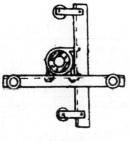

直线分支

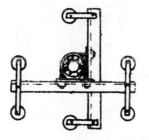

断连分支

终端

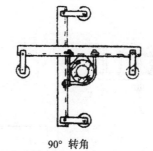

90° 转角

角度（双根）

低压二线

定额项目说明	
计量单位	组
已包括的内容	支撑及杆顶支座、安装绝缘子
未包括的内容	导线架设
未计价材料	横担、绝缘子、连接铁件及螺栓
相关工程	

第八册：路灯工程

分部工程	架空线路工程	定额编号
分项工程	1kV以下横担安装（二线）	8-147

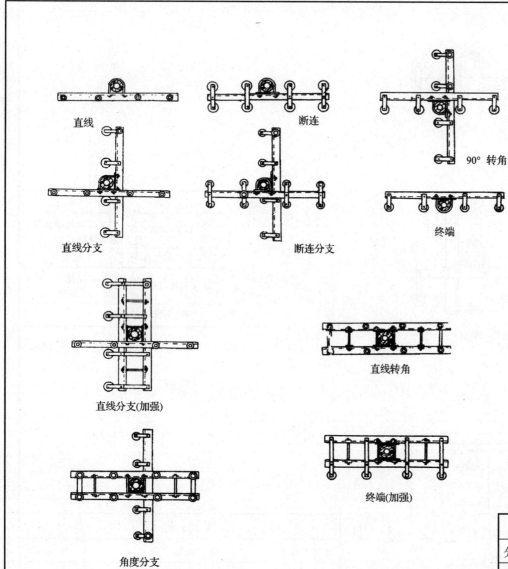

直线

断连

90° 转角

直线分支

断连分支

终端

直线分支(加强)

直线转角

角度分支

终端(加强)

计量单位	组
已包括的内容	支撑及杆顶支座、安装绝缘子
未包括的内容	导线架设
未计价材料	横担、绝缘子、连接铁件及螺栓
相关工程	

第 八 册：路 灯 工 程		
分部工程	架空线路工程	定额编号
分项工程	1kV以下横担安装（四线）	8-148~8-149

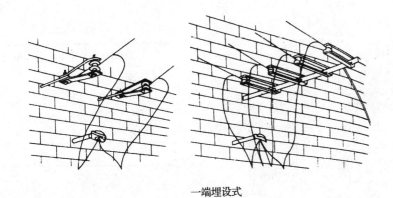

一端埋设式

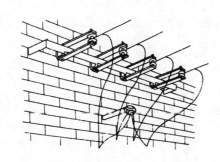

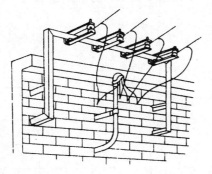

两端埋设式

定额项目说明

计量单位	根
已包括的内容	安装绝缘子及防水弯头
未包括的内容	导线架设
未计价材料	横担、绝缘子、防水弯头、连接铁件
相关工程	

第八册：路灯工程		
分部工程	架空线路工程	定额编号
分项工程	进户线横担安装	8-153~8-158

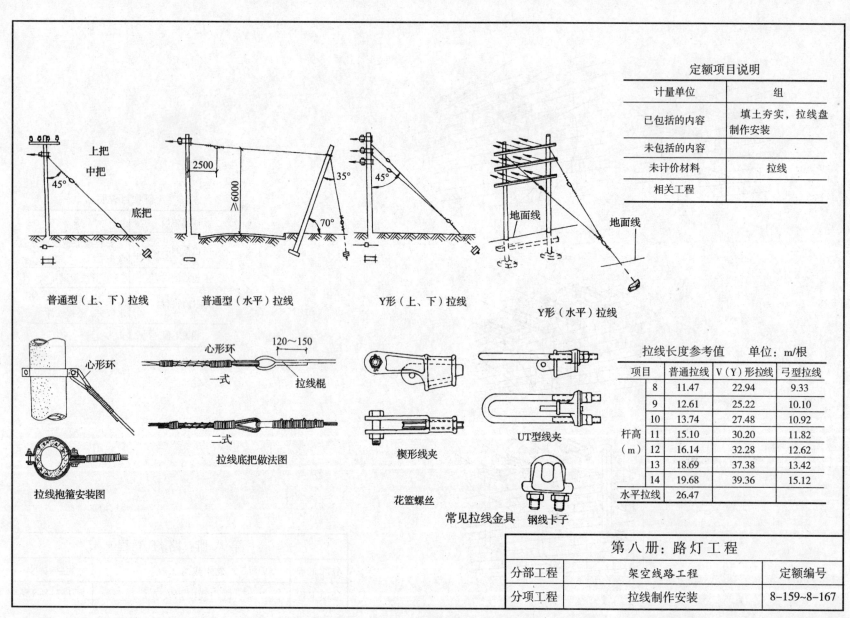

普通型（上、下）拉线

普通型（水平）拉线

Y形（上、下）拉线

Y形（水平）拉线

心形环

拉线抱箍安装图

心形环 一式

拉线棍 二式

拉线底把做法图

楔形线夹

UT型线夹

花篮螺丝

常见拉线金具 钢线卡子

定额项目说明	
计量单位	组
已包括的内容	填土夯实，拉线盘制作安装
未包括的内容	
未计价材料	拉线
相关工程	

拉线长度参考值		单位：m/根		
项目		普通拉线	V（Y）形拉线	弓型拉线
杆高（m）	8	11.47	22.94	9.33
	9	12.61	25.22	10.10
	10	13.74	27.48	10.92
	11	15.10	30.20	11.82
	12	16.14	32.28	12.62
	13	18.69	37.38	13.42
	14	19.68	39.36	15.12
水平拉线		26.47		

第八册：路灯工程		
分部工程	架空线路工程	定额编号
分项工程	拉线制作安装	8-159~8-167

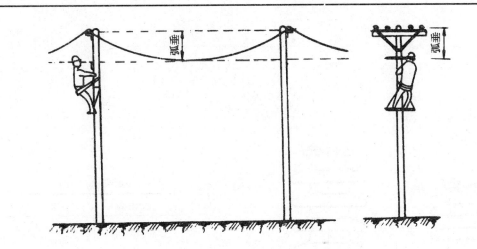

弧垂

弧垂

定额项目说明

计量单位	1km/单线
已包括的内容	1. 耐张终端头制作 2. 跳线安装
未包括的内容	电杆、横担
未计价材料	导线、金具、绝缘子
相关工程	

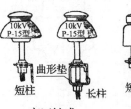

垫片

10kV P-15型　　10kV P-15型

曲形垫

短柱　　　　长柱

高压针式
绝缘子安装图

短柱　　　　长柱

低压针式
绝缘子安装图

清单项目（km）

项目名称	导线架设
项目编码	030210002
项目特征	1. 型号（材质）； 规格 2. 地形
计量单位	km
工程内容	导线架设；导线跨越及进户线架设；进户横担安装

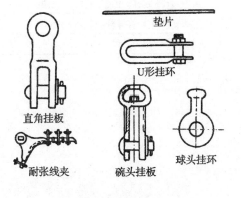

U形挂环

直角挂板

耐张线夹

碗头挂板

球头挂环

常用的几种绝缘子金具

一式　　　　二式

高压悬式
加蝶形绝缘子安装图

扁铁抱箍

耐张线夹安装

第八册：路灯工程

分部工程	架空线路工程	定额编号
分项工程	导线架设	8-168~8-176

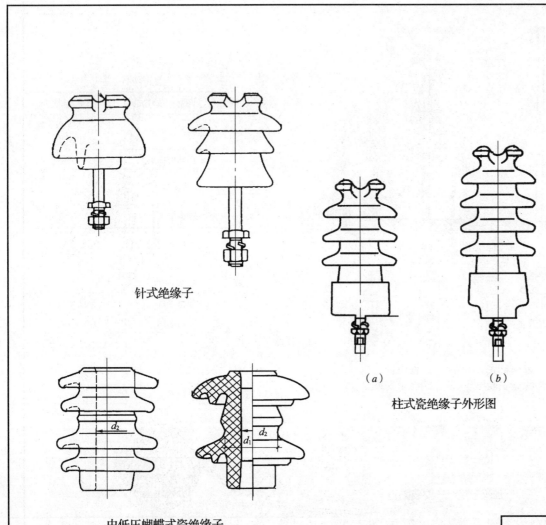

针式绝缘子

中低压蝴蝶式瓷绝缘子

柱式瓷绝缘子外形图

（a）　　　　　　（b）

定额项目说明	
计量单位	10个
已包括的内容	绝缘测试、刷漆、接地
未包括的内容	横担
未计价材料	绝缘子
相关工程	

第八册: 路灯工程		
分部工程	架空线路工程	定额编号
分项工程	绝缘子安装（户外式支持绝缘子）	8-185~8-187

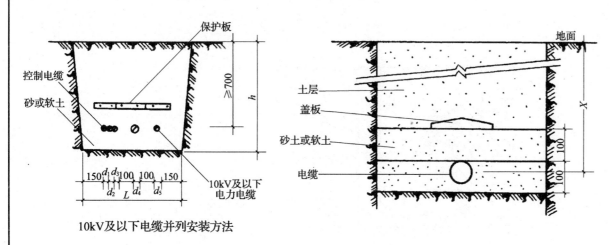

10kV及以下电缆并列安装方法

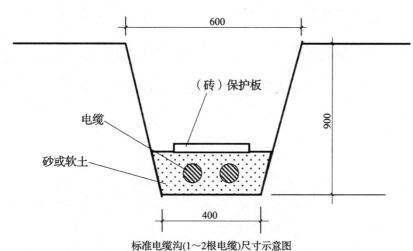

标准电缆沟(1～2根电缆)尺寸示意图

定额项目说明	
计量单位	100m
已包括的内容	铺砂、盖砖、盖保护板、埋设标桩
未包括的内容	土方、电缆敷设
未计价材料	
相关工程	

除特殊要求外，两根电缆以内的直埋电缆沟尺寸按图示开挖，其土方量为每米沟长0.45m³。每增加一根电缆时，沟底宽增加0.17m，则每米沟长增加0.153m³的土方量。

第八册：路灯工程		
分部工程	电缆工程	定额编号
分项工程	电缆沟铺砂盖砖（保护板）	8-188~8-191

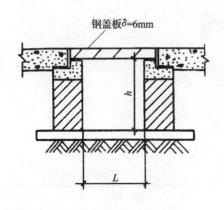

无支架电缆沟

单侧支架电缆沟

定额项目说明

计量单位	100m
已包括的内容	揭盖盖板
未包括的内容	电缆沟砌筑
未计价材料	
相关工程	

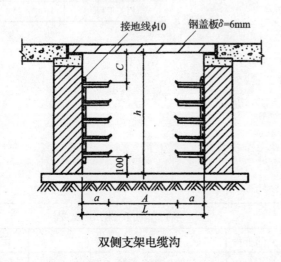

双侧支架电缆沟

第八册：路灯工程		
分部工程	电缆工程	定额编号
分项工程	电缆沟揭盖盖板	8-192~8-194

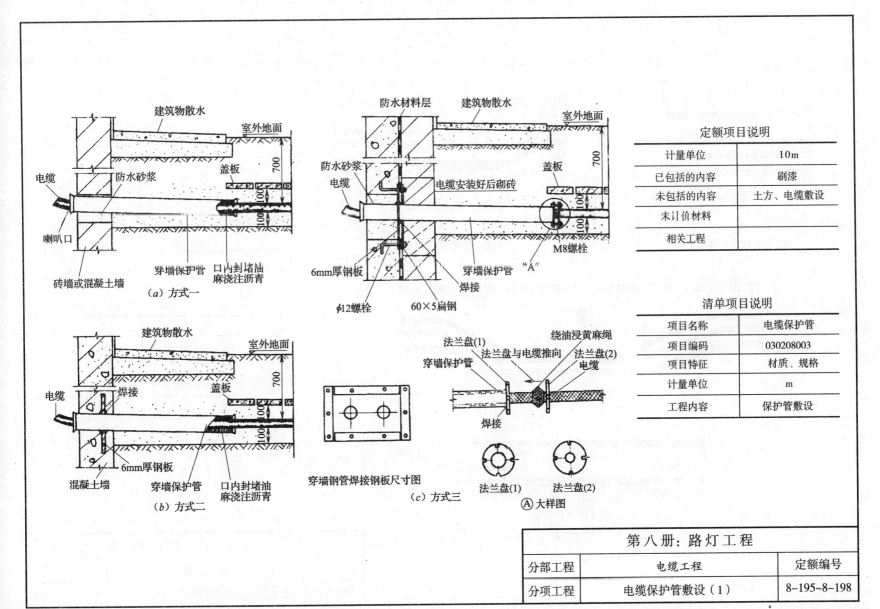

（a）方式一

（b）方式二

（c）方式三

穿墙钢管焊接钢板尺寸图

Ⓐ大样图

定额项目说明

计量单位	10m
已包括的内容	刷漆
未包括的内容	土方、电缆敷设
未计价材料	
相关工程	

清单项目说明

项目名称	电缆保护管
项目编码	030208003
项目特征	材质、规格
计量单位	m
工程内容	保护管敷设

第八册：路灯工程

分部工程	电缆工程	定额编号
分项工程	电缆保护管敷设（1）	8-195~8-198

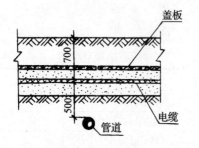

电缆与管道交叉做法图（一）

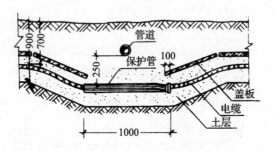

电缆与管道交叉做法图（二）

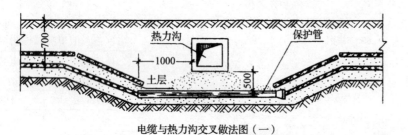

电缆与热力沟交叉做法图（一）

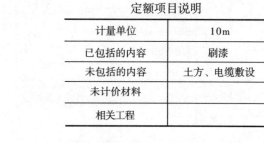

电缆与热力沟交叉做法图（二）

定额项目说明

计量单位	10m
已包括的内容	刷漆
未包括的内容	土方、电缆敷设
未计价材料	
相关工程	

清单项目说明

项目名称	电缆保护管
项目编码	030208003
项目特征	材质、规格
计量单位	m
工程内容	保护管敷设

第八册：路灯工程		
分部工程	电缆工程	定额编号
分项工程	电缆保护管敷设（2）	8-195~8-198

364

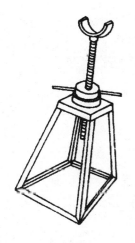

（a）简易支架

（b）液压支架

电缆盘架盘支架

电缆在滚轮上敷设方法

第八册：路灯工程		
分部工程	电缆工程	定额编号
分项工程	电缆敷设	8-201~8-212

365

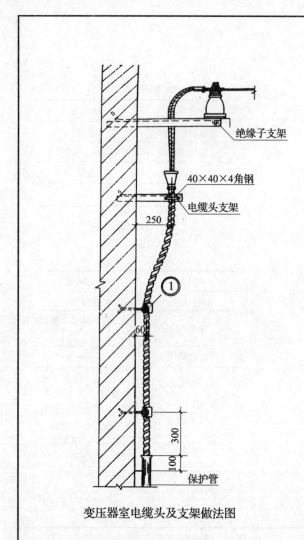

变压器室电缆头及支架做法图

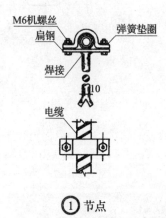

绝缘子支架平面

① 节点

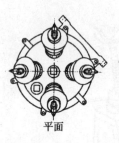

平面

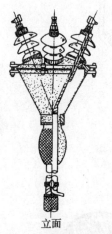

立面

室外低压电缆终端头

第八册：路灯工程		
分部工程	电缆工程	定额编号
分项工程	电力电缆终端头安装示意图	

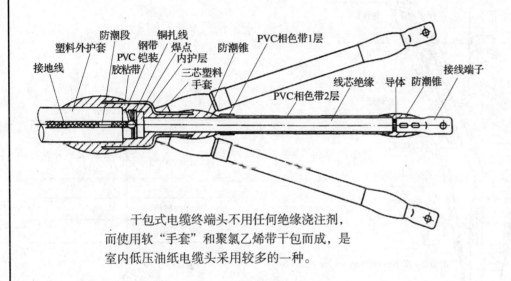

接地线　塑料外护套　防潮段　铜扎线　PVC相色带1层
钢带　焊点　防潮锥
PVC铠装　内护层
胶粘带　三芯塑料手套
线芯绝缘　导体　防潮锥　接线端子
PVC相色带2层

干包式电缆终端头不用任何绝缘浇注剂，而使用软"手套"和聚氯乙烯带干包而成，是室内低压油纸电缆头采用较多的一种。

电缆敷设中，每根电缆的两端都要剥出一定长度的芯线，以便接到电器和导线上，而剥出芯线处必须装置电缆头，把电缆重新加以绝缘和密封，使整个电缆线路都具有相等的绝缘强度。

电缆头的作用是：防止潮气及其他有害物质侵入；防止绝缘油的外流而使电缆绝缘强度降低；防止氧气侵入使绝缘层变质而击穿；保护电缆两端免受机械损伤。

定额项目说明	
计量单位	个
已包括的内容	保护套、焊接地线、接线端子
未包括的内容	支架
未计价材料	
相关工程	

第八册：路灯工程		
分部工程	电缆工程	定额编号
分项工程	户内干包式电力电缆终端头制作安装	8-213~8-215

367

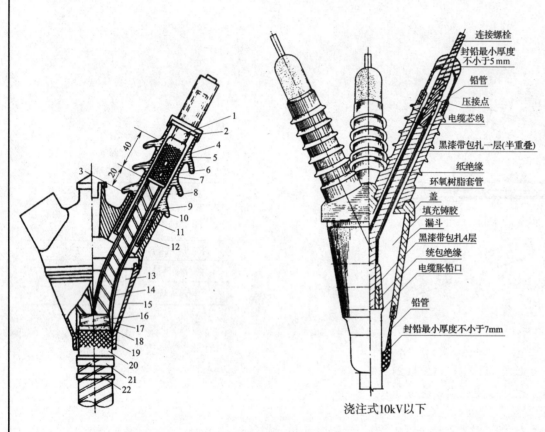

连接螺栓
封铅最小厚度
不小于5mm
铅管
压接点
电缆芯线
黑漆带包扎一层(半重叠)
纸绝缘
环氧树脂套管
盖
填充铸胶
漏斗
黑漆带包扎4层
统包绝缘
电缆胀铅口
铅管
封铅最小厚度不小于7mm

浇注式10kV以下

室外环氧树脂电缆终端头结构图

1—铜铝接线梗及接线柱防雨帽；2—耐油橡皮垫圈；3—浇注孔防雨帽；4—预制环氧套管；5—接管打毛；
6—出线接管处堵油涂包层；7—接管压坑；8—耐油橡胶管；9—接管处环氧腻子密封层；10—黄蜡绸带；
11—电缆线芯；12—预制环氧树脂盖壳；13—环氧树脂复合物；14—线芯堵油涂包层；15—预制环氧盖壳；
16—绕包、三叉口及铅（铝）包处的堵油涂包层；17—统包绝缘；18—喇叭口；19—半导体屏蔽纸；
20—铅（铝）包打毛；21—第一道接地卡子；22—第二道接地卡子

定额项目说明

计量单位	个
已包括的内容	保护套、焊接地线、接线端子
未包括的内容	支架
未计价材料	
相关工程	

第八册：路灯工程

分部工程	电缆工程	定额编号
分项工程	浇注式电力电缆终端头制作安装	8-216~8-218

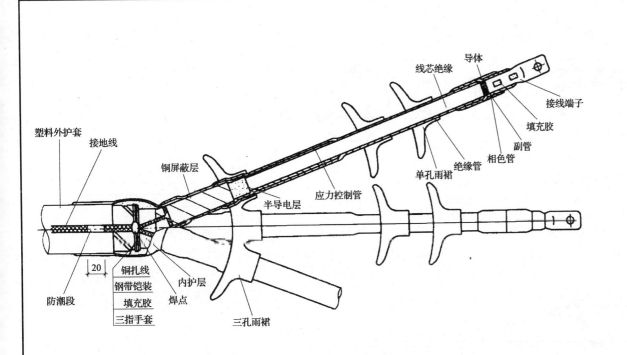

导体

线芯绝缘

接线端子

填充胶

副管

相色管

绝缘管

单孔雨裙

塑料外护套

接地线

铜屏蔽层

应力控制管

半导电层

20

铜扎线

钢带铠装

填充胶

三指手套

内护层

焊点

防潮段

三孔雨裙

　　热缩式电缆终端头是近几年推出的一种新型电缆终端头，其安装工艺十分简便。所用的热缩材料主要是：绝缘隔油管、直套管、三叉手套、密封套和防雨罩等。

第八册：路灯工程		
分部工程	电缆工程	定额编号
分项工程	热缩式电力电缆终端头制作安装	8-219~8-221

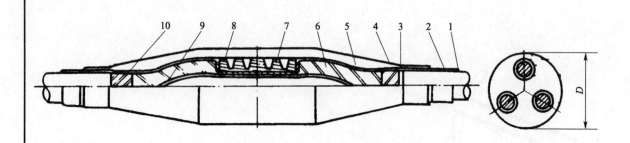

环氧树脂中间接头结构尺寸图

1—铅（铝）包；2—铅（铝）包表面涂层；3—半导体纸；4—统包纸；
5—线芯液化气包层；6—线芯绝缘；7—压接管涂层；8—压接管；
9—三叉口涂包层；10—统包涂包层

定额项目说明

计量单位	个
已包括的内容	保护套、焊接地线
未包括的内容	
未计价材料	中间接头盒
相关工程	

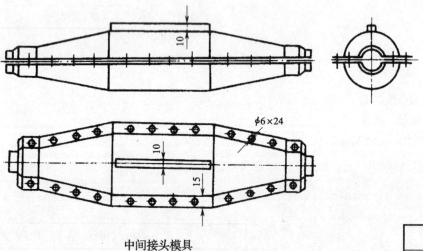

中间接头模具

第八册：路灯工程		
分部工程	电缆工程	定额编号
分项工程	浇注式电力电缆中间头制作安装	8-225~8-230

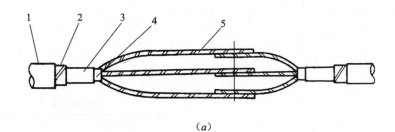

（a）

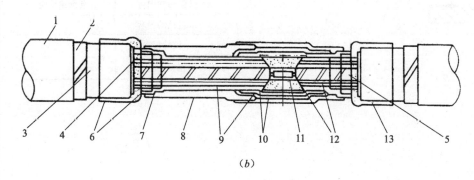

（b）

6kV~10kV交联电缆热缩型中间接头

（a）接头尺寸示意图；（b）结构图

1—铜屏蔽层；2—内护套；3—铠装；4—PVC护套；5—半导体管；6—应力管；
7—线芯绝缘；8—填充胶；9—接线管；10—内绝缘管；11—外绝缘管；
12—半导电层；13—铜屏蔽层

定额项目说明

计量单位	个
已包括的内容	保护套、焊接地线、压接线端了
未包括的内容	
未计价材料	中间接头盒
相关工程	

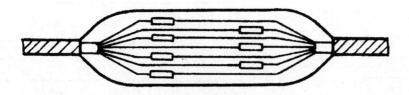

控制电缆中间接头内连接点的排列

定额项目说明

计量单位	个
已包括的内容	包缠绝缘层
未包括的内容	
未计价材料	
相关工程	

　　控制电缆中间接头和终端接头的做法，与电力电缆基本相同，但工艺要比电力电缆简单，控制电缆的中间接头，在一般情况下，最好尽量避免。如果实际需要电缆长度超过制造长度时，则可采用铅套管或环氧树脂浇注中间接头。

第八册：路灯工程		
分部工程	电缆工程	定额编号
分项工程	控制电缆头制作安装	8-237~8-240

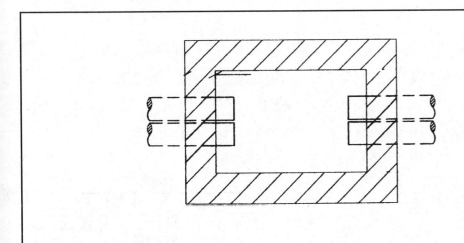

定额项目说明

计量单位	m³
已包括的内容	挖、填土方，搭拆简易脚手架，抹灰
未包括的内容	井座，井盖
未计价材料	
相关工程	

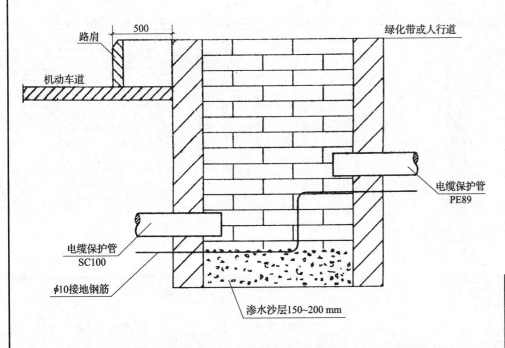

路肩

绿化带或人行道

机动车道

电缆保护管
PE89

电缆保护管
SC100

φ10接地钢筋

渗水沙层150~200 mm

第八册：路灯工程		
分部工程	电缆工程	定额编号
分项工程	砖砌电缆井	8-242~8-243

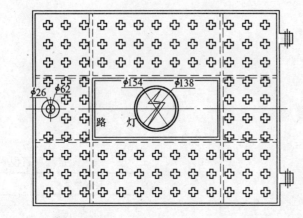

$\phi26$ $\phi62$

$\phi154$ $\phi138$

路　灯

$\phi16$
121
ϕ ⌐42

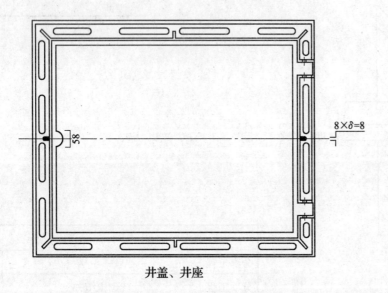

58

$8 \times \delta = 8$

井盖、井座

第八册：路灯工程

分部工程	电缆工程	定额编号
分项工程	铸铁井盖	8-244

定额项目说明

计量单位	100m
已包括的内容	1. 接地 2. 刷漆
未包括的内容	支架制作安装
未计价材料	电线管
相关工程	

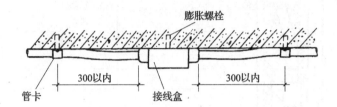

1. 接线盒沿顶板安装方法

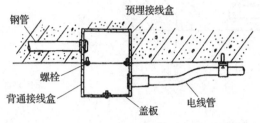

（a）方式一

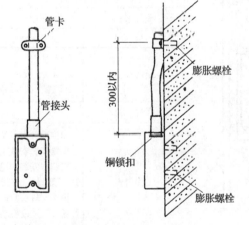

2. 接线盒沿墙、柱安装方法

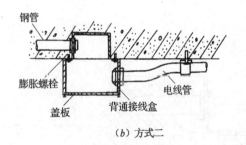

（b）方式二

3. 暗配接线盒转明配接线盒安装方法

清单项目说明

项目名称	电气配管
项目编码	030212001
项目特征	1. 名称 2. 材质；规格 3. 配置形式及部位
计量单位	m
工程内容	刨沟槽；钢索架设（拉紧装置安装）；支架制作安装；电线管路敷设；接线盒（箱）、灯头盒、开关盒、插座盒安装；防腐油漆；接地

第八册：路灯工程		
分部工程	配管配线工程	定额编号
分项工程	砖、混凝土结构明配管	8-246~8-248 8-262~8-266 8-295~8-299

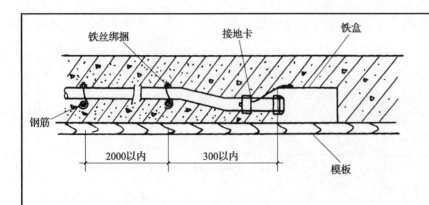

钢管在现浇混凝土板中暗配方法(盒开口向下)

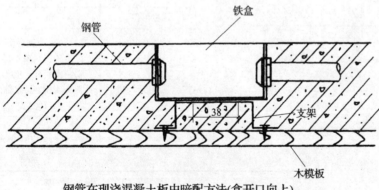

钢管在现浇混凝土板中暗配方法(盒开口向上)

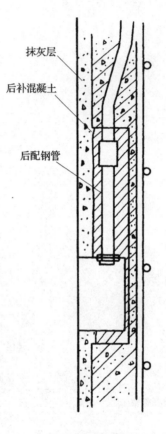

墙(柱)中暗配管方法

定额项目说明

计量单位	100m
已包括的内容	1. 接地 2. 刷漆
未包括的内容	刨沟槽
未计价材料	电线管
相关工程	

清单项目说明

项目名称	电气配管
项目编码	030212001
项目特征	1. 名称 2. 材质;规格 3. 配置形式及部位
计量单位	m
工程内容	刨沟槽;钢索架设(拉紧装置安装);支架制作安装;电线管路敷设;接线盒(箱)、灯头盒、开关盒、插座盒安装;防腐油漆;接地

第八册:路灯工程		
分部工程	配管配线工程	定额编号
分项工程	砖、混凝土结构暗配管	8-249~8-251 8-267~8-271 8-295~8-299

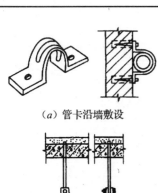

（a）管卡沿墙敷设

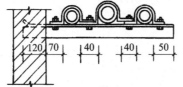

（b）多管垂直敷设

（c）单管吊装敷设

（d）支架沿墙敷设

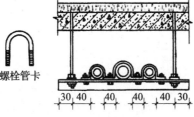

（e）双管吊装

螺栓管卡

（f）三管吊装

明配管沿墙敷设和吊装敷设的一般做法

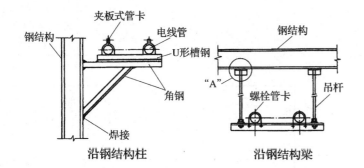

沿钢结构柱

沿钢结构梁

水平安装示意图

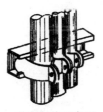

垂直安装示意图

定额项目说明

计量单位	100m
已包括的内容	1. 支架安装 2. 接地 3. 刷漆
未包括的内容	支架制作
未计价材料	电线管
相关工程	

清单项目说明

项目名称	电气配管
项目编码	030212001
项目特征	1. 名称 2. 材质；规格 3. 配置形式及部位
计量单位	m
工程内容	刨沟槽；钢索架设（拉紧装置安装）；支架制作安装；电线管路敷设；接线盒（箱）、灯头盒、开关盒、插座盒安装；防腐油漆；接地

第八册：路灯工程		
分部工程	配管配线工程	定额编号
分项工程	钢结构支架配管	8-252~8-254 8-288~8-292

377

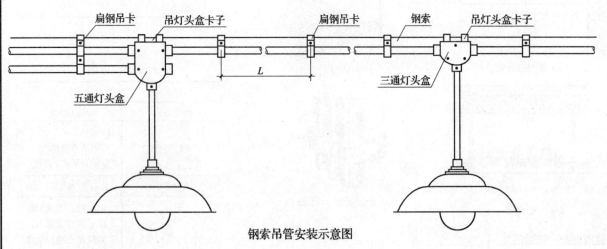

五通灯头盒　扁钢吊卡　吊灯头盒卡子　扁钢吊卡　钢索　吊灯头盒卡子　三通灯头盒

L

钢索吊管安装示意图

定额项目说明	
计量单位	100m
已包括的内容	1. 接地 2. 刷漆
未包括的内容	钢索架设
未计价材料	电线管
相关工程	

清单项目说明	
项目名称	电气配管
项目编码	030212001
项目特征	1. 名称 2. 材质；规格 3. 配置形式及部位
计量单位	m
工程内容	刨沟槽；钢索架设（拉紧装置安装）；支架制作安装；电线管路敷设；接线盒（箱）、灯头盒、开关盒、插座盒安装；防腐油漆；接地

第八册：路灯工程		
分部工程	配管配线工程	定额编号
分项工程	钢索配管	8-255~8-256 8-293~8-294

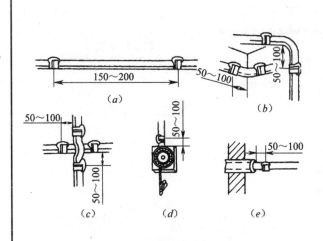

塑料护套线的固定

（a）直线部分；（b）转角部分；（c）十字交叉；
（d）进入木台；（e）进入管子

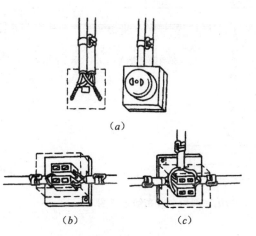

护套线线头的连接方法

（a）在电气装置上进行中间或分支接头；
（b）在接线盒上进行中间接头；（c）在接线盒上进行分支接头

定额项目说明

计量单位	100m
已包括的内容	接线盒
未包括的内容	钢索及拉紧装置
未计价材料	塑料护套线
相关工程	

清单项目（m）

项目名称	电气配线
项目编码	030212003
项目特征	1. 配线形式 2. 导线型号、材质、规格 3. 敷设部位或线制
计量单位	m
工程内容	支持体（夹板、绝缘子、槽板灯）安装；支架制作安装；钢索架设（拉紧装置）；配线、管内穿线

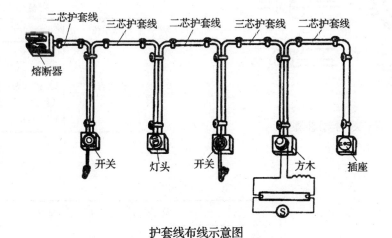

护套线布线示意图

第八册：路灯工程		
分部工程	配管配线工程	定额编号
分项工程	塑料护套线沿木、砖、混凝土结构明敷设	2-307~2-318

379

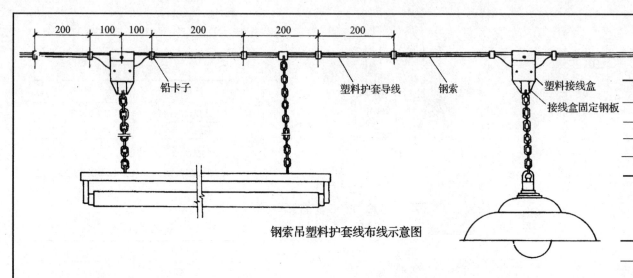

铅卡子　　塑料护套导线　　钢索　　塑料接线盒
接线盒固定钢板

钢索吊塑料护套线布线示意图

塑料护套线外形示意

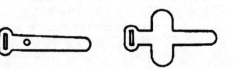

（a）小铁钉固定式　　（b）胶粘剂固定式

铝片线卡

铝片线卡夹持操作步骤

定额项目说明	
计量单位	100m
已包括的内容	接线盒
未包括的内容	钢索及拉紧装置
未计价材料	塑料护套线
相关工程	

清单项目（m）	
项目名称	电气配线
项目编码	030212003
项目特征	1. 配线形式 2. 导线型号、材质、规格 3. 敷设部位或线制
计量单位	m
工程内容	支持体（夹板、绝缘子、槽板灯）安装；支架制作安装；钢索架设（拉紧装置）；配线、管内穿线

第八册：路灯工程		
分部工程	配管配线工程	定额编号
分项工程	塑料护套线沿钢索敷设	8-319~8-324

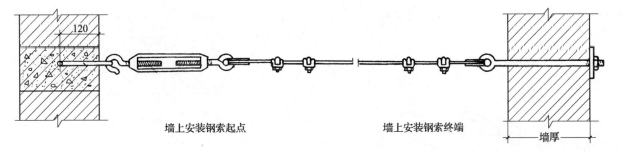

120

墙上安装钢索起点　　　　　　　　墙上安装钢索终端　　　　墙厚

定额项目说明

计量单位	100m
已包括的内容	刷漆
未包括的内容	钢索拉紧装置
未计价材料	钢丝绳
相关工程	

第八册：路灯工程		
分部工程	配管配线工程	定额编号
分项工程	钢索架设	8-331~8-334

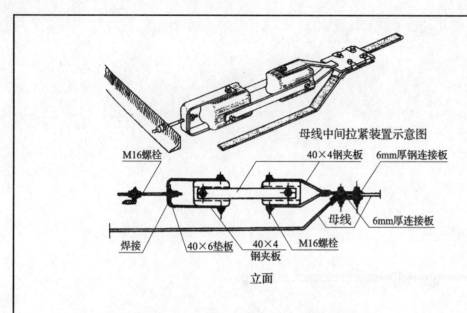

母线中间拉紧装置示意图

M16螺栓　　　　40×4钢夹板　6mm厚钢连接板

母线

6mm厚连接板

焊接　　40×6垫板　40×4　M16螺栓
　　　　　　　钢夹板

立面

定额项目说明	
计量单位	10套
已包括的内容	刷漆
未包括的内容	支架
未计价材料	
相关工程	

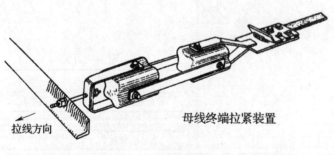

母线终端拉紧装置

拉线方向

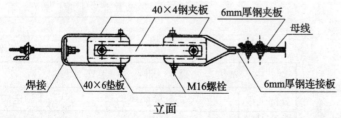

40×4钢夹板　　6mm厚钢夹板

母线

焊接　　40×6垫板　　M16螺栓　　6mm厚钢连接板

立面

第八册：路灯工程		
分部工程	配管配线工程	定额编号
分项工程	母线拉紧装置	8-335~8-336

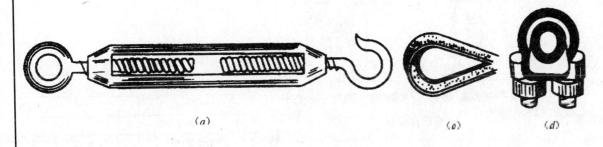

（a）

（o）　　　（d）

定额项目说明	
计量单位	10套
已包括的内容	刷漆
未包括的内容	钢索架设
未计价材料	
相关工程	

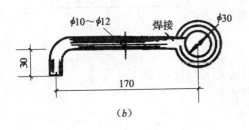

（b）

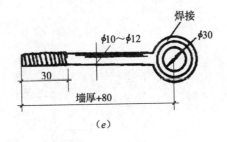

（e）

钢索安装配件

（a）花篮螺栓；　（b）耳环；　（c）心形环；　（d）钢索卡；　（e）穿墙耳环

第八册：路灯工程		
分部工程	配管配线工程	定额编号
分项工程	钢索拉紧装置	8-337~8-339

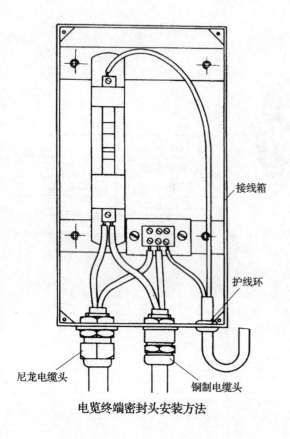

接线箱

护线环

尼龙电缆头

铜制电缆头

电览终端密封头安装方法

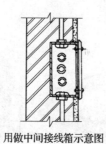

用做中间接线箱示意图　　用做配电装置接线箱示意图

接线箱暗装

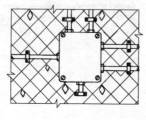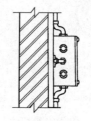

接线箱明装

定额项目说明

计量单位	10个
已包括的内容	刷漆
未包括的内容	
未计价材料	接线箱
相关工程	

第八册：路灯工程		
分部工程	配管配线工程	定额编号
分项工程	接线箱安装	8-340~8-343

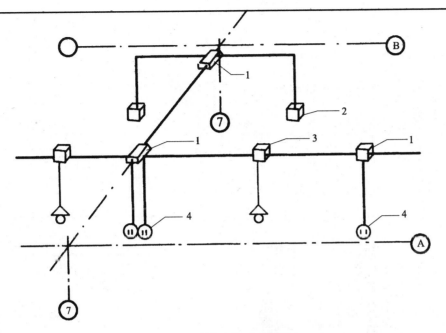

接线盒位置透视图
1—接线盒；2—开关盒；3—灯头盒；4—插座盒

定额项目说明	
计量单位	10个
已包括的内容	刷漆
未包括的内容	
未计价材料	接线盒、开关盒
相关工程	

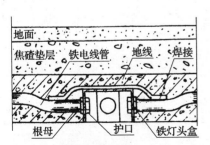

现浇钢筋混凝土
楼板灯头盒安装做法

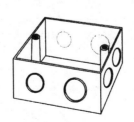

明装开关盒

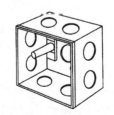

暗装开关盒(带活动脚)

第八册：路灯工程		
分部工程	配管配线工程	定额编号
分项工程	接线盒安装	8-344~8-346

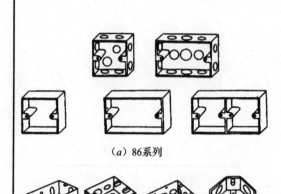

（a）86系列

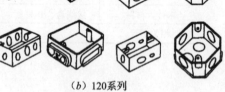

（b）120系列

安装盒外形图

 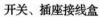

开关、插座接线盒

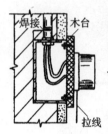

（a）拉线开关

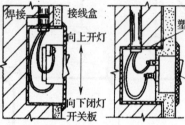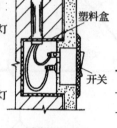

（b）暗扳把开关　　（c）活装扳把开关

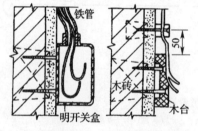

（d）明管开关或插座　（e）明线开关或插座

明暗开关及插座的安装

定额项目说明

计量单位	10套（个）
已包括的内容	
未包括的内容	开关盒、插座盒
未计价材料	开关、插座
相关工程	

清单项目说明

项目名称	小电器
项目编码	030204031
项目特征	名称；型号；规格
计量单位	个（套）
工程内容	安装；焊压端子

第八册：路灯工程

分部工程	配管配线工程	定额编号
分项工程	开关、插座安装	8-348~8-353 8-356~8-367

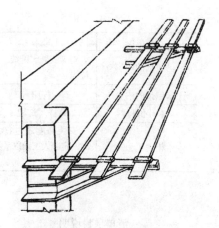

母线沿墙靠柱水平安装透视图

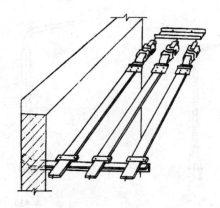

母线沿墙水平安装透视图

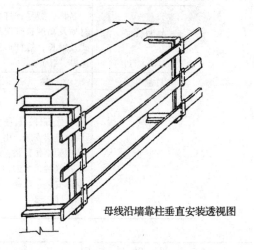

母线沿墙靠柱垂直安装透视图

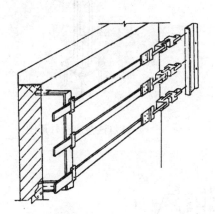

母线沿墙垂直安装透视图

定额项目说明

计量单位	10m/单相
已包括的内容	1. 金具 2. 刷分项漆
未包括的内容	支持绝缘子；伸缩接头；支架；系统调试
未计价材料	金具
相关工程	钢带形母线按同规格的铜母线定额执行

清单项目说明

项目名称	带形母线
项目编码	030203003
项目特征	型号；规格；材质
计量单位	m
工程内容	支持绝缘子、穿墙套管的耐压试验、安装；穿通板制作安装；母线、母线桥安装；引下线安装；伸缩节、过度板安装；刷分项漆

第八册：路灯工程		
分部工程	配管配线工程	定额编号
分项工程	带形母线安装	8-368~8-371

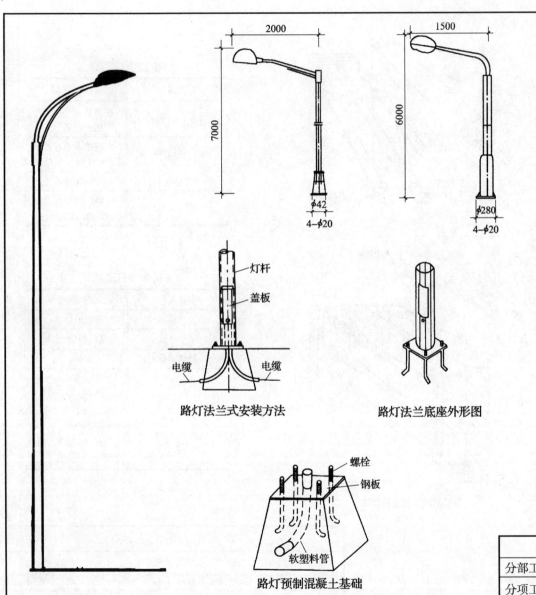

路灯法兰式安装方法

路灯法兰底座外形图

路灯预制混凝土基础

定额项目说明	
计量单位	10套
已包括的内容	灯架安装，配线，接线
未包括的内容	杆座
未计价材料	灯杆，灯架
相关工程	安装高度超过10m时，定额人工乘以系数1.4

清单项目说明	
项目名称	一般路灯
项目编码	030213006
项目特征	名称；型号；灯杆材质及高度；灯架形式及臂长；灯杆形式（单、双）
计量单位	套
工程内容	基础制作、安装；立灯杆；杆座安装；灯架安装；引下线支架制作安装；焊压接线端子；铁构件制作安装；除锈、刷油；灯杆编号；接地

第八册：路灯工程		
分部工程	照明器具安装工程	定额编号
分项工程	单臂挑灯架安装	8-376~8-391

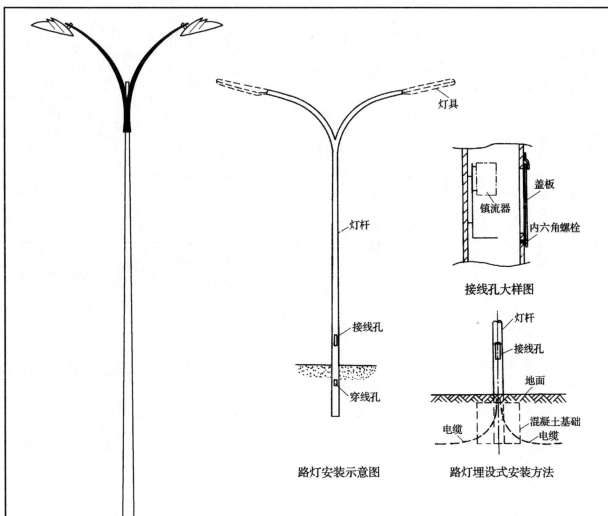

灯具

灯杆

接线孔

穿线孔

路灯安装示意图

接线孔大样图

盖板

镇流器

内六角螺栓

灯杆

接线孔

地面

电缆

混凝土基础

电缆

路灯埋设式安装方法

定额项目说明	
计量单位	10套
已包括的内容	灯架安装，配线，接线
未包括的内容	杆座
未计价材料	灯杆，灯架
相关工程	如安装高度超过10m时，其定额人工乘以系数1.4

清单项目说明

项目名称	般踏灯
项目编码	030213006
项目特征	名称；型号；灯杆材质及高度；灯架形式及臂长；灯杆形式（单、双）
计量单位	套
工程内容	基础制作、安装；立灯杆；杆座安装；灯架安装；引下线支架制作安装；焊压接线端子；铁构件制作安装；除锈、刷油；灯杆编号；接地

第八册：路灯工程		
分部工程	照明器具安装工程	定额编号
分项工程	双臂挑灯架安装（对称式）	8-392、8-394 8-398~8-400

389

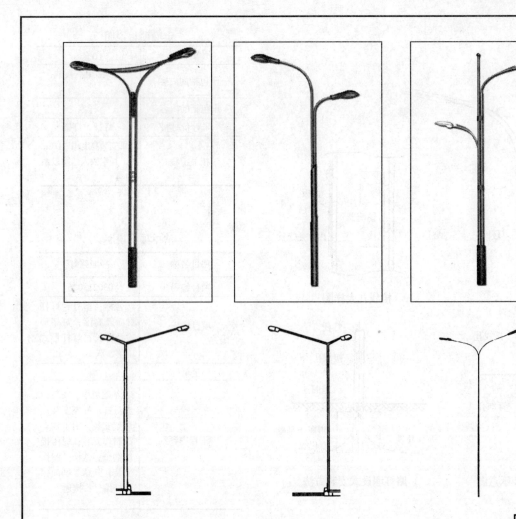

定额项目说明	
计量单位	10套
已包括的内容	灯架安装，配线，接线
未包括的内容	杆座
未计价材料	灯杆，灯架
相关工程	如安装高度超过10m时，其定额人工乘以系数1.4

清单项目说明	
项目名称	一般路灯
项目编码	030213006
项目特征	名称；型号；灯杆材质及高度；灯架形式及臂长；灯杆形式（单、双）
计量单位	套
工程内容	基础制作、安装；立灯杆；杆座安装；灯架安装；引下线支架制作安装；焊压接线端子；铁构件制作安装；除锈、刷油；灯杆编号；接地

第八册：路灯工程		
分部工程	照明器具安装工程	定额编号
分项工程	双臂挑灯架安装（非对称式）	8-395~8-397 8-401~8-403

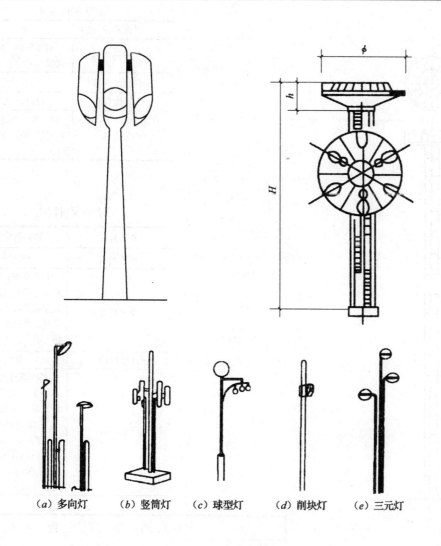

定额项目说明	
计量单位	套
已包括的内容	灯架安装, 配线, 接线
未包括的内容	杆座
未计价材料	灯杆, 灯架
相关工程	如安装高度超过10m时, 其定额人工乘以系数1.4

清单项目说明	
项目名称	广场灯安装
项目编码	030213007
项目特征	灯杆材质及高度; 灯架的型号; 灯头数量; 基础形式及规格
计量单位	套
工程内容	基础浇筑（包括土石方）; 立灯杆; 杆座安装; 灯架安装; 引下线支架制作安装; 焊压接线端子; 铁构件制作安装; 除锈、刷油; 灯杆编号; 接地

(a) 多向灯　　(b) 竖筒灯　　(c) 球型灯　　(d) 削块灯　　(e) 三元灯

第八册: 路 灯 工 程		
分部工程	照明器具安装工程	定额编号
分项工程	广场灯架安装	8-404~8-427

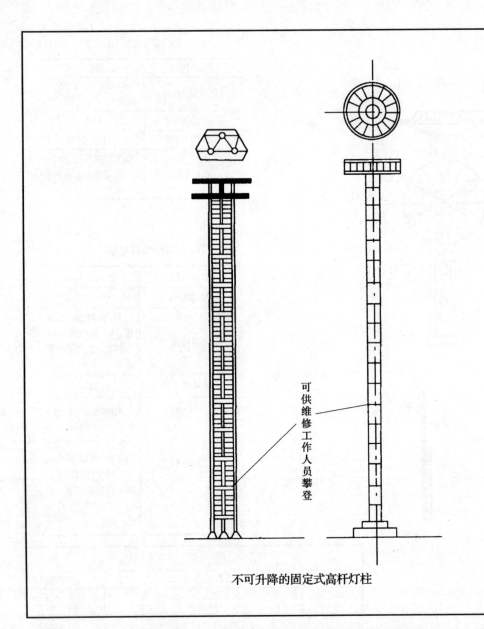

可供维修工作人员攀登

不可升降的固定式高杆灯柱

计量单位	套
已包括的内容	灯架安装，配线，接线
未包括的内容	杆座
未计价材料	灯杆，灯盘
相关工程	如安装高度超过10m时，其定额人工乘以系数1.4

清单项目说明

项目名称	高杆灯安装
项目编码	030213008
项目特征	灯杆高度；灯架的形式（成套或组装、固定或升降）；灯头数量；基础形式及规格
计量单位	套
工程内容	基础浇筑（包括土石方）；立灯杆；杆座安装；灯架安装；引下线支架制作安装；焊压接线端子；铁构件制作安装；除锈、刷油；灯杆编号；接地

第 八 册：路 灯 工 程		
分部工程	照明器具安装工程	定额编号
分项工程	高杆灯架安装（灯盘固定式）	8-428~8-433 8-440~8-445

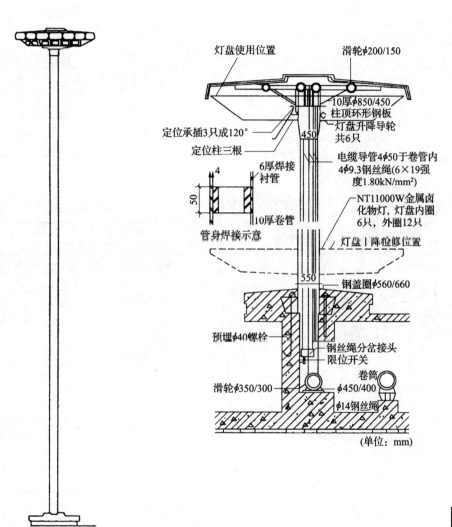

灯盘使用位置

滑轮φ200/150

10厚φ850/450柱顶环形钢板

灯盘升降导轮共6只

定位承插3只成120°

定位柱三根

450

6厚焊接衬管

4

50

10厚卷管

管身焊接示意

电缆导管4φ50于卷管内4φ9.3钢丝绳(6×19强度1.80kN/mm²)

NT11000W金属卤化物灯,灯盘内圈6只,外圈12只

灯盘Ⅰ降检修位置

550

钢盖圈φ560/660

预埋φ40螺栓

钢丝绳分岔接头

限位开关

卷筒

滑轮φ350/300

φ450/400

φ14钢丝绳

(单位：mm)

定额项目说明	
计量单位	套
已包括的内容	灯架安装，配线，接线，传动装置安装
未包括的内容	灯座
未计价材料	灯杆，灯盘
相关工程	如安装高度超过10m时，其定额人工乘以系数1.4

清单项目说明

项目名称	高杆灯安装
项目编码	030213008
项目特征	灯杆高度；灯架的形式（成套或组装、固定或升降）；灯头数量；基础形式及规格
计量单位	套
工程内容	基础浇筑（包括土石方）；立灯杆；杆座安装；灯架安装；引下线支架制作安装；焊压接线端子；铁构件制作安装；除锈、刷油；灯杆编号；接地

第八册：路 灯 工 程

分部工程	照明器具安装工程	定额编号
分项工程	高杆灯架安装（灯盘升降式1）	8-434~8-439 8-446~8-451

结构示意图

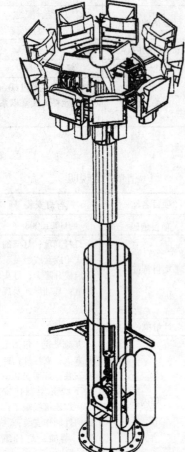

操控示意图

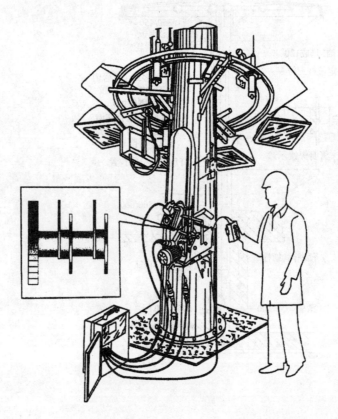

定额项目说明

计量单位	套
已包括的内容	灯架安装，配线，接线，传动装置安装
未包括的内容	灯座
未计价材料	灯杆，灯盘
相关工程	如安装高度超过10m时，其定额人工乘以系数1.4

清单项目说明

项目名称	高杆灯安装
项目编码	030213008
项目特征	灯杆高度；灯架的形式（成套或组装、固定或升降）；灯头数量；基础形式及规格
计量单位	套
工程内容	基础浇筑（包括土石方）；立灯杆；杆座安装；灯架安装；引下线支架制作安装；焊压接线端子；铁构件制作安装；除锈、刷油；灯杆编号；接地

第八册：路灯工程		
分部工程	照明器具安装工程	定额编号
分项工程	高杆灯架安装（灯盘升降式2）	8-434~8-439 8-446~8-451

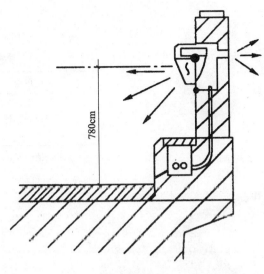

单向投射式

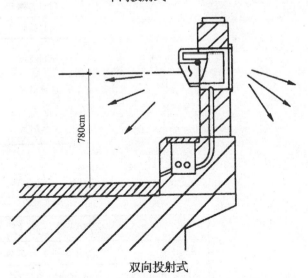

双向投射式

定额项目说明

计量单位	10套
已包括的内容	灯架安装，配线，接线，支架安装
未包括的内容	
未计价材料	灯具
相关工程	

清单项目说明

项目名称	桥栏杆灯
项目编码	030213009
项目特征	名称；型号；规格；安装形式
计量单位	套
工程内容	铁构件制作安装；油漆；灯具安装

第八册：路 灯 工 程		
分部工程	照明器具安装工程	定额编号
分项工程	桥栏杆灯安装（嵌入式）	8-452~8-455

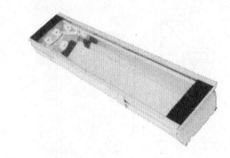

高压压铸合金侧堵带有氯丁橡胶或硅密封圈
挤压铝型材快速闭合卡子

高钝铝反光器抛光后阳极氧化
固定在反光器上的灯泡支架

铝合金挤压型材

具有硅胶密封圈的耐高温
抗冲击钢化玻璃

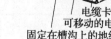

电缆卡环
可移动的电器控制板
固定在槽沟上的地线接头，采用M6电线接头

定额项目说明

计量单位	10套
已包括的内容	灯架安装，配线，接线，支架安装
未包括的内容	支架制作
未计价材料	灯具
相关工程	

清单项目说明

项目名称	地道涵洞灯
项目编码	030213010
项目特征	名称；型号；规格；安装形式
计量单位	套
工程内容	铁构件制作安装；油漆；灯具安装

第八册：路灯工程		
分部工程	照明器具安装工程	定额编号
分项工程	地道涵洞灯安装	8-456~8-459

钼箔　　钨丝　　支架

碘钨灯的结构图

灯丝电源触点　　　灯丝支持架　　石英管　　碘蒸气　　灯丝

定额项目说明	
计量单位	10套
已包括的内容	灯具安装，打眼，接线，支架安装
未包括的内容	灯架
未计价材料	灯具
相关工程	

清单项目说明	
项目名称	普通吸顶灯及其他灯具
项目编码	030213001
项目特征	名称；型号；规格
计量单位	套
工程内容	支架制作安装；组装；油漆

第八册：路灯工程		
分部工程	照明器具安装工程	定额编号
分项工程	碘钨灯安装	8-460

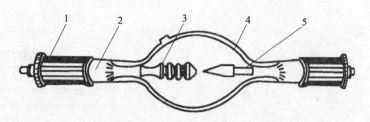

风冷式超高压球形短弧氙灯

1—灯头；2—钼箔；3—钨阳极；4—石英玻璃泡壳；5—铈钨阴极

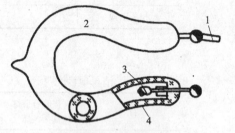

（a）照相用万次闪光灯

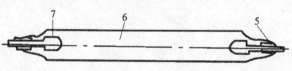

（b）管状脉冲氙灯

脉冲氙灯

1—镍杆；2—氙气；3、7—电极；4—硬玻璃；5—过渡玻璃；6—石英玻璃管

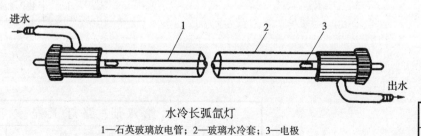

水冷长弧氙灯

1—石英玻璃放电管；2—玻璃水冷套；3—电极

定额项目说明	
计量单位	10套
已包括的内容	灯具安装，打眼，接线，支架安装
未包括的内容	灯架
未计价材料	灯具
相关工程	

清单项目说明	
项目名称	普通吸顶灯及其他灯具
项目编码	030213001
项目特征	名称；型号；规格
计量单位	套
工程内容	支架制作安装；组装；油漆

第八册：路灯工程		
分部工程	照明器具安装工程	定额编号
分项工程	管形氙灯安装	8-461

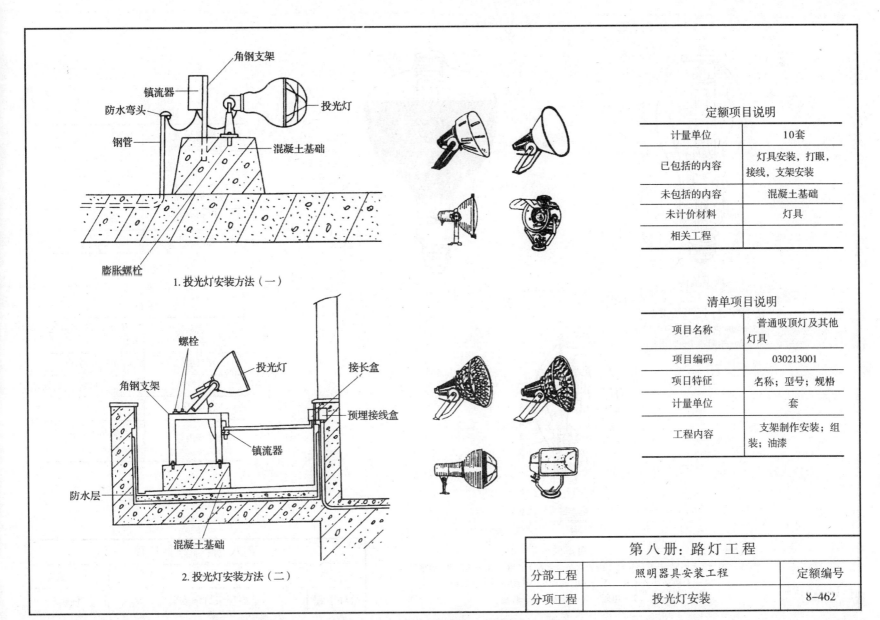

角钢支架
镇流器
防水弯头
钢管
投光灯
混凝土基础
膨胀螺栓

1. 投光灯安装方法（一）

螺栓
投光灯
角钢支架
接长盒
预埋接线盒
镇流器
防水层
混凝土基础

2. 投光灯安装方法（二）

定额项目说明

计量单位	10套
已包括的内容	灯具安装，打眼，接线，支架安装
未包括的内容	混凝土基础
未计价材料	灯具
相关工程	

清单项目说明

项目名称	普通吸顶灯及其他灯具
项目编码	030213001
项目特征	名称；型号；规格
计量单位	套
工程内容	支架制作安装；组装；油漆

第八册：路灯工程

分部工程	照明器具安装工程	定额编号
分项工程	投光灯安装	8-462

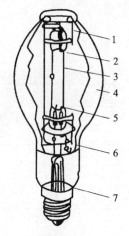

典型结构

1—金属支架；2—主电极；3—石英玻璃放电管；
4—硬玻璃外壳（内表面涂荧光粉）；
5—辅助电极（触发极）；
6—电阻；7—焊锡

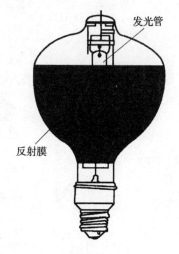

反射型

定额项目说明	
计量单位	10套
已包括的内容	灯具安装，打眼，接线，支架安装
未包括的内容	灯架
未计价材料	高压汞灯泡
相关工程	

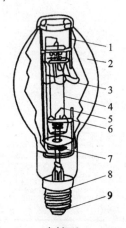

自镇型

1—金属支架；2—玻璃外壳（内表面涂荧光粉）；3—作为镇流器用的灯丝；
4—石英玻璃放电管；5—主电极；6—辅助电极（触发极）；
7—电阻；8—灯光；9—焊锡

清单项目说明	
项目名称	普通吸顶灯及其他灯具
项目编码	030213001
项目特征	名称；型号；规格
计量单位	套
工程内容	支架制作安装；组装；油漆

第八册：路灯工程		
分部工程	照明器具安装工程	定额编号
分项工程	高压汞灯泡安装	8-463

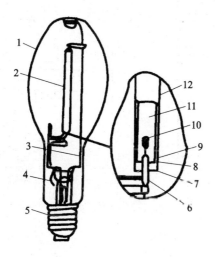

高压钠灯

1—外管；2—发光管；3—芯柱；4—消气剂；5—灯头；6—铌管；
7—氧化铝端帽；8—最冷点；9—钠汞剂；10—钨螺旋电极；
11—辅助起动用稀有气体；12—氧化铝管

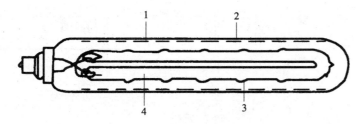

低压钠灯

1—氧化铟膜；2—抽真空的外玻壳；
3—储钠小凸窝；4—放电管

定额项目说明

计量单位	10套
已包括的内容	灯具安装，打眼，接线，支架安装
未包括的内容	灯架
未计价材料	高（低）压钠灯泡
相关工程	

清单项目说明

项目名称	普通吸顶灯及其他灯具
项目编码	030213001
项目特征	名称；型号；规格
计量单位	套
工程内容	支架制作安装；组装；油漆

第八册：路灯工程		
分部工程	照明器具安装工程	定额编号
分项工程	高（低）压钠灯泡安装	8-464

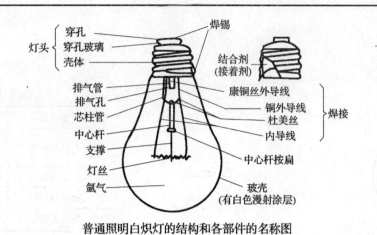

普通照明白炽灯的结构和各部件的名称图

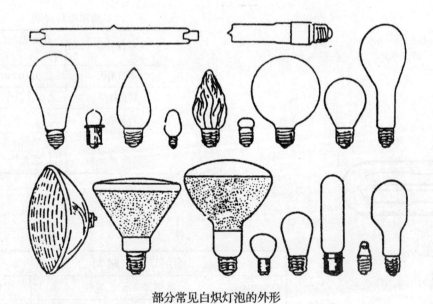

部分常见白炽灯泡的外形

定额项目说明

计量单位	10套
已包括的内容	灯具安装，打眼，接线，支架安装
未包括的内容	灯架
未计价材料	普通灯泡
相关工程	

清单项目说明

项目名称	普通吸顶灯及其他灯具
项目编码	030213001
项目特征	名称；型号；规格
计量单位	套
工程内容	支架制作安装；组装；油漆

第八册：路灯工程		
分部工程	照明器具安装工程	定额编号
分项工程	白炽灯泡安装	8-465

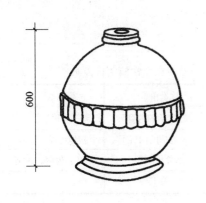

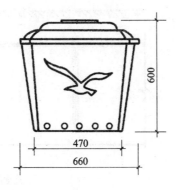

定额项目说明

计量单位	10只
已包括的内容	箱体接地，接点防水
未包括的内容	灯杆，基础
未计价材料	灯座箱
相关工程	

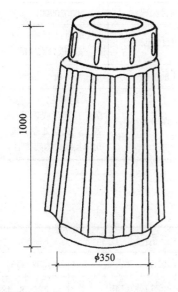

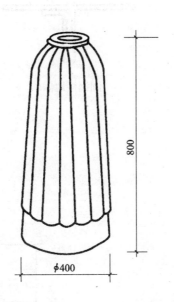

第八册：路灯工程		
分部工程	照明器具安装工程	定额编号
分项工程	杆座安装	8-475~8-478

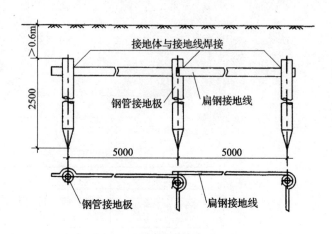

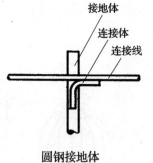

接地体与接地线焊接

钢管接地极

扁钢接地线

钢管接地极

扁钢接地线

2500

>0.6m

5000

5000

钢管接地体安装

接地体

连接体

连接线

圆钢接地体

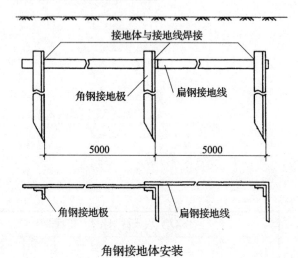

接地体与接地线焊接

角钢接地极

扁钢接地线

5000

5000

角钢接地极

扁钢接地线

角钢接地体安装

清单项目说明	
项目名称	接地装置
项目编码	030209001
项目特征	接地母线材质、规格；接地极材质规格
计量单位	项
工程内容	接地极制作、安装；接地母线辐射；换土或化学处理；接地跨接线；构架接地

第八册：路灯工程		
分部工程	防雷接地装置工程	定额编号
分项工程	接地极（板）制作安装	8-480~8-484

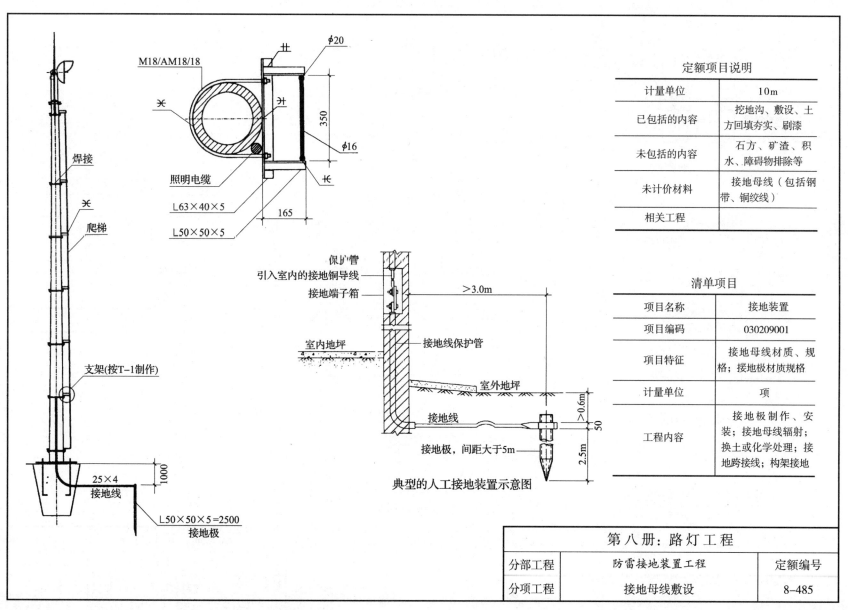

焊接

M18/AM18/18

φ20

350

照明电缆

φ16

L63×40×5

165

L50×50×5

爬梯

支架(按T-1制作)

25×4
接地线

1000

L50×50×5=2500
接地极

保护管

引入室内的接地铜导线

接地端子箱

>3.0m

室内地坪

接地线保护管

室外地坪

接地线

>0.6m

接地极,间距大于5m

50

2.5m

典型的人工接地装置示意图

定额项目说明

计量单位	10m
已包括的内容	挖地沟、敷设、土方回填夯实、刷漆
未包括的内容	石方、矿渣、积水、障碍物排除等
未计价材料	接地母线（包括钢带、铜绞线）
相关工程	

清单项目

项目名称	接地装置
项目编码	030209001
项目特征	接地母线材质、规格；接地极材质规格
计量单位	项
工程内容	接地极制作、安装；接地母线辐射；换土或化学处理；接地跨接线；构架接地

第八册：路灯工程

分部工程	防雷接地装置工程	定额编号
分项工程	接地母线敷设	8-485

405

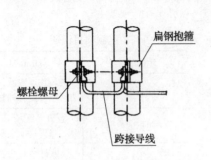

螺栓螺母

扁钢抱箍

跨接导线

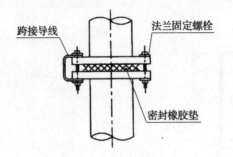

跨接导线

法兰固定螺栓

密封橡胶垫

管道法兰等电位跨接

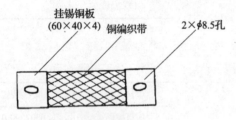

挂锡铜板
(60×40×4) 铜编织带

2×φ8.5孔

铜伸缩连接片

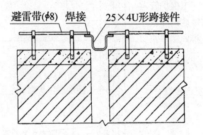

避雷带(φ8) 焊接

25×4U形跨接件

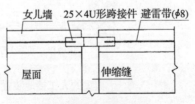

女儿墙

25×4U形跨接件

避雷带(φ8)

屋面

伸缩缝

避雷带跨越伸缩缝做法

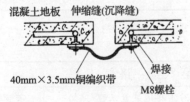

混凝土地板 伸缩缝(沉降缝)

焊接

40mm×3.5mm铜编织带

M8螺栓

使用JDG系列接地端子过伸缩（沉降）缝安装方法

定额项目说明

计量单位	10处
已包括的内容	1. 刷漆 2. 挖填土
未包括的内容	
未计价材料	
相关工程	

第八册：路灯工程		
分部工程	防雷接地装置工程	定额编号
分项工程	接地跨接线	8-486

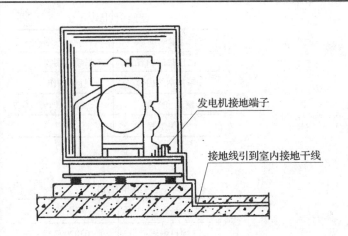

发电机接地端子

接地线引到室内接地干线

发电机外壳保护接地

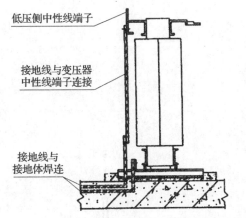

低压侧中性线端子

接地线与变压器
中性线端子连接

接地线与
接地体焊连

变压器中性点接地和外壳接地(侧面)

定额项目说明	
计量单位	处
已包括的内容	1. 刷漆 2. 挖填土
未包括的内容	
未计价材料	
相关工程	

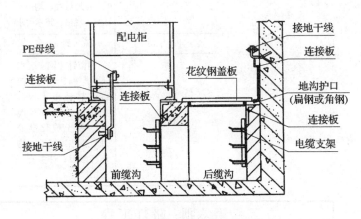

配电柜

PE母线

连接板

连接板

接地干线

接地干线

连接板

花纹钢盖板

地沟护口
(扁钢或角钢)

连接板

电缆支架

前缆沟

后缆沟

电缆沟内接地构件连接

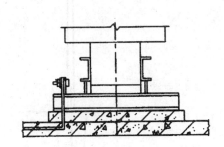

变压器外壳保护接地

第八册：路灯工程		
分部工程	防雷接地装置工程	定额编号
分项工程	构架接地	8-487

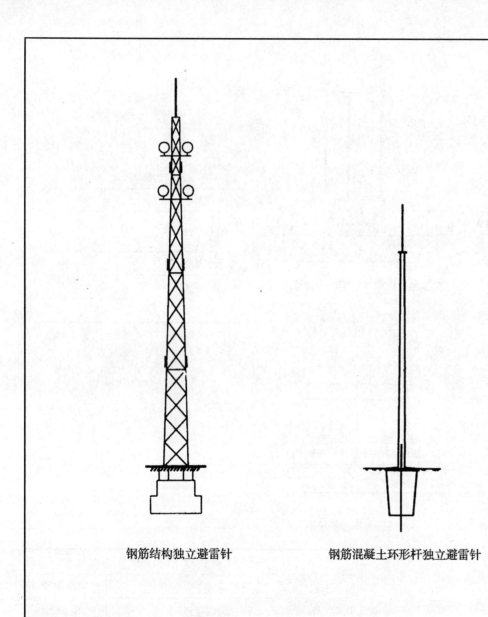

定额项目说明	
计量单位	基
已包括的内容	吊装、刷漆
未包括的内容	针体制作
未计价材料	
相关工程	

清单项目

项目名称	避雷装置
项目编码	030209002
项目特征	受雷体名称、材质、规格、技术要求；引下线材质、规格、要求（引下形式）；接地极、接地母线、均压环材质、规格、技术要求
计量单位	项
工程内容	避雷针（网）、引下线、断接卡子、拉线、接地极（板、桩）制作安装；油漆、换土或化学处理、钢铝窗接地；均压环敷设；柱主筋与圈梁焊接

钢筋结构独立避雷针　　　　钢筋混凝土环形杆独立避雷针

第八册：路灯工程		
分部工程	防雷接地装置工程	定额编号
分项工程	独立避雷针安装	8-488~8-491

408

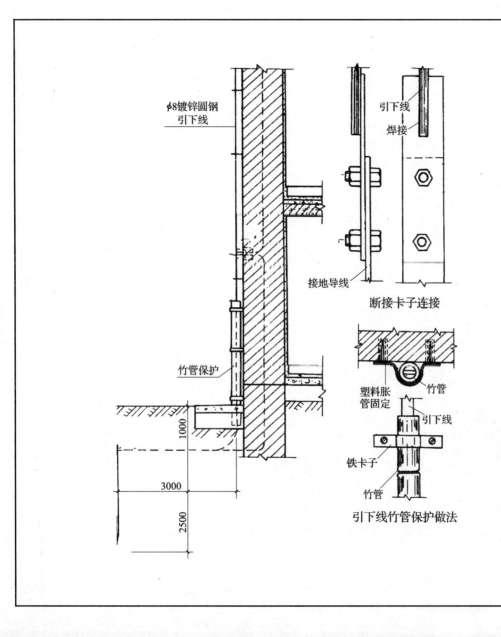

$\phi 8$镀锌圆钢引下线

引下线

焊接

接地导线

断接卡子连接

竹管保护

塑料胀管固定

竹管

引下线

铁卡子

竹管

引下线竹管保护做法

1000

3000

2500

<table>
<tr><th colspan="2">定额项目说明</th></tr>
<tr><td>计量单位</td><td>10m</td></tr>
<tr><td>已包括的内容</td><td>补漆</td></tr>
<tr><td>未包括的内容</td><td>保护管</td></tr>
<tr><td>未计价材料</td><td>引下线</td></tr>
<tr><td>相关工程</td><td></td></tr>
</table>

<table>
<tr><th colspan="2">清单项目</th></tr>
<tr><td>项目名称</td><td>避雷装置</td></tr>
<tr><td>项目编码</td><td>030209002</td></tr>
<tr><td>项目特征</td><td>受雷体名称、材质、规格、技术要求；引下线材质、规格、要求（引下形式）；接地极、接地母线、均压环材质、规格、技术要求</td></tr>
<tr><td>计量单位</td><td>项</td></tr>
<tr><td>工程内容</td><td>避雷针（网）、引下线、断接卡子、拉线、接地极（板、桩）制作安装；油漆、换土或化学处理、钢铝窗接地；均压环敷设；柱主筋与圈梁焊接</td></tr>
</table>

<table>
<tr><td colspan="2">第八册：路灯工程</td><td></td></tr>
<tr><td>分部工程</td><td>防雷接地装置工程</td><td>定额编号</td></tr>
<tr><td>分项工程</td><td>避雷引下线敷设</td><td>8-495~8-496</td></tr>
</table>

409

主要参考文献

1 中华人民共和国建设部. 全国统一市政工程预算定额. 北京：中国计划出版社，1999

2 王和平主编. 安装工程预算常用定额项目对照图示. 北京：中国建筑工业出版社，2004

3 柳涌主编. 建筑安装工程施工图集.（第3册）. 北京：中国建筑工业出版社，2002

4 张辉等主编. 建筑安装工程施工图集. 北京：中国建筑工业出版社，1998

5 中华人民共和国建设部. 建设工程工程量清单计价规范. 北京：中国计划出版社，2003

6 栋梁工作室编. 通用项目工程预算定额与工程清单计价应用手册. 北京：中国建筑工业出版社，2004

7 栋梁工作室编. 路灯工程预算定额与工程清单计价应用手册. 北京：中国建筑工业出版社，2004

8 栋梁工作室编. 排水工程预算定额与工程清单计价应用手册. 北京：中国建筑工业出版社，2004

9 郑达谦主编. 给水排水工程施工. 北京：中国建筑工业出版社，2000

10 姚玲森主编. 桥梁工程. 北京：人民交通出版社，2003

11 栋梁工作室编. 桥涵工程预算定额与工程清单计价应用手册. 北京：中国建筑工业出版社，2004

12 杨玉衡主编. 桥梁工程施工案例. 北京：中国建筑工业出版社，2002

13 杨玉衡主编. 城市道路工程施工与管理. 中国建筑工业出版社，2003

14 孙明强主编. 桥梁工程施工与管理. 中国建筑工业出版社，2003

15 王芳主编. 市政工程构造与识图. 中国建筑工业出版社，2003

16 张明君主编. 城市桥梁工程. 中国建筑工业出版社，2001

17 中国建筑标准设计研究所. 国家建筑标准设计给水排水标准图集，2002

18 徐鼎文、常志续编. 给水排水工程施工. 北京：中国建筑工业出版社，1993

19 孙连溪主编. 实用给水排水工程施工手册. 北京：中国建筑工业出版社，1998

20 于尔捷、张杰主编. 给水排水工程快速设计手册.（第2册）. 北京：中国建筑工业出版社，1996

21 中国市政工程华北设计研究院主编. 给水排水设计手册.（第12册）. 北京：中国建筑工业出版社，2001

22 上海市政工程设计研究院主编. 给水排水设计手册.（第9册）. 北京：中国建筑工业出版社，2000

23 中国市政工程西北设计研究院主编. 给水排水设计手册.（第11册）. 北京：中国建筑工业出版社，2002

24 北京市市政工程设计研究总院主编. 给水排水设计手册.（第5册）. 北京：中国建筑工业出版社，2004

25 何维华编. 城市给水管道. 四川：四川人民出版社，1983